PACKINGTOWN
TRUST
PURE
PRODUCTS

THE POISON SQUAD

One Chemist's Single-Minded Crusade for Food Safety at the Turn of the Twentieth Century

思想會
MIND TALK

[美] 黛博拉·布卢姆 著
欧阳凤 林娟 译

试毒小组

Deborah Blum

20 世纪之交
一位化学家全力以赴的
食品安全
征战

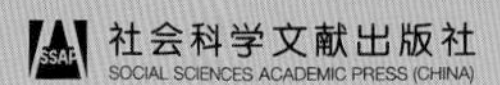

"What fools these Mortals be!"
MIDSUMMER-NIGHTS DREAM.
Puck
NEW YORK
TRADE MARK REGISTERED 1878
"ENTERED AT THE POST OFFICE AT NEW YORK, AND ADMITTED FOR TRANSMISSION THROUGH THE MAILS AT SECOND CLASS RATES."
SAND
SUGAR
HASH

敬彼得，他令万事皆可能

目　录

“里面有什么？我想知道！”

我们围坐一桌，桌上美食遍布，
令人垂涎，赏心悦目。
优雅扬手，来份奶油色面包，
只需张嘴，吃完便好。
刷层黄油，嫩黄甜香，
入口每分，美梦环绕。
品尝之时，不禁疑惑，
“里面有什么？我想知道！”
喔，也许这片面包轻轻一咬，
明矾粉笔木屑细末全吃到，
或者他们讨论的粉末也中招，
来自刚出矿的石膏。
我们对黄油的信心也渐消，
琢磨着它怎么变模样。
胭脂树橙染太黄，牛油过于油亮，
哦，里面到底有些啥？希望我能知晓！
胡椒也许掺了椰子壳，
芥末许是加了棉籽粕；
咖啡，真的，弥漫着烤菊苣的香。

水龟肉吃起来，跟烤小牛肉味道无两。
你品的那杯葡萄酒，却跟葡萄无关，
而是单宁和煤焦油一起酝酿。
没法确定是不是鸡蛋，
若不看那形状。
沙拉摇曳着绿色田野的低语
摆出一副无辜模样。
叶面的细菌千千万，正舞动利钩，
攻击着脾脏与肝脏。
千万别开始，哪怕宴会再美妙。
直到想想昨日和明天，叹息感伤。
“我很想，”
“我很想知道，里面有什么。”

哈维·华盛顿·威利，1899 年

人物表

这部作品描述了哈维·威利（Harvey Wiley）的生平，以及他为美国首部旨在规范食品、饮料和药品的全国性法案的颁布和生效而奔走斗争的事迹。在书中，众多与威利的生活或事业发生交集的人，或对之产生影响的人都会登场，从切斯特·艾伦·阿瑟（Chester A. Arthur）到卡尔文·柯立芝（Calvin Coolidge）的美国总统也都跻身其中。

其他相关人物有：

简·亚当斯（Jane Addams）：芝加哥活动家和改革家，美国首个定居点（译者注：即睦邻中心，尤其以她创办的赫尔之家闻名，用来救助底层贫民，帮助他们定居）的共同创始人之一，还与他人联合创立了全国消费者联盟。

纳尔逊·奥尔德里奇（Nelson Aldrich）：这位权倾一时、富甲一方的美国参议员，是一名罗德岛共和党人。他在政府中的影响力非常之大，以至于媒体给他起了绰号“国家总经理”，他与众多大公司关系不错，强烈反对为保障食品安全而监管食物和饮料。

拉塞尔·亚历山大·阿尔杰（Russell A. Alger）：身为美国战争部部长，他有点不愿下令调查美西战争期间已供军队的食物。

罗伯特·M. 艾伦（Robert M. Allen）：肯塔基州首席食品化学家，坦率敢言，倡导纯净食品立法，是威利宝贵的盟友。

卡尔·卢卡斯·阿斯伯格（Carl L. Alsberg）：继威利之后担任美国农业部化学局局长，任职后继续追查前任留下的许多重要案件，包括针对可口可乐公司和糖精生产商的诉讼。

托马斯·安蒂塞尔（Thomas Antisell）：美国农业部早期的首席化学家，于 19 世纪 60 年代对食品掺假进行了调查，发现确实存在问题，但承认缺乏监管机制。

J. 奥格登·阿默尔（J. Ogden Armour）：“阿默尔肉类加工公司”的继承人，该公司位于芝加哥，由菲利普·阿默尔创办；他和其父一样，反对食品安全监管。厄普顿·辛克莱的畅销小说《丛林》中所虚构的“安德森”食品加工公司便是以该公司为原型的。

雷·斯坦纳德·贝克（Ray Stannard Baker）：是“扒粪”（译者注：“扒粪”又称“揭发黑幕运动”；“扒粪者”，语出美国第 26 任总统西奥多·罗斯福，他把它“赠予”当时大力揭发政坛黑幕的新闻工作者。）媒体《麦克卢尔杂志》的记者，他建议其朋友厄普顿·辛克莱对《丛林》进行修改。

杰西·帕克·巴特谢尔（Jesse Park Battershall）：19 世纪化学家，撰写了前瞻性书籍《食品掺假及其检测》，他抨击加工商们，感叹缺乏监管，并描述了在家可以进行的食品纯净测试，以供焦虑不安的居家烹饪者们采用。

阿尔伯特·贝弗里奇（Albert Beveridge）：来自印第安纳州的共和党进步参议员，他积极推动纯净食品立法，尤其是在

1906 年颁布的《肉类检验法》立法方面发挥了作用。

威拉德·比格洛（Willard Bigelow）：“卫生餐桌试验”（也被称为“试毒小组”）的首席化学家，是威利的忠实盟友，也是一位有奉献精神的化学家，曾被描述为“置身蓝色火焰和含硫烟雾中的人”。

查尔斯·约瑟夫·波拿巴（Charles J. Bonaparte）：西奥多·罗斯福领导下的美国司法部部长，发布了一项关键裁决，同意威利针对威士忌所贴标签提出的相关要求。

乔治·罗斯威尔·布朗（George Rothwell Brown）：《华盛顿邮报》的记者，他令“试毒小组”的试验名声大噪，但也撰写了与之有关的假新闻。

约瑟夫·古尔尼·卡农（Joseph Gurney Cannon）：一位大权在握又贪污腐败的众议院议长，他反对监管，并与威利就提交上来的纯净食品立法多次交锋。

拉塞尔·奇滕登（Russell Chittenden）：耶鲁大学的一位生理学家，他警告不要使用某些添加剂。但在雷姆森委员会（1906 年相关法律通过后成立）上，他经常支持行业方，为防腐剂辩护。

诺曼·杰·科尔曼（Norman J. Coleman）：担任格罗弗·克里夫兰总统第一任期的农业专员，他是威利的盟友，发起了对食品纯净度的调查。

彼得·科利尔（Peter Collier）：威利的前任，身为首席化学家与农业局局长发生了冲突。他对被威利取代深感愤怒，筹划对威利进行攻击，企图夺回职位。

查尔斯·A. 克兰普顿（C. A. Crampton）：威利手下的

一名化学家，他所撰写的一篇报告，宣称酒类饮料中可能含有危险剂量的水杨酸。

昌西·德佩（Chauncey Depew）：一位来自纽约的参议员，他很富有，曾担任铁路律师。他是西奥多·罗斯福总统的朋友，有记者撰文描述了其腐败行径，引发了总统对“扒粪”媒体的猛烈抨击。

格伦维尔·道奇（Grenville Dodge）：一名内战老兵和商人，他领导道奇委员会调查针对美西战争期间军队口粮掺假的指控。

亨利·欧文·道奇（Henry Irving Dodge）：作家，与威拉德·比格洛合作，为《女性家庭伴侣》杂志创作了系列知名文章，名为“食物变质的真相”。

弗兰克·纳尔逊·道布尔迪（Frank Nelson Doubleday）：一家出版公司的创始人，在合伙人的敦促下勉强同意出版厄普顿·辛克莱的小说《丛林》。

赫伯特·亨利·陶氏（Herbert Henry Dow）：陶氏化学公司的创始人，反对纯净食品立法，并抱怨威利散布食品中化学添加剂的“虚假信息”。

弗雷德里克·L. 邓拉普（Frederick L. Dunlap）：一位雄心勃勃、具有政治思想的学者，当农业部部长试图削弱威利的权威时，他被任命为“助理化学家”。

芬利·彼得·邓恩（Finley Peter Dunne）：幽默专栏作家，借虚构角色“杜利先生”之口，嘲笑罗斯福总统的好斗习性——包括后者对《丛林》中“恐怖细节”的反应。

查尔斯·帕特里克·伊根（Charles P. Eagan）：美西战

争期间的美军陆军给养主任，对于他给军队供应“防腐牛肉”的指控，他暴跳如雷。

马克·汉纳（Mark Hanna）：商人、政治家和美国参议员，他是麦金利总统的亲密盟友和顾问。

亨利·约翰·海因茨（Henry J. Heinz）：食品加工商，创办了亨利·约翰·海因茨公司（译者注：即亨氏集团），提倡纯净食品和洁净体面的工作环境，开发了一种无防腐剂的番茄酱配方进行售卖，并积极推广他的产品，称其为全美最安全的番茄酱。

阿尔伯特·海勒（Albert Heller）：芝加哥制造商，他极力为食品防腐剂辩护，特别是他的产品“Freezine”（译者注：意为“冷冻剂”），它使用甲醛来减缓肉类和牛奶的变质腐烂。

威廉·彼得斯·赫伯恩（William P. Hepburn）：爱荷华州的一位国会议员，他带头在众议院奔走，以促成《纯净食品药品法》的通过，并与他人共同提交了《赫伯恩·麦卡博法案》，该法案早于1906年制定的那部法律。

威尔顿·海本（Weldon Heyburn）：来自爱达荷州的美国参议员，在1903年至1913年间担任制造委员会主席。虽然他并非以改革者示人，但因为他不喜欢制药商的虚假广告，故而推动食品和药品立法。

奥古斯特·威廉·冯·霍夫曼（August Wilhelm von Hofmann）：19世纪德国的一流化学家，其研究为煤焦油染料（即“人造染料”）的发展奠定了基础，该类染料成为食品和饮料中的主要着色剂。

哈里·利瓦伊·霍林沃斯（Harry L. Hollingworth）：哥

伦比亚大学心理学家，对于咖啡因对人体的影响做了精确的测量，并作为专家证人在 1911 年为可口可乐公司出庭作证。

沃里克·霍夫（Warwick Hough）： 全美酒类批发经销商协会和孟山都公司的律师兼说客，他强烈反对对其客户进行监管。

伯顿·霍华德（Burton Howard）： 化学局微化学实验室主任，与他人合作撰写了一份关于食品掺假家庭检测的研究。

约翰·赫提（John Hurty）： 印第安纳州卫生官员，极力反对牛奶中的防腐剂，拼命争取公共卫生法，最终成功地说服该州先于联邦政府通过食品安全条例。和威利一样，他也曾在普渡大学任教。

莱曼·基布勒（Lyman Kebler）： 美国农业部的化学家，他专门研究药物，揭发了许多非处方药物（译者注：类似于中国的“秘方”）是无价值和/或有害的，并孜孜不倦于甄别美国软饮料标签上未标明的兴奋剂的用途。

安娜·“南”·凯尔顿（Anna “Nan” Kelton）： 见安娜·“南”·凯尔顿·威利。

约瑟芬·凯尔顿（Josephine Kelton）： 当年纪甚大的威利追求其女儿时，她不赞成。但最终成为他的岳母。

爱德温·F. 拉德（Edwin F. Ladd）： 北达科他州食品化学家，坦率敢言，为州食品安全法奔走并取得成功，继而在全美范围内为食品纯净化而战，率先批评美国农业部中的公司政治（译者注：“公司政治”即公司力量侵入政治领域，合为一体，政治家成为公司的代理人，这在美国十分典型）。他于 1920 年被选入美国参议院。

爱丽丝·莱基（Alice Lakey）：来自新泽西的进步活动家，是威利盟友，担任了全国消费者联盟纯净食品委员会的负责人，极具影响力。

乔治·洛林（George Loring）：亚瑟总统领导下的农业专员，他聘请了哈维·威利担任农业部首席化学家。

艾萨克·马科森（Isaac Marcosson）：道布尔迪 & 佩奇出版公司（译者注：后来更名为道布尔迪出版公司，又译为“双日出版社”）的编辑，对营销活动有浓厚的兴趣，他极力主张出版厄普顿·辛克莱的《丛林》。

约翰·马歇尔（John Marshall）：宾夕法尼亚大学的化学教授，全美知名的毒理学家。他测试了硼砂的效果（自己服用硼砂），这是一种20世纪早期流行的食品防腐剂，含有兴奋剂咖啡因。

威廉·梅森（William Mason）：来自伊利诺伊州的改革派参议员。1899年，他召集了一系列全面的听证会，调查美国食品供应的污染情况，并提出进行立法，以便最终监管该问题。

乔治·P. 麦凯布（George P. McCabe）：农业部律师，对行业十分友好，反对威利在执行《纯净食品药品法》时采取特别激进的措施。

波特·J. 麦卡博（Porter J. McCumber）：一名来自北达科他州的美国参议员，支持纯净食品立法，并安排了关于掺假问题的听证会。

希波吕特·梅吉-穆希耶（Hippolyte Mège-Mouriès）：一位化学家，他参加了一场黄油替代品的研发悬赏，并提出了他所谓的“油珍珠”这一产品，后者是由牛肉脂肪制成的人造奶油。

尼尔森·迈尔斯（Nelson Miles）：军队总司令，呼吁对美西战争中供应军粮的质量进行调查，指责军方给其军人喂食“防腐牛肉”。

朱利叶斯·斯特林·莫顿（Julius Sterling Morton）：克利夫兰第二次执政时期的农业部长，他执着于削减预算，妨碍威利进行食品安全方面的工作，拒绝国会拨款支持食品安全方面的研究。

塞巴斯蒂安·穆勒（Sebastian Mueller）：亨利·约翰·海因茨公司的一名总监，他研发不含防腐剂的产品、提倡纯净食品立法，以此挑战食品加工业的同行们。

约翰·穆拉利（John Mullaly）：这位美国记者于 19 世纪中叶写了一本书，讲述了纽约乳制品行业所采取的令人恶心的做法，从稀释牛奶到使用有毒添加剂，不一而足。

亨利·尼达姆（Henry Needham）：一名“扒粪”记者和活动家，他公开批评西奥多·罗斯福的农业部部长过于接近食品行业，部门内部发生争执时他站在威利一边，并帮助成立了一个名为“人民游说团”的消费者维权活动组织。

查尔斯·帕特里克·尼尔（Charles P. Neill）：《丛林》一书出版后，罗斯福总统派他的劳工专员尼尔去调查芝加哥的肉类加工业。

阿尔杰农·帕多克（Algernon Paddock）：来自内布拉斯加州的一位美国参议员，1891 年他提出了一项审议中的食品监管法案。虽然这一法案失败了，但它预示着 1906 年那部法律的出台。

沃尔特·海因斯·佩奇（Walter Hines Page）：是道布尔迪和佩奇出版公司的合伙人，他主张出版那本令人触目惊心的小说《丛林》，并为其宣传提供帮助。

S. S. 佩里（S. S. Perry）：威利“卫生餐桌试验”的首位厨师，他一丝不苟地运作着一家厨房，但很健谈，总是泄露秘密。

大卫·格雷厄姆·菲利普斯（David Graham Phillips）：是一名改革派记者，撰写了一本揭露政府腐败的书，名为《参议院的叛国罪》。他批判一部在他看来是“掺水”的食品法，因此激怒了西奥多·罗斯福总统。

保罗·皮尔斯（Paul Pierce）：温和节制派，倡导纯净食物，也是威利的盟友，他是《吃什么》杂志的作者、编辑和出版商；该杂志即后来的《美国食品杂志》，总部位于芝加哥。

约翰·弗朗西斯·奎尼（John F. Queeny）：孟山都化学公司的创始人，该公司主要生产糖精和用于软饮料的咖啡因晶体。他坚决反对对食品行业的产品进行管制。

艾拉·雷姆森（Ira Remsen）：约翰·霍普金斯大学的化学家，与他人共同发现了糖精。他牵头领导了一个高价咨询小组，成立的目的是审查威利的研究结果，并经常进行驳斥。

詹姆斯·布朗森·雷诺兹（James B. Reynolds）：一名社会活动家及定居点主管，在罗斯福总统的派遣下，跟随查尔斯·尼尔一起调查芝加哥肉类加工商。

克利福德·理查森（Clifford Richardson）：威利手下的

一位化学家，他调研了香料猖獗掺假的情况，揭露了一些令人反感的做法，比如在香料中使用地皮、污垢和岩尘。

埃利赫·鲁特（Elihu Root）：作为美国陆军部长，他在美西战争后帮助美国军队实现了现代化。他还支持在战争结束后进口古巴糖。作为国务卿，他缓和了罗斯福某些趋于火爆的举动。

耶利米·拉斯克（Jeremiah Rusk）：身为本杰明·哈里森政府的农业部部长，他极力扩大了对食品掺假的调查范围，因为他自认为这是对农民友好的政策之一。

詹姆斯·谢泼德（James Shepard）：南达科他州食品专员，调查了面粉中的硝酸盐。他支持威利的食品纯净化事业，反对农业部部长詹姆斯·威尔逊。

詹姆斯·S. 谢尔曼（James S. Sherman）：他的罐头公司用糖精作为甜味剂。身为纽约国会议员，对于在标签上注明成分配料的要求，他持反对意见。

厄普顿·辛克莱（Upton Sinclair）：公开承认自己是社会主义者，他撰写《丛林》来揭露残酷的工作环境，书中所描述的肉类加工的操作细节，耸人听闻，令读者震惊。

林肯·斯蒂芬斯（Lincoln Steffens）：这位“扒粪”记者建议厄普顿·辛克莱对《丛林》进行修改。后来罗斯福发表了一篇反新闻界的演讲，指责记者是带来厄运和阴郁的“扒粪者”，他对这一演讲进行了抨击。

马克·沙利文（Mark Sullivan）：是一名调查记者和作家，为全国性杂志撰文描写药品欺诈真相，也撰文描述威利为使纯净食品法案赢得支持而发动的公共宣传活动。他将之编入其美国畅销历史书，名为《我们的时代》。

路易斯·斯威夫特（Louis Swift）：斯威夫特肉类加工公司的继承人，对生产劣质肮脏产品的所有证据，他都进行了反驳，并在《丛林》出版引起的丑闻中为自己的公司辩护："以适当和卫生的方式"生产。

阿隆佐·E. 泰勒（Alonzo E. Taylor）：宾夕法尼亚大学的生理化学家，是雷姆森委员会的成员，该委员会负责审查威利的决定。

小埃德蒙·海恩斯·泰勒（Edmund Haynes Taylor Jr.）：因肯塔基州尊贵的"上校"而闻名，是老式波旁威士忌蒸馏酿酒师，和老泰勒品牌同名。对于他人认为调和威士忌品质上能与他所酿的酒相媲美，他表示反对。

詹姆斯·沃尔科特·沃兹沃思（James W. Wadsworth）：纽约共和党人，他担任众议院农业委员会主席，并在《丛林》出版后举行的肉类检验修正案听证会上优先传唤食品行业证人。

亚历克斯·韦德伯恩（Alex Wedderburn）：在19世纪90年代，威利聘请这位活动家兼作家向公众提供化学局调查结果的相关信息，特别是关于食品安全的信息，以使消费者知情。

安娜·"南"·凯尔顿·威利（Anna "Nan" Kelton Wiley）：美国农业部的一名图书管理员，后来进入国会图书馆，于1910年嫁给了哈维·威利。她本身也是一名妇女参政权论者，长期倡导改善公共卫生和社会公正等主要问题。

詹姆斯·威尔逊（James Wilson）：曾为爱荷华州农民，

后任农业部部长，历经麦金利、罗斯福和塔夫脱三任政府。威尔逊起初支持哈维·威利，但后来在《纯净食品药品法》的执行上与威利产生冲突，双方因此变得越来越敌对。

约翰·H. 杨（John H. Young）：西北大学一位专攻药理学的化学家，是雷姆森委员会的成员，该委员会是威利的陪衬。

引　言

今时今世，在我们眼里，先祖们的食物上往往笼罩着浪漫的光圈。在如此美好的瑰色中，我们也许想象着祖父母或曾祖父母们吃着——且只吃——农场里青翠欲滴的瓜果蔬菜和牧场上食草放养的牲畜家禽，既满足口腹之欲，又塑造强健体格。我们甚至可能认为，那时的食物饮品纯属天然，当今这种用化学进行改良、欺世惑众的食物制造手段彼时尚未问世。

这一点，我们都错了。

事实上，到了19世纪中期，美国国内售卖的多种食品饮料已经声名狼藉，难以令人信任，有时甚至置人于危境。

牛奶便是很好的例子。奶牛场主们，特别是19世纪向美国拥挤繁华的城市供应牛奶的商人们，知晓可以通过脱脂或者掺水的方式获利。标准做法是在牛奶脱脂后，往每夸脱牛奶中加一品脱温水（译者注：1夸脱=2品脱），这种混合液体呈现浅蓝色。为改善外观，牛奶生产商学会了添加增白剂，如熟石灰或者白垩（译者注：粉笔的主要成分）。有时，他们添加一勺黑糖蜜，使液体偏金黄，呈奶油色。为了模仿液体表面应该出现的奶油层，他们最后可能还会细细浇注一些淡黄色的东西，间或是浓稠的小牛脑浆。

“警察哪去了？”纽约记者约翰·穆拉利质询道，在1853年出版的《纽约及周边区域的牛奶贸易》（*The Milk Trade in New York and Vicinity*）一书中，他详细描述了这一类——甚至更糟的——制作方法。其证据出自医生们的报告，他们灰心沮丧，直言在纽约每年有成千上万的儿童死于肮脏污浊（细菌滋生）且有意为之的牛奶。他的控诉有点戏剧化——尽管他和很多人都义愤填膺、一心求变，但没有任何法律规定这种掺假行为是非法的。穆拉利还是继续质问：什么时候住手呢？

造假和掺假在其他美国产品中也大行其道。“蜂蜜”通常是增稠的有色玉米糖浆，而“香草”汁则是酒精和综合食用色素的混合物；将草籽混入捣碎的苹果皮酱液，染红并加糖，“草莓”果酱就制成了。“咖啡”主要成分可能是木屑，或小麦、豆类、甜菜、豌豆和蒲公英的种子，它们被烧成焦黑再经研磨就足够以假乱真了。盛有“胡椒”、“肉桂”或“肉豆蔻”的容器中经常被加入更低廉的充数材料，如椰子壳粉、烧焦的绳子，偶尔夹杂地上的垃圾。“面粉”通常以碎石或石膏作为廉价的添加剂。碾碎的昆虫可以混入红糖，往往难以被人察觉——它们的使用常会导致“杂货痒”（译者注：一种经常接触面粉和糖引起的手部皮炎），令人极其不舒服。

到19世纪末，大规模的工业革命——以及工业化学的兴起——也为食品供应带来了许多新的化学添加剂和合成化合物。食品和饮料制造商仍然不受政府法规管束，无须通过基本安全测试，甚至不用在标签上标注成分，他们因而热情地拥抱新材料，将它们混进食物在食品杂货店售卖，有时这些食品是致命的。

2

最受欢迎的牛奶（它在缺乏有效制冷的时代非常容易腐烂变质）防腐剂——甲醛，其使用灵感源于殡仪馆最新的防腐实践。加工商采用甲醛溶液——标上温良无害的名字如“储存剂”（Preservaline）进行售卖——浸泡腐烂的肉类以去味。其他受欢迎的防腐剂包括水杨酸（一种药用化合物）和硼砂（一种以矿物为主的材料，作为清洁产品而广为人知）。

食品制造商也采用提炼自煤炭副产品的新型合成染料，使原本黯淡无光的产品诱惑力大增。他们找到了廉价的合成化合物，可以作为替代品秘密添加进食物和饮料——糖精来代替糖；醋酸代替柠檬汁；实验室制造的醇类或者酒精，经过染色和调味，摇身一变成为陈年威士忌和优质葡萄酒。正如威斯康星州进步党（译者注：19 世纪末 20 世纪初美国历史上掀起了进步主义运动，其中拉福莱特在威斯康星州领导的进步运动，堪称各州进步运动的典范。）参议员罗伯特·马恩斯·拉福莱特（Robert M. La Follette）在 1886 年所描述的那样：“聪明才智携手阴谋诡计，复合制造出新物质进行食物制假。造出看起来像、吃起来像、闻起来也像，但就是与真货本质迥异的东西；并挂羊头卖狗肉，欺骗买家。”

难怪，当惊恐不安的民众开始寻求联邦政府的帮助来制止这种欺诈欺骗行为时，他们是高举“纯净化”的大旗行动的。他们认为自己是“纯净食品运动”的十字军战士，不仅在努力净化被污染的食品供应链，而且在努力清理一个腐烂到根源的体系（有政客因亲善该行业而出手进行保护）。正如穆拉利几十年前所做的那样，新的十字军队伍——由科学家、记者、州卫生官员和妇女团体领导者们组成——强烈谴责他们国家的政府居然愿意让这种腐败行径延续下去。

“纯净食品运动”的领导者们一致认为监管监督是唯一现实的解决方法。他们曾多次看到，美国国内的食品加工商和制造商们对于保护食品供应几乎或者根本没有责任感，尤其当承担责任可能会威胁其利润时。例如，甲醛已经会直接导致死亡——特别是不少孩子死于饮用所谓的防腐牛奶——生产者却毫无所动，继续使用该防腐剂。防腐剂在避免牛奶变质方面的确非常有用——否则牛奶是难以卖出去的——因此，难以舍弃。

3

当时美国公司已经多次成功阻止了多方试图通过食品安全立法（哪怕是最温和的立法）的努力。这尤其激怒了那些倡导保护消费者安全的人，因为此时欧洲各国政府正在制定措施保障食品安全；一些在美国能随心所欲销售的食品饮料现在被其他国家查禁了。与美国同行不同，欧洲啤酒和葡萄酒生产商是不允许在这些饮品中添加危险防腐剂的（哪怕他们可以将这些添加剂加入售往美国的产品中）。

在 1898 年于华盛顿举行的第一届“全美纯净食品和药物大会”上，代表们指出，自从大约 13 年前拉福莱特在参议院发言以来，美国食品行业中的欺诈行为猖獗不休。如果不制定相关政策或计划来处理工业化的食品，这个国家还会持续多久？没有人知道。当然，有位代表满怀希望地表示，“这个伟大的国家（最终必须）在文明国家中占有一席之地并保护其国民。”

在参会的数百名纯净食品倡议者中，许多人在这看似不太可能产生英雄事迹的地方和人物身上，看到事情取得进展的最佳机会：美国农业部的一个小型化学单位及其首席科学家——一位在哈佛大学接受化学专业培训的中年印第安纳州土著。

但实际上，那是明智之选。

在美国联邦政府考虑创建类似于食品药品管理局之类机构之前的数十年，农业部（1862 年由亚伯拉罕·林肯总统设立）的任务是分析国内食品和饮料的成分。它是唯一开展这项工作的机构，旨在回应某些农夫的诉求，他们因人工制造食品削弱了其市场而深感不悦。19 世纪 70 年代，来自明尼苏达州农业协会的一份投诉要求该部门调查“科学的错误应用，如给臭鸡蛋除臭、把酸腐黄油去味和将豌豆染绿等”。 4

但直到 1883 年农业部任命哈维·华盛顿·威利〔他原本在普渡大学（Purdue University）任教〕为首席化学家后，该机构才开始有条不紊地调查食品和饮料欺诈行为。尽管威利是知名糖化学专家，但他在印第安纳州时就研究过食品制假，并警告过，“假冒”产品对公众健康会产生威胁。抵达农业部后，他立即开展一系列调查，涵盖了从黄油、香料到葡萄酒和啤酒等五花八门的食品饮料，对美国食品供应情况进行了详尽的描绘，有些内容骇人听闻。这些报告促使他于 20 世纪初在志愿者身上进行人体试验，检测部分最可疑的化学添加剂，这一系列试验被美国报纸称为“试毒小组”研究。

威利对食品和饮料的调查——以及调查结果中的翔实批评——既激怒了制造商，也惊动了那些极具商业头脑的监管者。尽管饱受压力，但他拒绝停止研究。正如纯净食品拥护者们钦佩地指出，威利——及其研究人员——坚持自己的研究，哪怕他们所得出的结论让强大的公司和政治利益方蒙羞。

在这些利益方看来，更糟糕的是，他公布了调查结果。威利坚定地向政府官员和立法者，以及广大公众——包括纯净食品运动人士——通报调查结果。他告知国会某委员会，多年来的研究结果使他确信，礼貌地退让是不可接受的。

无论如何，威利总会脱颖而出。他个头高大，身形魁梧，黑头发黑眼睛，私下里幽默迷人，公共场合时而威严，时而夸[5]张。他将成为20 世纪之交全美食品安全监管之战中最闻名遐迩的人物，他建立起一个消费者保护联盟，面对预想中的挫折时集结并号召他们坚持抗争。威利是美国第一位伟大的食品安全化学家，但他对这项事业的最大贡献——甚至超越了他所从事和监管的科学任务，甚至还超出了他能令此项事业引人注目的能力——是“他卓绝的指挥才能”，公共卫生历史学家奥斯卡·安德森·小威利（Oscar Anderson Jr. Wiley）写道，并补充说：“他是一个领导者，始终保持全局观”，即强烈的消费者保护意识这一长远目标。

威利也有他的不足之处。作为一个业余牧师的儿子，他很大程度上只是因为自己同盟的要求而站上道德高地。面对敌意，他的立场变得更加强硬，即使在某些细节上，他也常常拒绝妥协。因为烘焙食品中的有毒化合物，他与人争吵，因为标签上的图片，也吵得一样凶。哪怕在吹毛求疵时，他也未能释放善意，这使他的同盟关系紧绷。有些人认为，这降低了他行动上的有效性。而这点他自己也清楚。

威利自己认为，他未能为他的国家实现一种无畏而严厉的监管保护，这种保护才是他孜孜以求的。他无法忘记，也无法原谅：自己曾独自挺立在——有时甚至败于——反对公司干预法案的斗争中。对于自己所取得的伟大成就——1906 年具有里程碑意义的《纯净食品药品法》* 的通过并生效，他进行了自我批判，这很可能削弱了我们对其成就的感知，并让大家低估了其做出的伟大贡献。

要是那样，我们就又错了。

是的，我们现在依然在为纯净食品而战。但是，请大家认识到，我们已经从 19 世纪食物、饮料和药品全然不受管制的恐怖境地中走出来，跋涉了漫漫长路。在当下，当商业利益方——就像在威利所处的时代那样——抱怨政府过度干预并宣称取消监管的必要性时，我们要记住，威利付出了多大的努力才为我们奠定了基石，使我们能抵抗住各种压力。他改变了我们的监管方式，也改变了我们对食品、健康和消费者保护方面的看法。 6

也许这并不能总是帮助我们给过去的岁月——甚至那时的英雄们——镀上一层瑰色光辉。但我们应该谨记且不可忘却早期在保护我们国家和个人时所经历的那些教训。当我们回顾全美消费者保护战役中的首场战斗时，我们最好记住它有多么激烈。这是一个引人注目且极富启发意义的故事——它照亮我们脚下的路——故事源自一个简单的事实：我们现在所说的《纯净食品药品法》，曾经被全美上下称为《威利博士法》。 7

---

* 为忠实原文，本书有《纯净食品药品法》、1906 年《食品药品法》，以及“1906 年法律”等几种说法，实为同一部法律。——编者注

第一部分

第一章 化学荒漠

1844～1887

我们围坐一桌，桌上美食遍布，令人垂涎，赏心悦目。

1844年4月16日，在印第安纳州肯特市一个小农场的小木屋里，哈维·华盛顿·威利出生了。他父母共生了七个孩子，他是家中的老六。而几十年前，在这个农场东北方向百来英里的地方，亚伯拉罕·林肯成长于斯。

简陋的木屋是19世纪美国人的真实象征，尤其是因为多位美国总统——林肯（出生在肯塔基州附近）、安德鲁·杰克逊（Andrew Jackson）和扎卡里·泰勒（Zachary Taylor）等——令木屋生辉，成为各自政治形象的基石。后来的岁月里，威利也常拿打趣自己同样上不了台面的出身。他说："我并不是跟众人一样怀揣这样一个偏见：那就是，在美国，一个人必须出生在小木屋里才能变成伟人。"

但正如那些政治名人一样，威利从小就在这片土地上耕作。6岁时，他每天将家里的牛群赶回谷仓挤奶；10岁时，他已经跟在犁耙后面犁地了。他的父亲叫普雷斯顿（Preston），是印第安纳州最早种植甘蔗的农民之一。好奇宝宝哈维帮了忙，从这种长得像草的谷类作物中榨出汁后，他学会了把榨汁煮成甜糖浆。这一转变过程激起了他对食品加工流程和其他糖类的兴趣，也是成就他未来职业生涯的灵感之一。

普雷斯顿·威利（Preston Wiley）几乎没有受过教育，但他重视学习，这也对他家的老六影响巨大。这位父亲是一位农民，还是一位业余的牧师，甚至自学了希腊语。他强烈反对奴隶制，坚持晚上把孩子们聚集在一起，阅读一本极富感染力的废奴主义小说——《汤姆叔叔的小屋》——农民威利还认为应该遵从自己内心的原则去行动。因而，在离俄亥俄河只有3英里的地方，这个家庭农场就成了“地下铁路”（译者注：“地下铁路”，即一条由逃亡线路和可靠的人家组成的用以解放美国南方黑奴的秘密网络。）在印第安纳州最南端的站点。从肯塔基州逃出来的奴隶，一旦成功过了河，就知道去找普雷斯顿。在夜色的掩护下，他会护送他们向北逃行8英里，安全到达下一站。

美国内战爆发时，哈维·威利正准备上大学。他的父母尽管反对奴隶制，但还是决定让他继续上学。1863年，他就读于附近的汉诺威学院（Hanover College），但一年后便决定不再对战争作壁上观。他加入印第安纳第137步兵团后，被部署到田纳西州和亚拉巴马州。在那里他守卫着联合铁路，并在业余时间学习解剖学，每天从一本教材上背书给战友听。几个月后，爆发了一场席卷营地的麻疹瘟疫，他和许多战友都病倒了。那年9月，当他所在兵团返回印第安纳波利斯时，他仍在生病，于是退伍回家休养，而后又回到汉诺威学院。1867年，他在该校获得了文学学士和硕士学位。但到那时，军旅生涯使他决心成为一名医生。在毕业致辞中，他提及当时选择的职业，尤为兴奋。威利宣称："医生虽然'不能攀上天堂，无法降下永生'，但可以帮助别人延长生命，使他们'充满健康、幸福和希望'地活着。"

12

为了挣钱去学医，威利先是在印第安纳波利斯的一所小型基督教学校教拉丁语和希腊语。随后，他于暑期在肯塔基州的一名乡村医生那里做学徒，此后又进入了印第安纳医学院，在那里他获得了医学博士学位，并于1871年毕业。可是到那时，他发觉，尽管自己钦佩医生的工作，却并不喜欢照顾病人。于是，他转而受聘于印第安纳波利斯公立高中，去教授化学，并开始欣赏这门科学分支所提供的视野，或换而言之，在他眼里，化学是"既高贵又伟大的"。他对这一迅速发展的领域饱含热情，于是再次求学，这一次他进入哈佛大学学习化学——这是当时的特有现象——仅仅几个月的学习之后，他就获得了理学学士学位。1874年，他接受了印第安纳州新建的普渡大学的教职，成为该校第一个（也是唯一一个）化学教授。

他在普渡大学第一年写的日记中有这样的内容："科研中，我发觉有太多未知的东西。"当时他正在努力组建一个工作实验室。"我自己的职业是一片荒漠。"然而，在接下来的几年里，威利就闻名该州，他成了"万金油"科学家，几乎任何东西他都分析——诸如水质、岩石、土壤样品，尤其是食品。1878年大学放假的时候，他来到了刚刚统一的德意志帝国，当时的德国处于全球化学研究领先地位，这加速了他的成长。他在德国一个食品质量实验室研习，这家实验室是开创性的；他还听了世界知名科学家奥古斯特·威廉·冯·霍夫曼的讲座。后者是位于伦敦的皇家化学学院的第一任院长，也是工业化学家的先驱，以1866年发现甲醛而闻名，后来致力于开发工业染料，并于19世纪末为食品行业所采用。回到普渡大学时，威利携带着德国制造的分析食品化学的专用仪器，仪器是他自掏腰包购买的，因为大学拒绝出资。

13

欧洲各国政府——特别是德国和英国政府——比美国政府更快地认识到食品掺假问题，也更迅速地进行了处理。1820年，化学家弗雷德里克·阿库姆撰写了一本开拓性的书籍，名为《论食物的掺假与厨房毒物》(*A Treatise on Adulterations of Food, and Culinary Poisons*)，该书在伦敦出版时激起公众的愤慨。阿库姆直言不讳："我们的腌菜是用铜上的绿色；我们的醋是靠硫酸变得酸不溜秋；我们的奶油是坏牛奶中掺了米粉或葛粉；我们的夹心糖果混合了糖、淀粉和黏土，再用铜和铅的制剂着色；"他写道："我们的番茄酱通常是由蒸馏后的醋渣和核桃的绿色外壳熬汁混合而成，并用各种香料调味。"

正如阿库姆指出的，他那个时代的毒化操作可以追溯到很多年前。早在19世纪的新工业染料问世之前，商人和加工商们就使用色彩纷呈的物质来使其产品看起来更加诱人。糖果制造商们经常采用的是有毒的金属及化合物。他们用砷或铜来染绿，铬酸铅来染黄，令人愉悦的玫瑰色和粉红色则是用红铅染就。1830年，英国医学杂志《柳叶刀》(*The Lancet*)的一篇社论抱怨说，"有数百万儿童每天因此吃进了致命物质。"但这些行为并未消失，这主要源于企业对将要诞生的政府监管机构进行了施压。

然而，到19世纪中叶，英国的相关伤亡人数开始上升。

1847 年，在英国有三个孩子因为吃了生日蛋糕而病情危重，蛋糕上有用砷染绿的叶子做装饰。5 年后，在伦敦有兄弟两人吃了一块蛋糕后死亡，蛋糕上的糖霜含有砷和铜。在 1854 年问世的一份报告中，伦敦医生阿瑟·哈塞尔追踪了 40 例由“一分钱糖果”引起的儿童中毒事件。

三年后，在约克郡的布拉德福德，有 21 人死于“意外”他们食用了含有致命三氧化二砷的糖果。称作“意外”是因为糖果商本打算混入熟石膏，而药剂师错将毒药当石膏卖给他。尽管商人注意到工人们在混合的过程中都病倒了，但还是把糖果卖掉。最后他和药剂师都被捕入狱，但无法判他们有罪。英国当时还没有法律禁止生产不安全甚至致命的食品。

14

对布拉德福德事件的愤怒促使英国于 1860 年通过了《反对食品和饮料掺假条例》（Act for Preventing Adulteration in Food and Drink）。商人们出于自身利益在此中斡旋，结果对有毒食品的罚款仅为 5 英镑，但至少开了先河。

在美国也有愤怒的声音，哪怕声音还不足以刺激国会。如记者约翰·穆拉利谴责“牛奶中毒事件”；而乔治·桑代克·安吉尔（George Thorndike Angell）（马萨诸塞州的一名律师和慈善家，因反对虐待动物而闻名）则高声嘲讽造假食品生产商。1879 年，在社会科学和公共卫生协会的演讲中，安吉尔列举了一系列令人作呕的在售食品，其中包括病死动物肉类、携带寄生虫的动物肉类、动物脂肪加工假冒的黄油和奶酪。

“他们毒害和欺骗消费者；影响且在许多情况下破坏了人们的健康，不仅是富人的健康，也包括穷人的健康。”安吉尔发出指控，他抨击造假食品生产商与“海上的海盗或公路上的抢劫犯和杀人犯”相比好不到哪里去。此外，他还把演讲稿寄给了全国各地的报纸——令食品加工商们沮丧的是，这篇演讲稿读者甚众。《美国食品商》（*Amerian Grocer*）是一家商业贸易刊物，驳斥他哗众取宠，“在给消费者帮倒忙”。但该杂志承认部分问题属实，特别是诸如牛奶和彩色糖果常常带毒，造假者声誉有损等。同年，安吉尔的这些担忧得到了回应，弗吉尼亚国会议员理查德·李·比尔（Richard Lee T. Beale）提交了一项立法法案，以禁止添加化学物质的食品在州际间进行贸易。在一份提交给制造委员会的报告中，有人发出警告：“不仅低价物品与高价物品被混合在一起，而且对健康有害的物质也被掺杂进去。毫无疑问，在制造和准备消费生活中的必需品和奢侈品时，危害生命的物质常被使用。”这一法案没能通过委员会这一关。同时，由于未能采取后续行动，它迅速沉寂了。不过，人们对食品供应中出现的麻烦愈加不安了。

1881年，印第安纳州卫生局要求威利检测售卖甜品的纯度，特别是蜂蜜和枫糖浆。在普渡大学，威利一直在研究潜在的新作物和制造甜味剂的方法。受父亲种植甘蔗的冒险精神所鼓舞，他甚至想出了一个从甘蔗杆中提取糖浆的改良方法。而在德国深造后，威利获得了相应的培训乃至工具以便开展这项研究。因此，在美国科学进步协会进行陈述后，他被视作美国糖化学领域领先的学者之一。州政府机构所要求的调查——以及由此带来的政治影响——使他接着投身于这一终身的工作中。他后来回忆，那是“我第一次参加战斗”。

美国国家科学院的一份报告已经警示公众：罐子上标着

“蜂蜜”，里面通常是染色的玉米糖浆，再丢一小块蜂巢碎片进去，就可以瞒天过海了。而玉米糖浆并非后来的“高果糖”版本，而是19世纪的一种创新产品。1812年，俄罗斯化学家戈特利布·基尔霍夫（Gottlieb Kirchhoff）发明了一种廉价工艺，能将玉米淀粉转化为葡萄糖：即将淀粉和稀盐酸混合，而后在一定压力下加热混合物。事实证明，因为美国盛产玉米，借助这个方法，生产商于此获利巨大。到1881年，美国中西部有二十多家工厂在轰隆隆运转，每天将2.5万蒲式耳［译者注：在美国，一蒲式耳相当于35.238升（公制）］的玉米转化成含糖产品。威利在其报告中记录道：“用玉米淀粉生产糖浆和糖已经发展成大产业，在这个国家，它虽然才起步十余年，但其规模不可小觑。”

16

在很多说英语的国家里，“玉米”一词可以指任何一种粮食作物——如大麦或小麦。但在同样说英语的北美，“玉米”一直就仅仅指代玉米。数千年来，西半球的土著居民都以之为主食。后来欧洲人来了，他们称之为“印第安玉米”并开始自己种植。到19世纪中期，从宾夕法尼亚州到内布拉斯加州，从明尼苏达州到密苏里州，乃至更远的地区，玉米都是主要作物——从此，一系列全新的人造食品问世了。

“玉米，新的美国王者，”威利写道，“现在向我们供应面包，肉和糖这些必需品，还有威士忌这些非必需品。”他估计，从玉米中提取的葡萄糖的甜度大概能达到从蔗糖中所提取甜度的三分之二；而且这样做便宜得多，因为生产成本还不到后者的一半。

这种甜味剂的生产商和销售商经常将其贴上“玉米糖”

或“玉米糖浆”的标签。这是学习欧洲的做法。例如，德国的“马铃薯糖”，法国的“葡萄糖”，等等。但是，威利刻板固执，精益求精（在未来多年里，他的这种个性将会惹恼说话更加直言不讳的同僚，包括罗斯福总统）。他认为这种以玉米为原料的产品应称为葡萄糖或葡萄糖糖浆。他强调，从技术角度来看，这两个表述都是准确的，能清楚地将之与传统的甘蔗或甜菜制糖区分开来。（到21世纪，糖尿病流行期间，许多人提及人体血糖水平，就会联想到“葡萄糖”。但是，从玉米淀粉、小麦淀粉、土豆淀粉或者其他淀粉中提取的糖制品确实具有相同的分子特征。）

17 在威利所处的时代，这种科学精确性似乎对保持研究时的秩序感至关重要。19世纪中叶，化学家们才开始梳理出分子键的特质。19世纪50年代末，德国化学家弗里德里希·奥古斯特·凯库勒（Friedrich August Kekulé）首次提出原子如何聚集形成分子的相关理论。60年代，化学巨星冯·霍夫曼在柏林大学首次制作了分子的棒-球模型。在德国时，威利已经明白要尊重这种精确性，而他带仪器回国的举动就证明了这一点。其中，他最喜欢的就有一种叫偏光镜（或称偏光计）的仪器。在普渡大学，威利就用它来区分不同类型的糖：利用偏振光穿过加糖物质，并测量光旋转的角度。他解释说：“与真正的糖相比，葡萄糖在用偏振光检测时呈现出几处异常。”

当测试显示足足有90%的糖浆样品是假货时，他并不感到震惊。店主们跟他说，这些新糖浆又甜又便宜，几乎“将所有其他糖浆都驱逐出市场”。对蜂蜜抽样检测时，他也发现了猖獗的造假行为。威利有些嘲弄地说起这些假蜂蜜“完全不需要蜜蜂居中介入”。他还指出：甚至连生产商黏在罐子里的那点蜂巢碎片也是假的，是由石蜡制成的。在报告中，威利发现玉米糖浆本身没有问题——毕竟，它是一种天然的甜味剂——但他认为食物或配料本身是什么，就应该叫它什么。满满一瓶“葡萄糖”，却贴上价格更贵的枫糖浆标签，这就是在欺骗消费者。除了发现玉米糖浆伪装成其他糖之外，该研究还留意到了制造过程中残余的杂质，如在混合缸里发现了铜，以及动物骨头烧焦后的部分化学残留物（用作木炭过滤器），而在部分样本中检测到了硫酸。

威利的报告于 1881 年夏天发表在国家档案和《大众科学》（*Popular Science*）上，真正的枫糖浆行业的从业者们为之感到欣慰，但这惹恼了玉米种植者、玉米糖浆制造商和乱贴标签的灌装商——这些群体集中到一起，组成的利益集团规模远大于枫糖采集者群体，也更具影响力。威利已经开始树立强敌了，这贯穿了他此后的职业生涯。 18

令人惊讶的是，受其报告困扰最深的群体居然是养蜂人。非但不感谢他揭露了“玉米假货制品”“对蜂蜜行业造成的伤害”，该行业的贸易类期刊还谴责他和这项研究，称其为“威利的谎言”。这是因为蜂蜜生产商担心威利的调查将损害其产品声誉，但显而易见的是，某些“养蜂人”近来并没有费心去养蜂。

依照他的个性，威利加倍放料了。他为印第安纳州卫生健康委员会撰写了一份更为犀利的报告，强调标签内容真实可靠是多么重要。这份报告包含了检测掺假的方法指南，并强烈建议印第安纳州为该州生产和销售的糖制品设定纯净度标准。

“掺假的危害被低估了，”他写道，“因为当下有人认为任何假冒食品都可以容忍，而不会降低公众品味或者有损民众生活的公共保障。”

尽管遭受了政治方面的阻力，但他最后还是坚决要求采取行动。他写道，现在是时候“去听听大家对可靠食品的呼声了，这绝不容否认。”正如在整个职业生涯中他一直所说的那样，为自己认为正确的事情挺身而出，他不害怕。毕竟，他就是那样成长起来的。

和哈维·威利一样，美国农业部首席化学家彼得·科利尔也对糖类科学和制糖植物学产生了浓厚的兴趣。他甚至比威利更热衷于研究高粱甘蔗（译者注：又叫甜高粱），耶鲁大学毕业的科利尔将其视为未来作物。他设想着甜高粱遍布全国，闪烁着铜绿色的光芒，这是一种可能像玉米甚至甘蔗一样富含糖分的作物。

19

他的老板乔治·洛林是一位务实主义者，不同意科利尔的观点。专员洛林［因为当时美国农业部还不是一个内阁级的部门，所以被命名为“专员”（译者注：否则可称之为“部长”）］曾是马萨诸塞州的一名医生，对治疗农场动物的重疾特别感兴趣。科利尔和洛林之间关于高粱的分歧可能仍是内部矛盾，但有个问题除外：每当科利尔感到委屈的时候，他就习惯于向华盛顿新闻界抱怨这位领导。1882 年，洛林因读到报纸上的报道而大为光火，在文中他被首席化学家暗示为白痴。因此，他求助并获得切斯特·艾伦·亚瑟（Chester A. Arthur）总统的许可，要将科利尔换成一位友善一些的科学家。同年晚些时候，在 12 月举办的密西西比甘蔗种植者大会上，哈维·

威利应邀介绍制糖作物的概况。洛林听取了他的发言，并认为其陈述全面均衡，十分客观。不同于愈加执迷于高粱之梦幻未来的科利尔，威利对每一种作物都给予了应有的重视。普渡大学的这位科学家给专员留下了深刻印象，使专员认定，威利就是自己正在寻找的合适人选。

两个月后，洛林邀请威利出任首席化学家一职。这一橄榄枝递得恰逢其时，威利当时在普渡大学已经愈感压抑，备受排挤。大学董事会的保守派成员们丝毫不关心他针对该州蜂蜜和糖浆研究所引发的负面关注，特别是来自玉米业的关注，该产业极具影响力。一位学校董事已经公开宣称科学进步是“魔鬼的工具”。董事会甚至公开反对威利的私生活：比如他和大学生定期开展棒球比赛，每天骑自行车去校园，穿着及膝马裤，诸如此类。董事们召唤他开会，会上指责他招摇过市，甚至把他比作马戏团的猴子。正如威利在日记中写的那样，如果不是觉得这些责骂呵斥的言辞那么有趣的话，他定会深感耻辱，但他也承认自己很沮丧。就在那一年，他曾被纳入大学校长一职的考虑人选，但最终不了了之。对于这位 39 岁的单身汉来说，洛林的提议似乎是一条救生索，将他从这份越发像是陷阱的工作中拯救出来。

20

但他没有料到，始终好斗的科利尔会把焦点从洛林那里转移到他身上。失去工作和地位后，科利尔怒不可遏，立马策划了一系列攻击，针对这位被指定的继任者。他的好盟友们在农业贸易类杂志上撰文诋毁印第安纳糖类研究，并暗示该研究的作者是一个低级科学家。科利尔还说服来自佛蒙特州的同乡参议员去拜访亚瑟总统，请求总统反对威利获得该职位。这一咄咄逼人的斗争只是激怒了总统，科利尔未能夺回该工作，但这令威利十分难堪。

“这是我初次受到公众的攻击，深受伤害。”威利后来写道：“成为这种含沙射影和谣传曲解的牺牲品，我感到很伤心。”他也给这些刊物撰文，尝试着为自己的工作辩护正名。科利尔小团体的人又反过来指责他吹嘘自夸。威利逐渐相信，对付这类攻击最好的办法是“自己做好自己的事，让敌人做最坏的事”。他开始收拾行李，准备搬去华盛顿。

1883 年，农业部办公场所尚在扩张，坐落在史密斯森协会的红砖城堡和几乎完工的华盛顿纪念碑之间。这片土地上有多个实验园圃、温室、暖房和一座宏伟现代的主楼，建于 19 世纪 70 年代，其曼萨德式屋顶（译者注：*Mansard*，双重斜坡的屋顶）时尚新潮。然而，小小的化学司却藏身于一个地下室，威利形容这个地下室是“潮湿的、不通风的、完全不适合的”。这位新首席化学家上任的第一把火就是颁布吸烟禁令。不仅因为实验室里的空气已经停滞不动，而且他还担心，只要一丝火花就能将这个地方烧毁。

21

至于住所，威利从华盛顿一处人家那里租了一间卧室，在此，他将与这家人一起生活 20 年，并相处愉快。他深受他们的欢迎，被视为家里的一分子，他还经常在晚上给孩子们辅导家庭作业。出于爱好社交的天性，他接受邀请加入久负盛名的“宇宙俱乐部”。这是一个纯男性、推崇才智的组织，成员包括亚历山大·格雷厄姆·贝尔（Alexander Graham Bell）和马克·吐温（Mark Twain）。他还加入了较为松散的“六点钟俱乐部”，不太一样的是，这个俱乐部吸收女性会员，美国红十字会创始人克拉拉·巴顿（Clara Barton）便是其执行委员。

华盛顿政治气氛紧张，威利初来乍到，却在1885年罗弗·克利夫兰竞选总统时出人意料地占据先机。作为一名忠诚的共和党人，威利知道，他的工作能否保住很大程度上取决于民主党人克利夫兰换谁来坐农业专员洛林的位置。这位化学家开始到处给有影响力的朋友写信，希望任命诺曼·杰·科尔曼。科尔曼是密苏里州的民主党人，长期担任农业贸易类期刊的出版人，他赞成威利的研究。威利的四处活动成功了，他有幸得到一个心怀感激并不遗余力支持他的新老板。

科尔曼将帮助创建辐射全美纵横相连的农业试验站点；而且，他认为维护公众利益是政府公职人员的责任。事实上，他希望首席化学家在处理食品安全问题时更加积极主动——这也是威利一直倡导的。科尔曼甚至提议进行及时的官方调查，建议化学部门报告在售牛奶的质量和卫生状况。他还建议，科学家们也应该调查黄油之类的乳制品，并对黄油替代品这一备受质疑的新产业进行评估。

乳制品行业的种种问题彼时基本上没有得到控制，仍持续恶化。1853年，穆拉利撰文描述了这样的做法：酿酒商将奶牛圈养在城市里臭气熏天的“牲畜仓库”中，每一只牛都被拴牢、无法四处活动，吃的就是“泔水”（酿造威士忌发酵过程产生的碎泥）。这一做法虽然肥了老板，但造成了一大堆的公共卫生问题。

22

19世纪50年代，《弗兰克·莱斯利画报》（*Frank Leslie's Illustrated Newspaper*）（译者注：后来改名为《莱斯利周刊》）曝光了这些苍蝇乱窜、蛆虫猖獗的牛奶厂：奶牛们站在自己的排泄物里，以尚未冷却的泔水为生，泔水里面残余着糖分和酒精，但没什么营养。母牛们寿命不长，活得悲惨，停止产奶后它们往往已经满口烂牙，随即被宰掉——或者直接死在栏里。儿科医生认为泔水牛奶导致儿童出现多种疾病症状。一位医生写道："年复一年，每当我遇到一个样子病恹恹、肌肉松垮垮、关节虚弱无力、食欲反复不定、呕吐频繁、偶尔腹泻、口气恶臭的孩子时，我就越发怀疑罪魁祸首是酿酒厂牛奶。"

纽约市坦慕尼协会控制的政府因贪墨成风而臭名远扬，其拒绝改革，但最终于 1862 年通过一项城市法令，禁止酿酒厂牛奶，然而收效甚微。这项禁令即便在纽约市内都难以执行，超出纽约市范围，就更无法约束乳制品行业中的恶劣行径了。20 多年后，发表在《美国化学学会杂志》（*Journal of the American Chemical Society*）上的一项研究调查了新泽西州哈德逊河对岸仍在生产的酿酒厂牛奶，发现"大量的（细菌）液化菌落，难以计数"。印第安纳州健康理事会在随后发布的一份报告中补充说：随机抽样的牛奶中存在"木棍、毛发、昆虫、血液、脓汁和污物"。

在威利的带领下，农业部首次仔细检查了各类食品，并于 1887 年分三册出版了《食物和食品掺假》（*Foods and Food Adulterants*）（《十三号公报》）。不出所料，从中可见牛奶的生产方式及其所含内容物几乎没有改善。威利团队进行调查的化学家们发现某种牛奶按照惯例被稀释过了，肮脏不堪，还加了白垩增白，这可不仅仅是细菌游曳其中的问题了。在威利团队测试过的样品中，至少有一瓶牛奶瓶底蠕动着蠕虫。化学司对其他乳制品的研究更令人大开眼界：科学家们在市场上发现的

23

大部分“黄油”除了挂了个假名之外，与乳制品毫无关系。

生产商之所以有这种误导的能力，源自几位法国化学家的成果。其中包括19世纪最伟大的化学家之一，米歇尔·尤根·谢弗勒尔（Michel Eugène Chevreul），他从希腊语中提取了“珍珠”（margarites）这个词，又从拉丁文中添加了表示“橄榄油”（oleum）的词汇，合成了“人造黄油”（oleomargarine）这个新词。1869年，发明家希波吕特·梅吉－穆希耶借用了谢弗勒尔的术语，并用其命名他从牛脂和精细研磨的动物腹部获取的代黄油，后者是众多代黄油的原材料。这些代黄油深受美国食品加工商的欢迎，他们于1876年开始“创造”一系列此类产品。

这些美国创新者们急于开拓新市场，竞相改进“人造黄油”，并为诸如“suine”（词意为牛羊板油）和“lardine”（词意为猪油）等其他略做改变的材料申请专利。实力强大的肉类加工企业意识到屠宰场和罐头厂的下脚料极具创收潜力后，这一行业便迅速起飞。“人造黄油”这个概念几乎还未传到芝加哥快速增加的牲畜栏时，一些加工商就下定决心：只要在产品中加点真牛奶，就可与肉类协会脱离干系。阿默尔兄弟和古斯塔夫·斯威夫特（Gustavus Swift）等肉类包装商想要一个更具吸引力的名字，于是借用了一个英国使用的“人造黄油”的术语——butterine——使这个产品至少听起来是用“黄油”（butter）这样的乳制品制作的。其他制造商甚至都懒得换名字，直接将生产的“人造黄油”称为“黄油”。

在1883年出版的《密西西比河上的生活》（*Life on the Mississippi*）一书中，马克·吐温提到了一位来自俄亥俄州的 24

“人造黄油”销售员无意中说的话：“你看不出它与真正黄油的区别。好吧，连老行家都不行……很快你就能看到那样的一天，在这个最大城市之外，在密西西比和俄亥俄流域的任何一家旅店，你都找不到一盎司黄油来饱口福。我们现在正成吨成吨地生产这种人造黄油。它们便宜得很，全国上下都得来买它——想不买也不行呀，你且瞧着。黄油可翻不了身了……黄油的好日子过去了。”

毫不意外，乳品行业对此坚决反对，异常愤怒。各大乳制品组织向国会议员们请愿申诉，要求政府采取行动保护它们免遭此类欺骗行为牵连。随后于 1885 年在美国参议院和众议院举行的听证会上都体现了这一矛盾，会上讨论了是否应该允许人造黄油在美国销售的问题。

“我们面临着历史上从未有过的一种新局面。聪明才智携手阴谋诡计，复合制造出新物质进行食物制假。”美国参议员罗伯特·拉福莱特指责道。作为威斯康星州的一名共和党人，拉福莱特坚定地站在该州无数的奶牛场主一方，他们尤其反对给人造黄油染色使其看起来像黄油的做法。拉福莱特轻易地忽略了这样的事实：冬天里，奶牛吃干草而非新鲜牧草，用这时挤出的牛奶生产黄油时，黄油会偏白而非变黄——因此，除了对牛奶进行稀释和掺假外，一些奶牛场也会例行地向淡黄油中添加金黄色素染色。这位参议员指控说，这些不含牛奶的新产品与“假黄油”相比也好不到哪儿去。佛蒙特州共和党议员威廉·格劳特（William Grout）更为犀利，将之称为“杂种黄油”。缺乏管制，谁知道那里面有什么？格劳特称它为“谜中谜”。

25

人造黄油的专利申请中列有硝酸、硫酸钙，甚至乙酸铅等成分。弗吉尼亚州民主党议员查尔斯·奥费拉尔（Charles O'Ferral）谴责制造商还添加了溴氯矾（一种用来治疗天花的消毒剂）。他指责道，人造黄油中使用消毒剂是为了“除臭，并防止被检测出腐烂物质，”其中许多配方中都含被碾碎的猪牛羊的胃，极易腐烂。立法者们想知道，是否有其他动物尸体残块正进入配方表。“用死猫或死狗，你认为能做出好的人造黄油吗?”来自阿肯色州的民主党参议员詹姆斯·金布罗·琼斯（James K. Jones）询问一位行业代表。爱荷华州共和党众议员大卫·布雷姆纳·亨德森（David B. Henderson）宣布：“这已经成为美国的历史性时刻，城市垃圾工正在给你的面包抹黄油。”目击证人 L. W. 莫顿（L. W. Morton）抗议，“一盎司（译者注：大概为半两）坏脂肪放进一吨新鲜的好脂肪里，会坏了“整锅汤。”并指出，大家都知道，这样子黄油也会跟着变质。

听证会致使 1886 年的《黄油法》出台，该法令在两党（译者注：即民主党和共和党）的支持下通过，并由克利夫兰总统签字生效。但由于肉品加工厂的干预，这项法律并不严厉，对人造黄油征收的税款仅为每磅 2 美分，使得其生产成本仍低于真黄油。该法确实将黄油定义为“完全由牛奶或乳脂制成”（可能添加盐或染料），这意味着名为“butterine”的产品必须贴上“人造黄油”的标签。贴虚假标签者可能最多被罚款 1000 美元——在被抓的情况下。

威利的工作人员也在听证会上作证。但他们的研究结果直到次年，即 1887 年才在最新的《十三号公报》系列中公布，这就有点令人扫兴。然而，农业化学家的研究清楚表明，号称源自农场的新鲜在售黄油中有三分之一其实是人造黄油。《公报》还指出，美国有 37 家工厂每个月用动物脂肪生产 300 多万磅的人造黄油。其质量千差万别，但至少某些动物寄生虫有可能在生产过程中存活下来，并出现在消费者购买的黄油里。威利写道：“毋庸置疑，大量的人造黄油已投入市场，都是粗制滥造的。”

26

尽管如此，农业部并未全面谴责这类做法。司里的化学家们发现，如果用动物脂肪小心审慎地生产人造黄油，其在很多方面都可以与真黄油相媲美，“就可消化性来看，化学成分几乎相同，真黄油可能有微弱的优势。但对健康人来说，这点差异几乎不会产生大的影响。”

调查还发现，健康问题主要源自用以改善黄油和人造黄油外观的染料。黄油行业的传统染料是蔬果汁液：胭脂树红（来自南美洲一种树上结的果实）、姜黄、藏红花、金盏花，甚至胡萝卜汁——这些如果纯净的话，都是无害的。可是，供应商却在染料中掺假。胭脂树红是最受欢迎的，里面经常混有砖粉、白垩和微量红色赭石。而且，加工商们也在使用工业染料（如铬酸铅），因为有人食用黄色糖果导致了铅中毒，他们已声名狼藉。奶酪生产中也有这类问题，那些制造商们使用红铅来上色。报告警告说：“在所有食品中，矿物类着色剂（如铬酸铅等）的使用应该备受谴责。”

化学司在报告中描述了几种测试产品的方法：只要使用显微镜，并对要找的成分略知一二，就能轻易分辨黄油和人造黄油。在分子层面，真黄油呈现出细长、精巧、针状的晶体结构；融化后，看起来就像一束短点的针。而（显微镜下）牛肉脂肪的晶体则表现为插满针状物的球体，就像“海胆或刺猬”。至于人造黄油，则是杂乱的结晶团块，类似压扁的花椰菜。若再配上照片，这对于任一显微镜使用者而言，都是有用的指南。但在1887年，其对普通消费者来说用处不大。

同年，纽约化学家杰西·帕克·巴特谢尔出版了一本名为《食品掺假及其检测》（*Food Adulteration and Its Detection*）的书籍，书中推出了更简便的家庭测试方法。有些可以在任何家庭厨房中进行，如检测茶叶中的掺假。他建议只要将“茶叶”放入装有冷水的圆筒中，盖上盖子，再用力摇晃。除茶以外的其他原料会在顶部形成浮渣或在底部形成污泥。“这样，普鲁士蓝（氰化物，用作染料）、靛蓝（另一种染料）、皂石、石膏、沙子、姜黄都可以被分离出来，”巴特谢尔解释道。而且，他补充说，若家庭主妇们在那里发现它们，也不用大惊小怪。 27

鉴于公众对此日益关注而科尔曼专员又鼎力支持，威利决心继续提升民众对美国食品中混杂物和伪造品的认识。1887年发布的《十三号公报》审查了食品饮料生产中的三大类，乳制品只是第一类。而第二类食品得到的关注则远远不够——国会听证会之类的举措尚且没有，更不用说监管法律了——但其涉及的假货更为猖獗。“人们对人造黄油厌恶透顶，但能否分出哪怕一丝厌恶之情在香料身上？”这来自威利写给老板的公函。 28

第二章
被欺骗、被愚弄、被迷惑

1887～1896

优雅扬手，来份奶油色面包，
只需张嘴，吃完便好。

化学家杰西·帕克·巴特谢尔在位于纽约的美国海关实验室担任一名主管，同事们形容这个科学家害羞腼腆，小心谨慎。然而，巴特谢尔于1887年出版了一本关于食品掺假的书，字里行间流淌着对美国食品杂货商们所售商品（几乎每一件）的愤怒之情。他所列举的商品当然包括牛奶和黄油，还有奶酪、咖啡、巧克力、可可、面包和“面包师的化学品”（发酵粉和苏打水），以及大量使用有毒金属染色的糖果。他检测了198个糖果样本，发现115个样本采用了危害极大的染料，大部分是砷和铬酸铅。其中，48份黄色和橙色糖果样品中，事实上有41份含铅。他曾经警告过茶中含有氰化物、靛蓝、皂石、石膏、沙子和姜黄，但他还发现茶叶本身就涉及了五花八门的造假行为。在标准的红茶和绿茶中，巴特歇尔发现混有多种后院常见植物的叶子，来自玫瑰花、紫藤和一些树木如山毛榉、山楂、柳树、榆树和杨树等。

但是，这些与化学司的报告中所披露的香料和调味品制假相比，还是相形见绌了。这并不奇怪，因为长久以来大家都认为经研磨的片状或粉状食品中容易掺入其他东西，或者完全由其他的廉价粉末取代。古罗马文献记载了公元前 1 世纪商人们用芥菜籽和磨碎的杜松子当作胡椒出售的故事。13 世纪，在英格兰有商贩被叫作“garbler”［来自一个古老的阿拉伯语单词，意思是“筛子”（译者注：在此意为筛选分开垃圾的人，即筛检工）］，有人雇他们检查进口香料并将其中的谷物和砂砾筛出。可以预见的是，其中部分“筛检工”受雇于某些毫无底线的进口商或商人，他们反其道而行：把磨碎的细枝和沙子混合在一起，再撒进香料里。最终，连“garble”这个词都变换了词义，意为“错误地混合”。

到 19 世纪末，部分国家——特别是英国——制定了规范香料行业的法律。威利指派科学家克利福德·理查森负责美国农业部的香料研究，后者在《公报》中指出，加拿大自治领（当时仍是大英帝国的组成部分）在食品监测方面做得要比美国好太多。但即便如此，新近一份加拿大市场调查仍发现，当地的造假行为比比皆是，令人心惊。

理查森在《公报》中总结统计了多种危害：在售的干芥末 100% 掺假，多香果 92.5% 掺假，丁香 83.3% 掺假，生姜 55.5% 掺假。加拿大方面的分析也提供了一些细节。例如，那里的科学家们发现了有人用红黏土着色的碎小麦糠加一点廉价红椒混合伪装成姜粉。当理查森研究美国在售“生姜”时，他找到了焦壳、爆竹粉、碎种皮和染料。他还指出，某些州——如马萨诸塞州、纽约州、新泽西州和密歇根州——确实要求对香料 30

的真假和纯净度进行测试，但结果惹人瞠目。1882 年，马萨诸塞州监管机构检测到 100% 掺假的“丁香粉”，其中主要成分是烧焦的贝壳。同年，该州对黑“胡椒”抽样发现主要成分为木炭和锯末。

当威利团队自己进行胡椒粉分析时，化学家们发现很难列出或找全混合物中的所有成分：木屑、谷屑、石膏、土豆屑、大麻籽，以及“占比极重的”粉状橄榄石、核桃壳、杏仁壳、“矿物质”、沙子、土壤，等等，因此化学家们戏称这种香料为“人造胡椒”。某种廉价新产品，贴着“胡椒灰”的标签，但他们发现这就是字面意思，里面所含的显然是随处可见的地面尘土。

理查森解释：“对胡椒的需求量比其他任何香料都大，因此，胡椒的掺假也更严重。”消费者们太轻信了，没有检查他们所买的香料。用肉眼，他能够从黑胡椒的样品中挑出碎爆竹和木炭；他还能从所谓的辣椒粉里挑出木屑。用显微镜，他在香料混合物中检测到了锯末，较大的木料细胞和较细的胡椒细胞结构是有区别的。

部分制造商采取了“一刀切”的制假方法。比如，纽约一家公司——供应胡椒、芥末、丁香、桂皮、肉桂、多香果、肉豆蔻、生姜和肉豆蔻皮——每年购买 5000 磅椰子壳，用来研磨添加至前面所列的每一种香料中。

还有一些骗子把水与粗磨面粉或碎石膏（这种矿物通常用于制作石膏粉）混合在一起制成“芥末”。为了让这泥浆颜色上形似芥末，他们添加了马休黄（更确切的名称为 2，4－二硝基－1－萘酚黄），一种含苯的煤焦油染料（与萘有关，

萘是卫生球的主要成分)。化学家们通过在“芥末”粉中加入酒精,分离出染料,并分析其分子式,才解开了这个秘密。 31

理查森预言:如果制造商意识到检测这种假货有多容易,他们就会寻找另一种化学物质替代,也许危害更大。以官方轻描淡写的口气,他指出香料为“创造性的天才提供了极大的发挥余地”。

有威利的协作,他在报告结尾公开进行政治性呼吁。他说,“如果政府不采取某些行动”,就很难阻止这种“人造”食品的兴起。香料加工商中的奸商把价格压得太低,那些诚信经营的商户难以与之竞争,这在经济层面对纯净产品没有任何激励。“合适的法律颁布后,”他在报告中继续写道:“制造商会在不损害自身利益的前提下,为自己寻找立足之地,他们会一起弃用之前的做法。”威利在致科尔曼的信中强调:“必须采取手段来制止当前香料和调味品行业普遍应用的掺假行为,这似乎是当务之急。”此信被收入《香料调查报告》,成为序言。理查森对自己的调查结果深感厌恶,他请求换到其他研究领域,故而此后几年里他都在分析种子和草类。

在1887年发布的《十三号公报》的第三部分也是最后一部分里面,专门讨论了“发酵酒精饮料、麦芽酒、葡萄酒和苹果酒”。这项特别调查至少部分是缘于人们对水杨酸的日益担忧,因为水杨酸是一种防腐剂。葡萄酒酿造商愈加频繁地使用它——而且数量日益增多——来延长产品的保质期。

这种天然物质存在于诸如牧草、冬青等植物以及最为常见的柳树树皮中。其应用可追溯到古埃及,用于止痛。公元前5世纪希腊医生希波克拉底对之赞誉有加,而印第安治病术士对

32 它也了如指掌。但“水杨酸”或“水杨苷”这个名字是在 19 世纪初才有的，当时科学家们学会从白柳中提取纯化合物。他们同时也发现其副作用：高剂量摄入时，纯水杨酸会引发胃出血。

几十年后，在德国，有机化学先驱赫尔曼·科尔勃（Hermann Kolbe）同其实验伙伴鲁道夫·施密特（Rudolf Schmitt）研发出可在实验室中大量合成水杨酸的方法，经济节约。他们使用碳酸钠作为碱基制造出针状晶体，这种晶体可反复制作，然后磨成细粉。实验室工作人员学会了避免闻到这种水晶粉尘的气味的方法，因为这种刺鼻气味将瞬间刺激到鼻内黏膜，让人直打喷嚏。为确定安全剂量，科尔勃将自己作为试验对象，在数天内每天摄入半克至一克，发现无明显不良影响。他得出结论：如果谨慎给药，该化合物基本上是安全的。

其他研究者不同意这一观点。1881 年，法国化学家成功率先引发了公众对其安全性的担忧，并说服法国政府禁止将之用做葡萄酒防腐剂。德国也禁止在境内销售的葡萄酒和啤酒中使用水杨酸。然而，德国确实允许酿酒厂在出口到美国的啤酒中添加这一化学物质。毕竟，美国当局对规范水杨酸的使用兴致索然。“在这个国家，似乎很少关注水杨酸用作防腐剂的情况，”化学司在报告结尾有点悲哀地指出。

化学司的工作人员担心这种化合物在酒精饮料中的使用会积累至危险剂量，特别是对于一个每天喝上好几杯的人而言。威利团队的工作人员查尔斯·A. 克兰普顿所撰写的《发酵酒类调查报告》指出，美国葡萄酒平均每瓶含有 2 克水杨酸，啤酒平均每瓶 1.2 克。但有些测量值更高，如某葡萄酒测得每一瓶都含有 3.9 克——这已是完全疗效剂量。虽然不是所有的酒商都使用它，但是化学司已经测试了 70 余种美国葡萄酒——从雷司令白葡萄酒到仙粉黛桃红葡萄酒，从纽约到加州——发现四分之一以上的葡萄酒含有水杨酸。同样的情况也出现在受试的啤酒和麦芽酒中。正如纽约公共卫生部门的一份报告所指出的，这一防腐剂不仅在酒水饮料中实属常见，而且愈加广泛地应用在其他食品中，从而加大了消费者每天摄入过量剂量的机率。

33

《纽约报告》的作者——赛勒斯·埃德森（Cyrus Edson）——写信给威利所在的化学司，要求联邦政府采取保护措施禁止水杨酸的滥用。他列举证据指出：除了导致胃肠道出血之外，这种化合物还可能永久性地损害其他器官，如肾脏。“本报告最后建议，依法绝对禁止添加水杨酸，即使是少量的水杨酸。”他写道：“我谨建议贵部门对这一有害物质采取行动。”

威利是个乐于接受意见的听众，他开始担心持续接触低剂量的工业化学品——尚未进行安全测试——可能确实会引发健康问题。尽管这位首席化学师认为“健康的胃可不时接受含少量防腐剂的食物，而安然无恙”，但长此以往会造成怎样的影响，他日益不安。他警告说，对于病人、老人、年幼者以及“胃弱或患有胃病”的虚弱之人，若持续食用这一防腐剂，情况可能会更糟。他认为，至少标签上应该要标注准确的信息，起码应“注明防腐剂的名称及其含量”。

但威利也想知道，假如公众并不知道食品中这些成分是否安全以及何种剂量属安全，列出它们又有什么用呢。他开始考虑如何测试一个人可以安全地摄入多少这类添加剂。是否有可

能在人类受试者身上进行试验，不仅针对水杨酸，还针对其他
34 防腐剂？

1888 年，格罗弗·克利夫兰失去了连任的机会。离任前，他签署了一项法案，将农业部提升到内阁的地位。诺曼·科尔曼成为美国首任农业部部长，但任命仅一个月便让位于威斯康星州州长耶利米·拉斯克，后者是由本杰明·哈里森（Benjamin Harrison）总统亲自挑选的。

和威利一样，拉斯克也是在中西部某农场长大；仍旧和威利一样，这位新部长认为，日益增加的食品造假是需要处理的罪恶行径。拉斯克是一位和蔼可亲的人，该部门工作人员戏称他为“杰瑞叔叔”。他决心把这个部门建成农民支持体系，在其任职的短短数年内，美国农业部发展迅速，在全国各地的化学司和实地研究站都增加了工作人员。拉斯克将《十三号公报》系列的预算增加了两倍，从每年 5000 美元增加到 15000 美元。

在克兰普顿完善了其 1887 年版本的《关于发酵酒类的报告》之后，威利发表了一份关于猪油和猪油掺假物的研究报告，并在共和党新政府的额外资助下，计划调查以下食物：发酵粉；糖、黑糖蜜、蜂蜜和糖浆；茶、咖啡和可可；以及蔬菜罐头。

对猪油的研究再次突出了食品掺假的日常化特点——以及随之而来的常见虚假广告。包装好的猪油——被标记为“最好的纯猪油”——里面装的通常是更便宜的脂肪，主要来自牛肉生产的下脚料或棉籽油，或二者兼而有之。就像他此前展开的人造黄油研究一样，威利注意到人们对这些具体食物掺假

在健康方面的影响了解甚少。没有科学数据表明猪油比棉籽油更健康，反之亦然。但不含猪油却在包装上标明“纯猪油”，则一点都不含糊。它们只能被视为“欺骗性标签”的又一范例。他还指出，化学司在许多其他产品中发现了棉籽油，特别是在橄榄油中，但是标签上并未注明。其时美国生产了近2亿磅的棉籽油，据称这种更便宜但“无害”的原料是由更高端油脂产品的制造商消耗掉的。“这样做是对消费者的欺诈，”威利总结道，并再次建议包装上应如实列出各种成分。 35

让威利愈加沮丧的是，只有少量读者——科学家同行、官僚们、说客和立法人员——看过他的技术报告，威利决定争取更多的读者。1890年，他雇用了记者兼纯净食品倡导者亚历克斯·韦德伯恩撰写便于公众阅读的文稿——实际上是新闻稿或消费者手册。尽管威利认为韦德伯恩首份报告所含的主张有点过头——它鞭笞了食物制假者们的“极度鲁莽和冷酷无情”，并谴责了其“非法和欺诈的手段”——但他支持这份报告的出版，只是建议作者下次言辞略加温和。

威利及其化学团队又忙着为韦德伯恩提供了更多的“弹药”。例如，该司在1892年对咖啡、茶叶和可可的调查中，发现其创造性制假程度很高。正如巴特谢尔已经指出的那样，茶通常是掺假的，太假了以至于部分制造商都懒得掩饰。联邦化学家们分析了一种自豪地标为“Lie Tea”（意思是“谎言之茶”）的产品：“顾名思义，这是茶的仿制品，通常含有真茶、假茶叶、矿物质等的碎片或者粉尘，通过淀粉溶液融合在一起。”至于可可，“在英语中可能没有更具误导性或更被滥用的词汇了”。可可粉包罗了从粘土到沙子再到氧化铁（后者用作着色剂）的各种物质，该报告补充说，“有时还会添加细锡粉令巧克力闪烁金属光泽”。

咖啡是美国人长期选用的热饮，经常被掺入各种造假物：从树皮、木屑、磨碎的甜菜和橡子，到比较可口的替代品，如菊苣根和蓝花羽扇豆的苦味种子。美国内战期间，联邦军队享受了由真正的咖啡豆——至少大部分是——所制咖啡的美味；而（南方）联盟军队喝的“咖啡”则是用烧焦的小麦、玉米、豌豆和豆类提炼。但那是“咖啡粉”。有人推测，手边全是真咖啡豆，再加一台研磨机的消费者，才能确保由此制作的咖啡是真咖啡。

到 1892 年，威利团队已经确定：在所有咖啡粉测试样品中，大约 87% 的样品是掺假的。“有一份样品根本不含咖啡。”但是他们也发现，加工者们已经设计出一种方法，制造不含咖啡的“咖啡豆”——即将面粉、黑糖蜜混合，偶尔加点灰尘和木屑，再压入模具中。化学家们发现，在华盛顿特区平均一勺咖啡豆中含有的“人造物质高达 25%”。“亲爱的先生，”一封从分销商寄给食品杂货商的信这样写道，“我现在邮寄这份‘仿制咖啡’样品给您，这种豆子经过加工，由面粉制成。您可以轻而易举地将 15% 的替代品混入真咖啡中。”另一家供应商的广告单则在推销“咖啡丸”，其中 75% 为填充料、15% 为咖啡，还有 10% 为菊苣。“这是一杯非常诱人的咖啡。”广告里他们进一步向食品杂货商保证，这杯咖啡可以真货价格全价出售，而消费者无法察觉。

同时，生产商们还将浅色廉价咖啡豆染色，冒充更贵的爪哇咖啡豆出售，这从它们有光泽的深色外观就可以辨认出来。化学司发现咖啡着色剂有木炭、落黑（用烧焦的骨头制成的粉末，又译为“锻骨碳”）和细粉铁等。他们还发现了一些更危险的染料，如谢勒氏绿（含砷）、普鲁士蓝（含氰化物）和铬黄（含铅）。这些假豆子通常用甘油、棕榈油甚至凡士林〔由英国出生的化学家罗伯特·切斯布罗（Robert Chesebrough）在 1872 年获得专利的一种石油制凝胶〕来抛光，以散发诱人的光泽。“消费者，尤其是穷人消费者，被骗得厉害。”《公报》总结道：“几乎无人售卖纯净的咖啡粉，即使是纯咖啡也难逃掺假。”

37

以防读者忽视了这一点：“当然需要严格的法律来制止这些欺诈行为。”

立法者们对化学司的食品和饮料相关公报关注寥寥。早在 1888 年，弗吉尼亚众议员威廉·亨利·菲茨休·李（William H. F. “Rooney” Lee）（常被亲友唤作鲁尼）——他是南部邦联军总司令罗伯特·爱德华·李（Robert E. Lee）的儿子——提出一项法案，要求产品标签应标注详细。这项立法虽然失败了，但 1891 年，一位更有影响力的倡导者在参议院提出了另一项法案。内布拉斯加州农业和林业委员会主席阿尔吉农·帕多克（Algernon Paddock）发出倡议：“魔鬼已经控制了这个国家的食物供应。”食品行业游说人士和其他反对监管的人看到帕多克参议员的法案有获得支持的迹象，便进行反击——他们收集了数千份签名请愿书，旨在阻止这一法案的通过。请愿者们包括食品杂货商、工厂主、全美农民联盟和全美有色人种农民联盟。最强烈的反对来自南方各州及其立法者，美国内战后数十年他们依然怀疑任何可能巩固联邦力量的行动。来自田纳西州和佐治亚州的参议员反对预计将要来临的“入侵”，他们认为美国农业部想派间谍和线人进入农村，对房屋和企业进行毫无根据的搜查。

帕多克引用了农业部发布的食品欺诈研究相关报告进行回应。他坚持认为，威利的化学司“在工作中与我们体系下的任何机构一样，几乎没有党派偏见”。这并不关乎国家的权利，而是关乎它的责任。如果联邦政府不承担责任维护食品供应中的诚信，美国公民最终会追究它的责任。他指出，美国是唯一缺乏全国性食品安全法律的西方国家。他说：“当人们要面包时，你要小心，别再给他们一块石头。”这指的是威利及其团队发现面粉是掺了石膏和石屑的。帕多克设法反复去磨参议院中的反对者们，法案最终勉强得以通过。但行业内的说客们阻止了一项类似提案，甚至连众议院的听证会都未能举行。

38

威利已经应帕多克要求就《食品安全法》向其提供建议。在这项措施失败后，他思考了公众普遍不愿支持改革的奇怪现象。在一篇题为《食品掺假》的论文中，威利援引了愤世嫉俗的著名表演家巴纳姆（P. T. Barnum）的话，“被欺骗、被愚弄、被迷惑、被哄骗、被误导、被欺诈、被煽动、被催眠、被剪除利爪，这是我们所有人的宝贵特权。”

他把文章寄给了帕多克，帕多克深表赞同，鼓励他无论如何要坚持下去。这位参议员预测，最终消费者们会意识到，若无监管，他们将无法保护自己免受系统性的欺诈。他说，“民众不满的愤怒浪潮”最终将推动变革。

1892 年大选后的一个早晨，威利在日记里写道：“昨天的选举，就像现在刮来东北风、下着雨夹雪一样，寒气逼人。”

上一任总统格罗弗·克利夫兰重新夺回了自己的位置，这意味着深受欢迎的美国农业部部长拉斯克即将离职。厌倦了政治上的种种不确定性，威利考虑离任。“我考虑了一段时间，想放弃这份工作去私营企业。”但所计划的食品安全调查还有一长串没有完成；他决定留下来，希望一切会好。这一期望将不会持续很久。

新任农业部部长是来自内布拉斯加州的朱利叶斯·斯特林·莫顿。与克利夫兰总统一样，他也是所在政党中的保守派，通常被轻蔑地称为“波旁派”民主党人，“波旁”指的是波旁威士忌和法国的波旁王朝。就像法国血腥革命中的波旁人一样，保守的民主党人在美国内战中也被赶下台；而波旁王朝的国王在1814年重新掌权，波旁民主党人在重建后亦重新获得立法权。在内布拉斯加州于1867年立州之前，莫顿曾担任该地区的长官。他还是一位富有的商人，曾任报纸编辑，狂热地信仰“小政府”理念。（译者注：弱化政府的职能，政府由管的“宽”过渡到管的“窄”，充分发挥出市场、社会组织的自我调节能力。）莫顿入主美国农业部后，紧跟克利夫兰第二任期的紧缩政策，决心使农业部更加精简高效。他抱怨说，哈里森所任命的拉斯克过于慷慨仁慈，在其治下，农业部已经“大开其口，在全国到处撒‘粮’。”

莫顿上任一个月后，他把威利叫到办公室，要求续签首席化学家的合同，并通知威利他计划精简化学司。新部长希望治下化学家只专注研究能直接造福农民的科学。他支持研究如何改良土壤，生产效果更好的肥料和杀虫剂，以及研发谷物、干草和其他作物的优良品种。莫顿将他认为不必要的服务取消了；下令停止研究高粱和糖，并将从事这项工作的科学家解雇；将美国农业部的研究站点抛售给私人；将食品纯净化研究的预算削减了三分之二。“是否有必要……安排食品检验人员或食品掺假发现者?”他在写给威利的备忘录中质疑，“如果这些先生们此时停止为据说正在开展的工作领取工资，公共利益会受到损害吗?”1893年，国会应拉斯克的要求，再次拨款1.5万美元给威利用于食品掺假的调查。但莫顿将之削减至5000美元，并警告说，他计划将这些研究完全取消。

40

《十三号公报》的一部分内容——关注蔬菜罐头的检测——彼时尚在进行中。莫顿通知威利：这将是最后一次。部长还命令威利停止与公众分享其部门的调查结果，并建议取消由亚历山大·韦德伯恩担任的公共科学作家一职。他坚称，农业部的使命并不包括教育公众。

若只说威利拒绝了，这有点轻描淡写。莫顿的这些要求使得他与首席化学家之间交锋数月，在此期间，威利拼命保住韦德伯恩的职位，直到他完成最后一篇写给消费者的文章。莫顿写给威利的信中说：“如果你告诉我韦德伯恩先生——在他尚属农业部一员时——扩大了农业市场，或者增加农产品的需求或价格，我会深感欣慰。”威利回答说：“获悉食品掺假的人越多，他们就越需要无污染食品。圆满实现此目标将对农业大有裨益，因为这样的话，农民销售纯净食品时，就毋须再与掺假产品去竞争。”

莫顿就韦德伯恩是否适合成为化学部门的一员，向威利接连不断地发问：他做了多少次分析？他分析了哪些物质？他上的是什么化学学校？他有多少分析化学家的经验？“对你的第一个问题，没有；”威利回答说，“第二个问题，也没有。”这个人是个作家，非常有才华，有解释科学的天赋。也就是说，韦德伯恩不是化学院校的毕业生，“从来没有当过化学家，也从未自称是化学家，也不曾担负化学家的名头”。莫顿回信说：“那么你告诉我，在调查食品掺假的工作中，发现了他有何独特的适合之处与适应之处？”

威利写道：“我曾在前两次通信中努力向你明确阐述韦德伯恩先生工作的性质。”然后他问莫顿：韦德伯恩为正在编写的文件投入了工时，且工资已付，你愿意放弃吗？要求节俭的呼吁奏效了。莫顿同意付给作者最后一个月工资，这样他就可以完成此前约定的文章。

41

但正如部长担心的那样，结果其内容是对食品生产的又一次尖锐指责：主要是在日益增多的化学防腐剂和煤焦油色素的使用上。韦德伯恩将之描述为“有毒掺假，在许多情况下，它们不仅损害了消费者的健康，而且经常导致死亡”。莫顿将此视为对美国商业的攻击，并感到震惊。同样，出于节俭，他没有扼杀这份报告。但他下令印刷不得超过500份，并告诉他的工作人员不得以任何方式宣传它。

韦德伯恩不再受雇于农业部了，可以随意违抗莫顿的这一命令。他把这一报告邮寄到农场类和农业类刊物上，这引起了至少一位读者——某位农民——的满意反应，后者写道：“其中所含的情感和真相会迎来这片土地上每一个诚实之人的赞同和认可。如果说在我们的历史上曾经有一段时期，我们人民中的农业和劳动阶级有责任组织起来，采取一致行动，保护家庭免受掺假和有毒食品之害，那么现在是时候了。”

莫顿本来可能也会解雇威利的，但这位首席化学家在其领域已经资深望重，部门内反响良好。威利时任美国科学促进会化学分部的主席、华盛顿化学学会主席和美国官方分析化学师协会主席，他曾帮助创立这些协会。威利开玩笑说，“美国所有化学学会的主席”是他的新志向。此刻，这些职位肯定比农业部首席化学家的职位更令其愉悦。

42

威利得知，其研究食品掺假的手下可能也将职位不保，便写信给莫顿说，这些化学家的年平均收入只有 600 美元，他们的服务“在一点都不损害公共服务的情况下不能被免除”。莫顿的回应是，裁员也许更有意义。威利回避了这一点，他指出辅助类员工的必要性，哪怕报酬适度少一些，也能让化学家们有更多的时间做有价值的工作：

“部长可以放心，保留他们不会浪费公共资金。”威利的反击能力看来无限，莫顿疲于应付，便拿定主意，最好让这位棘手的首席化学家忙起来。“特派你前往芝加哥，参与 1893 年哥伦比亚博览会的食品和谷物展览相关工作。”他指示道。威利的工作将是推广美国农业并提升部门的公共形象。他还说，“你往返芝加哥的旅费将作为掺假食品调查拨款的一部分”。

威利对这笔资金并不满意，但也感激得以摆脱这些斗争——以及有机会成为芝加哥博览会的夺目一员。在距朱利叶斯·莫顿 600 英里开外的地方，他随心所欲地发表了一系列公开演讲。他亲自上台发言，主题是关于美国食品供应的可悲状况以及他所在部门开展的相关工作，如检测假香料、掺假奶酪、污染牛奶，等等。他帮助组织的展览包括：一座食品化学实验室的等比例尺寸模型，从面包到啤酒等各种食品分析的现

43

场演示，以及一系列关于现代化学的公共讲座。当轮到威利发言时，他强调自己的信念，即化学是一门拥有巨大力量的科学，可改善并参与人们的生活——并且科学家们自己应该与他人分享其工作："化学家是社会人，实验室之外的生活与室内的生活一样美丽实用。最崇高的文化不在书本中，而在人身上。因此，化学家必须离开他的办公桌，去认识更多的伙伴，以拓宽视野、增长见识。"

在展览的最后一周，威利收到了一张便条，来自某次演讲后认识的一位女士：大众食品期刊《餐桌对话》（*Table Talk*）（"致力于进步家庭主妇的利益"）的编辑海伦·路易斯·汤普森（Helen Louise Thompson）。她写道："离开这一展览会就像是告别了仙境，我不指望再遇见了"。但她也想让他知道，她在与回到现实世界的"她"谈论一个全新的信念：即食品添加剂是极度危险的，她的读者需要知道这一点。她要威利提供所有《十三号公报》的旧文稿，以及任何可能即将出版的新文稿，并为她的杂志撰稿。她建议他"在来年写六七篇关于食品掺假的论文，那些分不清咖啡与菊苣、错爱棉籽油而非橄榄油的女管家们对此会很感兴趣"。

阿尔吉农·帕多克曾预测，只有当美国消费者足够重视并有心促使行动时，国会才会采取食品安全监管措施。威利对此深以为然。他没有征求莫顿部长的意见，因为显然，莫顿已将威利视为敌人。莫顿最近削减成本削减到该司试管和烧杯的预算头上了；在关闭糖类野外研究站的过程中，莫顿故意搜寻证据，用来惩罚他的首席化学家。在收到一份来自野外研究站的报告后，部长指控威利在检查堪萨斯州的研究工作时非法花费　44

24 美分的部门资金将威士忌运回家。事实证明，这一指控既是恶意报复，也是虚假捏造。“我曾是那家公司的经理，就此而言，非常肯定（威利）从来没有为酒或其他任何东西支付过账单。”堪萨斯州斯科特堡的帕金森糖业公司的一位高管写信给莫顿：“对于那些熟悉威利博士及其习惯的人而言，影射威利为了自己或任何人的私人用途把酒运到这里的言辞是荒谬的。”莫顿撤回了指控，并未道歉。

但威利意识到他必须小心翼翼。哥伦比亚博览会之后一年里，化学司的工作几乎完全集中在研究作物上。举个典型例子，1894 年《公报》是关于木薯植物化学成分的。威利的公开演讲日程安排表也体现了同一策略；在布鲁克林艺术和科学研究所，他讨论了“化学与农业的关系”。尽管如此，偶尔他还是能推进一项小小的掺假研究。

1894 年夏天，在他帮助关闭加州一家糖类研究站的途中，他向有关部门讨了一点钱来调查葡萄酒的生产酿造，特别是防腐剂的使用情况。“这些问题都与葡萄酒的卫生和食品的纯净度特别相关。”莫顿最多同意给他 150 美元。最后证明这当然太少了，威利花了 250 美元，但超支部分莫顿让他自掏腰包。

1896 年，部长开始要求部门的每一笔采购都需经他亲自批准。重新补足实验中使用的漏斗的请求，花了两个月的时间才获批，且直到威利同意签署一份文件后才成功。威利在该文件中声明：“本人证明化学司需要使用下列所提及的物品，公共利益要求它们尽早得以交付。”威利试图通过节省办公用品45来节约开支，但莫顿抱怨说，首席化学家的信件是用几乎耗尽的打字机色带打出来的，太难认了。“这些信都寄还给你，请重新准备。”

私下里，威利抱怨莫顿用“压制、迫害和虚假改革”来管理这个部门，甚至有国会议员也注意到了这些。2月，众议院农业委员会主席、来自堪萨斯州的国会议员切斯特·朗（Chester Long）直接致信威利，告诉他莫顿部长再次削减了化学司的预算。“在这样的情况下，通常很难做任何事情，但目前众议院不愿意听取农业部部长的建议，”朗写道，他真诚希望，这个部门令人钦佩的首席化学家不会就此放弃。 46

第三章 牛肉法庭

1896～1899

刷层黄油，嫩黄甜香，

入口每分，美梦环绕。

正如威利在日记中所吐露的，他心情很低落。其中一部分纯粹是缘于个人遭遇。1893 年莫顿就职后不久，威利的母亲露辛达（Lucinda）去世，他忧郁地写道：“我被径直从那漫长的少年时代中抛了出来。”两年后，他的父亲普雷斯顿也去世了，威利感到愈加漂泊和孤独——一个年迈的单身汉，在一户人家那里租了一间房，当前的工作就是他生活的中心，而连这似乎也每况愈下。

1896 年，威廉·麦金利（William McKinley）当选总统，威利的前景豁然开朗。麦金利不是改革者，但他至少不是民主党人。当一个共和党人回到白宫想要组建自己的队伍时，这位首席化学家相信莫顿会被取而代之。而当威利首次收到参加就职典礼舞会的邀请时，他希望这是复苏的信号，不仅仅是对他而言，对化学司的地位亦是如此。

这方面的初步迹象是好的。麦金利任命前国会议员詹姆斯·威尔逊为美国农业部的下一任部长，威尔逊是爱荷华州立大学的一位 62 岁的农业教授，他同时也在种地——在爱荷华州的塔马县种植饲料玉米，这给他赢得了“塔马·吉米”的绰号。这位新部长立刻告诉威利，其工作是有保障的；并在六个月内就恢复了对化学司的全额资助，并鼓励威利开展新的食品掺假研究。

也许正是出于这一波重新焕发的乐观情绪，这位首席化学家在 53 岁时迈出了出人意料，非同寻常的一步。他对一位 21 岁的美国农业部图书馆员一见钟情了。“我看见一个年轻女子手里拿着一本书，显然是在寻找合适的存放地点。我的心立刻被她的外表打动了。”他向一个朋友吐露心事。她身材苗条，五官端正，有着一头浅棕色的秀发和一对深蓝色的眼睛。他爱慕地注意到她那直率、灵性的目光。正如威利常爱讲述的那样，他一把抓住了图书馆馆长爱德华·卡特（Edward Cutter）的胳膊，要求知道这个女人的名字，馆长认出她是安娜·凯尔顿。

“卡特，”威利说，“我要娶那个女孩。”

卡特回答说：“求婚前，你最好先见见这位年轻女士。”威利礼貌地和安娜·凯尔顿打招呼，举手投足就是部门高官应有的样子。但他开始坚定地策划着“君子好逑”了。

安娜·“南”·凯尔顿毕业于乔治·华盛顿大学，更热衷于事业。她那护犊情深的母亲约瑟芬刚刚丧偶，对这种事情则更感兴趣。安娜出生于加州的奥克兰，1893 年随家人迁至华盛顿，因为当时她父亲约翰·C. 凯尔顿（John C. Kelton）上校被任命主管“军人之家”，这是首都西北区域的一处军休所。可上任刚满一年，他便死于传染病，其遗孀决心看着孩子48们自力更生、茁壮成长。

威利知道这些对他不利，但他开始礼貌地请求卡特是否可以借用凯尔顿小姐做一些速记工作。从那以后，她逐渐承担起首席化学家的大量秘书工作。渐渐地，她允许他陪同她偶尔去看演出或听音乐会。但是当他去她家里拜访时，其母约瑟芬又故意冷落他，他发现自己不断地在希望和失望之间徘徊。

随着麦金利总统任期的开始，国会再次不情不愿地考虑起国内食品和饮料的质量。然而，立法关注的焦点集中在一种特定的饮料上——正如报纸愉快指出的那样，是一种享有立法好处的饮品。那将是威士忌，这一考量之下的规则是为这类酒设定“保税”标准。

这个术语源于 1868 年的一项法律，该法律允许酿酒商在酒酿造完毕后延期缴纳联邦税。这个“保税期”原本设定为一年，但随着时间的推移有所延长。这从经济层面进行刺激，促使酒商将烈酒装桶“窖藏”，一段时间后再装瓶出售，从而酿制出陈年威士忌——色呈琥珀，口感上更丰富、更醇厚。酿酒厂售卖一瓶陈年烈酒的价格，要比刚蒸馏出来直接卖贵得多。高端酿酒商开始争取联邦政府监管，这不仅能带来免税宽限期，还能保护他们生产优质商品的声誉，从而盈利。小埃德蒙·海恩斯·泰勒——生产肯塔基州久负盛名的“上校”，与老泰勒品牌波旁威士忌同名——是其中一位酿酒商，希望订立规则进行区分，从而令自家产品有别于（正如他所说）“那些潦草生产的威士忌，那种酒只追求数量和廉价”。

就像泰勒给这些酒商安的名号“砍价者”那样，他们时而贴虚假标签销售次品，宣称自己卖的是泰勒牌酒或贾斯珀·“杰克”·丹尼（Jasper“Jack”Daniel）那名噪一时的“Old No. 7”（译者注：酒名）。仿冒品通常是用精馏酒精制成的，精馏酒精也叫中性酒精，是乙醇的浓缩品。它们往往是通过反复蒸馏提纯和增加浓度而生产出来的，可工业规模量产。为了模仿真正的威士忌，酒商们将它们用水稀释并染成棕色——通常用烟草浸提液、碘酒、烧糖或梅子汁添色。 49

公众对酒精饮料屡见不鲜的掺假制假抱怨了数十年后，1897年，国会通过了《保税威士忌法令》（译者注：Bottled in Bond，BIB，字面意思是保税仓库装瓶，但因为它是针对蒸馏酒设立的，所以在这里就直接译为《保税威士忌法令》了），该法令试图鼓励采用基本的质量标准。它规定，如果每瓶酒在联邦监管仓库中存放至少四年，就可以印上政府绿色的“保税”印章。保税威士忌还贴上标签标记酒精纯度（美制酒度，大约是国际标准酒精度的2倍）及其酿酒厂位置。

与此同时，调和威士忌（也译为混合威士忌）的酿酒商也在努力阻止造假者并制定质量标准。顾名思义，调合威士忌是由不同蒸馏酒混合而成的。它们通常含有一种高品质陈年酿酒，通过单次蒸馏提炼出来，以确立风味，再添加其他较次威士忌以节约成本。有时，在劣质调和威士忌中，也会含有中性酒精和增色的色素。

尽管质量再好也无法取得保税资格，但调和威士忌也可能是高品质的，从而卖个高价——这是某些酒商伪造标签进行欺诈的主要目的。在19世纪，加拿大希拉姆·沃克公司是加拿大俱乐部调和威士忌的生产商，其通过雇佣侦探在美国市场追捕造假者以应对制假。它在报纸上打广告，或者在广告牌上贴50海报，列出这些商家，并声明：“此乃骗局：这些人出售假酒。”然而，廉价的调和威士忌往往并不比假冒的好。因此，调合威士忌的酿造商有时被归到“精馏酒商”这个带点贬义的标签之下。威利——晚上经常喝上一杯上好的陈年波旁威士忌——对任何一种名字中带有调和字眼的酒都不以为然，而且倾向于将任何非纯威士忌的酒都贬为假酒，诚然，假酒质量也是参差不齐的。

在《保税威士忌法令》颁布后，泰勒上校和他的朋友们开始刊登广告，宣传受保税威士忌是唯一“真正的”威士忌。调和威士忌酒商们——不管酿的是好酒还是坏酒——都提出了抗议，但收效甚微。但他们依然觉得不公正，决心继续进行抗争，以求局面改观。精馏酒商和他们对平等的追求，将引发持续多年的争论：关于什么酒被称为威士忌才是公正的。这也困扰着威利、威尔逊，以及未来数年的多位总统。

麦金利本人对这个话题兴致不高，也不关心食品或饮料的总体质量。他还有其他更加紧迫的议题，如在 1898 年因古巴独立而与西班牙开战这一充满政治因素的决策。虽然这场冲突很短暂——仅从当年 4 月持续到 8 月，但余震深远。美国多少具备了帝国的力量，获得了部分前西班牙殖民地，包括波多黎各、关岛和菲律宾。虽然战争短暂，但它暴露了美国军队多例过时且无能的管理，麦金利被迫替换当时的战争部长海约翰（John Hay）。

令总统失望的是：在管理不善方面，最顽固难消的一大丑闻是军供食品质量问题。这篇新闻——全国上下报纸的头条铺天盖地在报道——牵涉战争期间供给美国士兵的劣质牛肉。在战争部举行的听证会上，从威利（作为食品安全问题的专家）乃至时任纽约州州长西奥多·罗斯福（Theodore Roosevelt）（作为一名深受其害的前士兵）等很多人都参与作证。

51

8 月份战争结束后不久，就曝出了“防腐牛肉”丑闻。总司令尼尔森·迈尔斯少将要求调查供应给身处古巴士兵的食品。他要求所有驻扎在加勒比海的指挥官写一份相关报告评价运送至相应兵团的牛肉罐头。迈尔斯引用多份报告的描述：牛肉散发着一种化学气味，故而他将之称为“防腐牛肉”，这个词在美国报纸上流行开来。据媒体报道：迈尔斯收到的报告中，有的罐头里翻滚着蛆虫，有的罐头中装的可能是肉和焦绳。《芝加哥论坛报》（*The Chicago Tribune*）——特别关注肉类加工业——引用士兵们的话说，罐头打开时，他们往往“不得不退后一段距离，以免被恶臭熏得受不了”。

在迈尔斯发表他的指责时，战争部（大致类似于今天的陆军部）开始对战争总体行动进行全面调查。在麦金利总统的领导下，战争部部长拉塞尔·阿尔杰任命了一名退休已久的美国内战时期军官格伦维尔·道奇少将，后者领导一个调查小组，后被称为“道奇委员会”。作为一位富有商人和前国会议员，道奇用自己的私人有轨电车运送委员会成员去采访全国各地的证人。他还在华盛顿特区举行了无数次听证会，该年 12 月迈尔斯被传唤出庭作证。

迈尔斯援引了一位军医的来信，信中称从美国运来的牛肉罐头大部分“显然是注射了化学物质来保存的，以弥补制冷

不足”。医生说，罐装肉打开时闻起来有甲醛的味道，煮熟时
52 闻起来也有化学防腐剂的味道。另一位官员形容罐装肉有一种“不自然的，怪怪的，令人作呕的”气味。迈尔斯说，向那些为了国家甘愿拿生命冒险的人提供被化学物质污染、“毫无生机或营养”的肉，这是国家之耻。

迈尔斯的愤怒言论激起了给养部长——陆军准将查尔斯·伊根更加愤怒的回应。他在接下来的一个月向委员会作证，并这样评论迈尔斯：“他喉咙说谎了，心脏说谎了，头上的每根头发和身体的每一个毛孔都说谎了。”“我想把谎言塞回他的嗓子，那里面堵满了营地厕所中的东西。”

1899 年 2 月，道奇委员会发布了一份题为“总统任命对战争部在美国与西班牙战争期间行为进行调查的委员会报告”的长篇钜制。报告上看不到伊根和迈尔斯的愤懑之言，相反，它包含了关于军队医疗、补给、部队调动等方面的谨慎建议。而对于怪味牛肉，报告并未得出任何结论。听证会后，唯一受到惩罚的军官是伊根，这不是因为他购买了坏肉或把这种肉运送到部队，而是因为他在公开场合侮辱了他的上级军官。被判有罪的伊根，已经快要 60 岁了。他的职务被解除，直至 64 岁，因为那是他的法定退休年龄。

道奇听证会既未令迈尔斯满意，也未令公众满意。他们仍然为美国的战斗人员吃了变质口粮而愤懑不平。追踪该事件的报纸纷纷指责军队遮掩其不合标准的做法；美国民众在盛怒之中给白宫发电报。迫于压力，怒火越烧越旺的麦金利总统命令战争部就供给美国军队的牛肉质量问题另行调查。《芝加哥论坛报》随即将这个第二法庭命名为“牛肉法庭”，该法庭于

1899 年 3 月开庭。

53

不出所料，总统召唤了威尔逊部长到白宫，请哈维·威利团队提供化学分析帮助。威尔逊写信给威利，“我要求阿尔杰部长将去年夏天供给士兵的牛肉罐头样品寄给我，以便确定在制备过程中是否为了更好地保存它们而添加了任何有害物质”。

威利和他的化学家们开始为所有美国牛肉罐头——不仅仅是军粮——描绘出精确而倒人胃口的图像。他们打开的每一个罐头都是碎肉和脂肪的混合汤汁。脂肪应用于肉类罐头生产是合乎标准的，因为制造商用它来填充碎肉之间的空隙。在罐头被密封之前，热脂肪或煮骨明胶被灌入以“填满肉块之间的所有空隙”。发现碎屑和肉块之中嵌入一层厚厚的凝胶状脂肪并不意外，化学家们指出，事实上，这一固体物质可能防止部分细菌腐败。

威利从军用物资和位于“芝加哥联合牲畜栏”的美国三大肉类加工厂巨头利比、麦克尼尔 & 利比肉类加工公司（Libby，McNeil&Libby），阿默尔肉类加工公司（Armour），库达肉类加工公司（Cudahy）的仓储罐头中抽取了测试样本。自从 19 世纪 80 年代进行了人造黄油研究以来，这三大巨头都变得越发庞大。现在，这些工厂场地上每年处理近 2000 万头动物。当地人称它为“肉类加工城”，因污秽四溢、血腥弥漫、腐肉遍地而愈加声名狼藉。

这是一个移民劳工群落——包括爱尔兰人、德国人、波兰人、俄罗斯人，任何急需工作的人。男工们在“屠宰房”轮班 10 小时，每小时的工资大概只有 10 美分；女工的工资是前者的一半，她们的工作主要是把肉装进箱子或罐头里；童工更便宜，一个 6 岁的男孩在工厂跑腿，每小时只需 1 便士（译者注：类似于中国的 1 分钱）。正如这一行业所看重的，美国人
54 喜欢便宜肉。新鲜牛肉可以在食品杂货店买到，每磅 12 美分。而普通家庭主妇花四分之一的价格就能买到三罐腌牛肉。当战争部军粮供应司想要谈笔划算的交易时，肉类加工商们发现很容易做到。正如军方调查小组指出的那样，仅“利比、麦克尼尔 & 利比”公司就将 700 万磅的罐装肉送入了军品供应仓库。

牛肉法庭在位于华盛顿宾夕法尼亚大道的新建“国家、战争和海军大厦”开庭。听证室内挤满了记者，这令战争部官员和肉类加工商们十分恼火，因为他们被公开描述成向美国士兵投毒的人。39 岁的罗斯福时任纽约州州长，在诉讼初期作为明星证人出现。战争一打响，他就因卸下海军助理部长一职去组建“美国第一志愿骑兵团”而闻名，该团俗称“野蛮骑士团”。罗斯福拥有上校军衔，被誉为那场短暂战事中的战争英雄，因而他的证词上了头条新闻。

他说：“当我们驶离坦帕湾码头时，我第一次知道牛肉有问题。”“我注意到一个叫阿什的人——我想他是肯塔基州人——准备扔掉他那份罐装烤牛肉。我问他为什么要扔掉它。他说，‘我吃不下它。’我跟他说，他是个巨婴，上战场不是去吃精致花哨的食物，如果他对口粮不满意，他最好回家。于是他吃了肉，但呕吐起来。”州长说他当时检查了口粮。“打开罐头时，上面只有一层黏糊糊的东西，看上去很不舒服，很脏。牛肉呈丝条状，很粗糙，看起来就是一束纤维。”

罗斯福强调，问题在于这些好士兵在美国得不到很好的后勤保障，他们吃着“不能吃、不好吃、不卫生……绝对不安全，绝对不合适”的军粮参战。他补充说，他的部下无法咽下军粮，在古巴大部分时间都处于半饥饿状态。罗斯福说，他自己当时停用了军队供给的肉食，边等待家人送来食物，边靠吃豆类和米饭为生。他说：“我宁可吃我的帽子。”

55

据报纸报道，罗斯福在出庭作完证时，已经面红耳赤，暴跳如雷。在一群“狂热”记者的尾随下，他踏出听证室，转向一位朋友，厉声说道：“这是美国之耻。”听证席上，数十名同样愤愤不平的前士兵站在他身后。他们一个接着一个，描述了一种黏糊糊的产品，带有一股强烈的化学气味，通常已明显腐烂。军队厨师作证：他们从烤牛肉罐头底通常能刮出厚厚一层绿色沉积物。对于从加工厂运过去的所谓新鲜牛肉，听证会上也进行了长时间的辩论。一名士兵惊叹牛肉保存得太好了，他声称，牛肉在太阳下晒了几个小时，诡异的是，毫无腐烂的迹象。一位军医作证说，很多牛肉散发的气味类似于“死尸注射甲醛后的气味，刚开始烹煮后味道就像分解的硼酸”。一位也在古巴服役的殡仪馆馆长同样提到了防腐化学品那熟悉的气味。不仅如此，他还提及牛肉罐头里挤满了晶体，看起来怪异的像他注射防腐剂时尸体中的结晶。“它看上去不像烤牛肉”，一名下士作证说。

最终，专家证人哈维·威利悄悄出现在听证席。在场至少有几名记者身体前倾。这位首席化学家并不像罗斯福州长那样有名，但他以给脏咖啡生产者和往酒中加入酸性物质的酿酒商们制造麻烦而闻名。在最近的一次聚会上，一位食品贸易杂志的编辑拒绝与威利握手，并解释说，他觉得没有必要对“那个竭尽所能摧毁美国企业的人”保持礼貌。

威利平静地作证说，部门工作人员在军队物资中找到了56“肉制品中常用的全部防腐剂”的残余痕迹，它们包括“硼酸、水杨酸、亚硫酸盐和亚硫酸”，这些全都很常见，而且在世人看来，它们是相对安全的。尽管威利——如果受到外界施压——会承认他缺乏关于它们的安全程度和安全剂量的相关数据。他说，战争部购买的罐头没有掺入最新的工业化学品，当然也没有人工合成甲醛。相反，肉类加工商大多依赖价格低廉得多的氯化钠——一种普通的老盐——和同样相对便宜的硝酸钾（被广泛称为硝石，也是火药的成分之一），两种物质一起使用。从中世纪开始（无疑应该更早）人们就这样使用盐。硝酸钾通常是从鸟粪堆积物中提取的，不仅被用来防腐，而且被用来治病。18 世纪的医生让患者服用它来治疗各种疾病，从哮喘到关节炎不等。威利说，在罐子中发现的微量化合物不会造成任何特别的风险。

这些罐装牛肉是普通常见的廉价肉类——多筋，多软骨，被随意处理，极易分解腐烂。而且，不是使用防腐剂太多，而是由于肉类加工商们过于在意成本，在古巴的高温天气下未使用足够的盐来防止其分解。缺盐造成许多罐头打开时腐烂和变色。威利推测，最终，这些东西看上去“可能会令食用的人产生恶心或厌恶的感觉”。但是，他也相信那些肉食引发疾病的报道。他说，其中许多人可能是尸碱中毒（即食物中毒），这是细菌污染的常用术语。他作证说，军队应该落实设立“监督机构去检查是否出现腐烂或灭菌失败等迹象”。

其团队成员，食品化学家威拉德·比格洛也提供证词，强化了他的观点并补充了具体细节。比格洛——身材瘦小，戴着眼镜，留着胡须，精心保持整洁，天性热切——被认为是一个不知疲倦、顽固不化的调查者。为了进行分析，他不仅访问了芝加哥的肉类加工厂，还去了堪萨斯城和奥马哈，对每一个样品进行了化学分析并亲口品尝。他作证说，如果罐头内含有工业防腐剂，“味道会非常苦，很快就会被检测出来”。他明确表示，不喜欢品尝他认为来自“最劣质的牛”（可能患病）身上的肉。他说，这牛肉质量很差，但与四处传播的谣言相反，它确实是牛肉，他没有发现任何证据表明士兵们吃的是碎马肉。 57

也许美国农业部化学家得出的言辞最为激烈的结论是：曾在古巴令士兵如此厌恶的肉罐头与食品杂货店货架上出售给美国消费者的几乎一模一样。肉类加工厂的代表们则回应称完全不能接受，他们坚决捍卫自己的产品。利比公司发表声明指出，该公司经营了25年，对肉类及其质量的了解比普通士兵要多得多：“我们向政府出售了数百万磅的罐装肉用作军粮，既然我们的肉如此糟糕，那么为何从未有肉类罐头被退货呢。”这是事实，因为战争部已经销毁了坏肉。该公司还表示，真正的问题是厨师厨艺太差劲：“所有肉类都要放胡椒和盐，而士兵们又没有任何调味料，所以罐装肉对他们来说可能味道太淡，这也许会对他们产生一些影响。”奥古斯都·斯威夫特公司的一位发言人宣布，该肉类加工厂在出售给军方或其他任何人的肉品中都没有使用防腐剂。他说，那样会坏了生意。

牛肉法院发布调查结果，对几乎所有参与此事的人（包括迈尔斯将军在内）都表示不满，因为他们小题大做。陪审团指出，很难评估食品的质量有多差，因为大部分变质或污染的肉被“烧掉或掩埋”，而不是提供给军人食用。法官们还指出，要不是“整个军队人员由于气候影响导致生病和身体虚弱，而战力大减”——许多士兵根本没有吃东西——这样毁坏食物就会使军队厨房供应不足。

58

陪审团继续指出，调查中没有任何证据表明，受污染的肉类是致病的主因，并认为脏水和热带病的不良影响才是罪魁祸首：“法院认为，罐装牛肉或冷藏牛肉足以引起肠道疾病这一结论无法得出。”根据威利和比格洛给出的线索，裁决发现，运往古巴的物资“并不比其他任何物资更好或更差”，尽管它们可能没有经过适当包装以抵御热带高温，而且战场上（烹饪时）无法进行充分调味或准备。

在古巴服役过的士兵们仍然不相信这一结论。哪怕是庭审后，美西战争退伍老兵们仍然坚持认为这些肉散发着甲醛气味。其中一位是诗人卡尔·桑德堡，数年后还说他不能忘记军队的肉臭味。“它是经过防腐处理的，”他说，“每吞一口营养物，就有一股来自适当防腐后尸体上的腐臭味，比以往任何时候都更刺鼻，直冲鼻孔。”

军方还寻求化学司的帮助，调查来自伊利诺伊州佩奥里亚市的19岁士兵罗斯·吉本斯（Ross Gibbons）的死因，他在田纳西训练营吃了一罐牛肉罐头后就抽搐晕倒，一天后就去世了。化学分析显示，罐中的肉已渗满了金属铅（可毒害神经），而铅显然是从容器中渗出的，该士兵体内也发现了铅。

罐头食品引发的金属中毒并未令威利吃惊，他的实验室几年前就发现了这个问题。调查咖啡相关问题时，他们就已经指出：罐头食品中渗漏了“相对大量”的锡。而《第十三号公报》调查罐头蔬菜的部分，则强调铅中毒为首要问题。该部分内容在朱利叶斯·莫顿终止食品调查之前，就已经印刷，但随即就被束之高阁。 59

铅焊料是当时密封锡罐接缝的首选方法。不过，尽管欧洲国家规定了焊锡中的铅含量，但美国却没有制定相关标准，甚至连食品容器也无标准管制。化学司发现锡罐中使用的一些焊料含铅量达50%。此外，用来制造罐头的“锡”是一种不受监管的合金，由制造商用任何容易获取的金属制成。“在美国，未对用锡的性质进行任何限制，因此，发现某些锡罐头的含铅量高达12%。”分析还发现了其他有毒金属，如锌和铜。甚至用于罐装的玻璃容器也可能被污染，瓶瓶罐罐用的是铅盖，并用内含铅硫酸盐的橡胶垫或圆环密封。对玻璃瓶装食品进行检测发现，其中食品的含铅量有时高于锡罐食品。由“不知疲倦的”比格洛监督的这项研究所下的结论是：“对在美国公开销售的罐头食品进行检查，总体结论相当令人不快：即这里的消费者们暴露在……多种金属中毒的危险下，如铜、锌、锡、铅。”

这些早期的发现被压下来了。但在威尔逊部长的领导下，威利再次自由地公布其实验室发现的食品安全问题。在牛肉法庭之后，他意识到他的事业最终要进入公众视野了。编辑们热切地关注他的作品，他的作品经常出现在各类出版物中，从沉闷的科学杂志到具有改革思想、自由精神的《论辩场》（*Arena*），再到颇受欢迎的《蒙西杂志》（*Munsey's*）（发行量超过 70 万）。在刊于《蒙西杂志》的一篇文章中，威利详细描述了其部门对美国销售的面包和蛋糕制作原料——“面粉”的调查。他们发现这些面粉中含有大量的白色黏土和被称为60“重晶石”的白色岩石粉末。有些面粉虽然贴上小麦标签，但其实是硫酸漂白的廉价玉米粉。厂家生产了经过酸处理的玉米制品，贴上“粉剂”（译者注：词根保留了面粉那个单词）标签；生产黏土制品，名为“矿粉”，专门出售给面粉公司。威利在他的文章中，引用了一则营销公告：“先生们：我们邀请你们关注我们的‘矿粉’，这无疑是目前最伟大的发现。没有哪个面粉厂能承受不使用它造成的代价，原因有三：使用它，面粉会变得更白；变得更好；而且每车船运桶装面粉的利润将维持在 400 美元到 1600 美元之间。”

牛肉法庭庭审几乎一结束，就有新的悲剧新闻报道称，除了“防腐牛肉”，还有“防腐牛奶”，已在俄亥俄州、内布拉斯加州和印第安纳州等地造成疾病和死亡。1899 年 6 月，辛辛那提市政府警告市民“胃病盛行实际上完全是由于防腐牛肉”。仅仅一个星期，就有一千多人在吃了牛肉之后病倒。辛辛那提卫生部门最初怀疑是水杨酸。正如威拉德·比格洛在关于防腐牛肉的听证会上所指出：这种化合物在“肉贩子们”那里越来越受欢迎，他们发现这种化合物可以引发化学反应——令灰暗的牛肉显得更新鲜，使陈肉在长达 12 小时的时间里重新呈现粉红色。比格洛说，这一时长正好足够确保顾客把肉从店里提到厨房。

令辛辛那提市的公共卫生化学家惊讶的是，在检测的样品中没有发现水杨酸。相反，他发现了两种防腐剂新品，这两种防腐剂都证实了公众普遍存在的怀疑，并最终证明“防腐牛肉”一词的合理性。一种叫“Freezine”（译者注：暗示其意为“冷冻剂”），是掺有少量甲醛的富硫混合物；“Freezine”的促销文稿吹嘘道：“肉可以露天出售，还可以再放回冰柜，本制剂多抹一些，您的肉看起来将新鲜如初。”另一种叫“Preservaline”（暗示其意为“储存剂”），其主要活性成分是甲醛。辛辛那提的官员们建议市民们安全行事，避免吃牛肉。 61

同月，奥马哈市报告了一场危机：“防腐牛奶”直接导致儿童死亡，数目惊人。内布拉斯加州卫生部警告“所有家庭，尽可能停止食用本地牛奶场提供的牛奶和奶油”。又是缘于“Preservaline”。乳品业也发现甲醛是一种有用的食品添加剂，不仅可减缓牛奶的酸化，而且其奇怪的甜味也可掩盖变质牛奶那有些刺鼻的气味。市公共卫生官员宣布，“提请大家注意：今年春天奥马哈市死亡的婴儿比此前任何时候都多”。而春天，他继续说，通常是“总体健康状况偏好的时候”。继儿童死亡率上升后，政府部门调查询问了医生，发现最近几乎所有婴儿的死亡都与牛奶中的防腐剂有关。

奥马哈牛奶丑闻刚刚平息，另一起事件又在印第安纳州爆发。印第安纳波利斯附近的牛奶场显然不会为商业配制（防腐剂，如“Preservaline”）配方劳神，他们只是把甲醛直接倒进坏牛奶里，而后廉价地售与贫困家庭和预算拮据的机构，如孤儿院。印第安纳波利斯孤儿院20多名儿童死亡与这一做法相关。

印第安纳州卫生官员约翰·赫提博士是前普渡大学药学教授，也是哈维·威利的老朋友。他也赢得了“不知疲倦的斗士”声誉，其工作“寻根究底”，范围从天花疫苗接种到牛奶的巴氏杀菌不等，这些工作使他最终当选为美国公共卫生协会主席。孤儿院惨剧发生后，赫提向记者们解释说：已经证明有毒化合物给奶牛场主带来了经济福音，他们过去在牛奶变质时不得不将其倒掉。“两滴 40% 含量的甲醛溶液足以将一品脱牛奶保存数天。”他说。目前尚无可用的安全测试，但商人们已经在投机冒险，认为食品和饮料中的甲醛放入量太少，不会造成危害。可结果一些奶牛场主偏又额外添加数滴甲醛溶液，其根据是这样可以更好地保存他们的产品。

62

赫提所在的部门忠告，即使是“极少量”甲醛也可能是危险的，特别是对婴儿。“这是事实，它不应该用来保存食物，”他坚持说。当一位同情乳制品行业的新闻记者问他为什么要这样小题大做时，赫提怒声反驳道：“好吧，你给牛奶加的东西是防腐剂，我想如果你想给婴儿防腐，那也没问题了。”紧随其新闻发布会，《印第安纳波利斯新闻》（*Indianapolis News*）发表了一幅漫画：画上有一个大玻璃瓶，瓶身贴着“牛奶”标签，瓶口处有一个怪物盘旋其中；这个怪物一身鳞甲，利齿獠牙，眼神邪恶；而一个戴着尿布的婴儿正站在那里仰视怪物，手持一个拨浪鼓自卫。标题为“对这个小家伙而言，似乎是一场艰苦的战斗”。

多年来，赫提一直尝试让印第安纳州立法机关通过一项食品安全法。他认为，由于缺乏联邦行动，该法至关重要。因受害者与日俱增——这一防腐牛奶流行病最终导致该州 400 余名儿童死亡——以及公众对此愈加愤怒，该州于 1898 年通过了《纯净食品法》。赫提立即禁止在牛奶中使用甲醛，他还发起运动，以全面清理奶制品的惯常制法。许多乳品厂仍然是出了名的脏，牛奶中通常含有有害的致病细菌菌落，以及其他各种杂质。赫提所在部门新近分析了市面上的牛奶，发现其中含有马鬃虫、苔藓片和少量粪便。此外，这位首席卫生官员可以“自信地说，这种牛奶掺入了死水”。 63

他强烈建议采用短时热力杀菌工艺灭杀微生物，防止饮料变质，这种方法是法国科学家路易·巴斯德在 19 世纪 60 年代研发的。巴氏杀菌法在欧洲的葡萄酒和啤酒行业已经取得了成功，而且欧洲的牛奶场最近也开始用它进行产品灭菌。赫提说，现在是美国迎头赶上的时候了。 64

第四章
里面有什么？

1899～1901

品尝之时，不禁疑惑，

“里面有什么？我想知道！”

1899年，伊利诺伊州的美国参议员威廉·梅森发出请求，在就美国受污染食品和饮料的供给情况进行一系列新听证会上，让威利担任科学顾问，这获得了威尔逊部长的许可。梅森是来自芝加哥的共和党人，被报纸称为“自由的斗士”，因身为进步立法者而名扬，也因具有改革思想且反对机器政治（译者注：与“政治机器”相关的政治，政治机器为美国政治界用语，指一个政党组织掌握了足够选票以控制地方政治及行政资源）而为人所熟知。

就在同年春天，梅森的听证会开始了，部分安排在华盛顿，部分安排在了纽约和芝加哥。它们将持续近一年时间，进行50余次开庭审理，传唤近200名证人。化学司在承担原工作量之外还需额外分析数百种食品和饮料样品，差一点不堪重负。各州公共卫生官员们排队作证，从印第安纳州的赫提（致力于揭露该州的牛奶丑闻）到康涅狄格州的首席化学家

（其实验室发现该州的香料加工商点燃旧绳，并将灰烬掺入姜等磨碎的香料中）。商人们也来作证，诚信商人们纷纷谴责那些造假同行的不正当竞争。来自酒石（译者注：品质较高葡萄酒中的结晶体，成分学名酒石酸氢钾）行业的代表们警告说，发酵粉中含有铝。而奶制品行业的代表们则证实，人造黄油制造商（他们指的是肉类加工商）仍然一直将其产品标签错标为黄油。 65

缺少联邦政府的帮助，奶制品的生产州几乎没有追索权；新罕布什尔州曾试图要求所有人造黄油都应染成粉红色，但美国最高法院于 1890 年否决了它，宣布其为非法。奶牛场主们在梅森的听证会上抱怨说，人造黄油制造商只不过是骗子和撒谎精。而肉类加工厂则反过来指责乳制品行业还停滞在过去的原始状态。他们坚称，任何人都能分辨出通常散发出腐臭味的老式黄油和常保新鲜的人造黄油之间的区别，后者是“先进时代的产物”。

应梅森之请，化学司的威拉德·比格洛再次审视葡萄酒行业中的欺诈行为。他发现许多酒瓶中盘旋着常见的防腐剂，如水杨酸。他还发现许多标有“葡萄酒”的瓶子，装的不过是工业乙醇，靠煤焦油色素着色，用果皮调味。当比格洛假扮成店主去拜访一位葡萄酒经销商时，后者问客人想要什么牌子的酒，然后拿着比格洛所列的单子，在其眼皮底下，从一个大木桶中舀酒装瓶，而后仅仅在各个瓶上贴不同的标签，就能表明它们的身份是红葡萄酒、勃良第葡萄酒还是波尔多葡萄酒。

针对几乎每一种食品，化学司都可以指出其制造中所要的某一花招。持续有报道关注“杂货痒”，医生们仍然对之担心不已，那其实是一种欺骗性生产行为的副作用：他们把昆虫磨碎，然后充作红糖，而此中有时难免有活虱逃过一劫。大多数消费者认为啤酒是从麦芽和啤酒花中提炼出来的，可实际上通常是由更廉价的大米，甚至是玉米粒发酵而成的。所谓的陈年威士忌通常是精馏酒精经稀释并染棕制成的。正如威利 20 年前在普渡大学发现的那样，玉米糖浆被各地广泛用作制造假蜂蜜和假枫糖浆的主要原料。

66

多名制造商辩称，他们不得不伪造产品以保持竞争力。底特律罐头制造商“威廉姆斯兄弟公司”的沃尔特·威廉姆斯（Walter Williams）描述了其高地草莓果酱的制作过程。他说，果酱中 45% 是糖，35% 是玉米糖浆，15% 是苹果汁（用废弃的苹果皮、碎苹果皮和果核制成）、通常再加一到两颗草莓。他补充说，这些草莓花了他不少钱。许多价格相当的果酱只含葡萄糖、苹果汁、红色色素和冒充草莓籽的梯牧草籽。威廉姆斯坚称：“如果能卖纯货，我会很开心的。”“我认为应该给商品贴上标签，标示出具体成分，从而显示商品的质量优劣。”但由于没有相关法律制定此类标准，而且又得与那些不甚严谨的罐头制造商们竞争，所以他要么削减成本，要么就关门大吉。

威利证实，所有食品中大约 5% 是例行掺假，而在咖啡、香料和“专售穷人的食品”等类别中，掺假的比例要高得多——达 90%。对于部分通俗小报而言，这一总结过于冷静；于是记者们夸大了他的证词，说威利认为所有食品和饮料中有 90% 是掺假的。这一粗心的报道令威利、他的老板威尔逊甚至总统都很惊愕——尤其是当惊恐不安的美国贸易代表从欧洲写信后，信件声称欧洲食品杂货商们正在谈论对美国食品进行完全抵制。为了让进口商们对美国食品和饮料放心，威尔逊必须向美国国务院澄清，并提交威利真实证词的副本。

在其他证词中，威利专注于防腐剂和色素。例如，他举例说明添加硫酸铜和锌盐改善罐装豌豆颜色的做法。他说，在小剂量下，这些金属可能没有什么风险，但没有人真的知道其安全剂量是多少。正如他早前警告的那样，这次还是警告要当心可能累积剂量：谁能确保持续数月甚至数年食用这些东西不会导致重金属中毒？另一位证人，耶鲁大学的化学生理学家拉塞尔·奇滕登对此呼声更为强烈。他警告说：大多数食用罐头蔬菜的人最终会因为反复摄入金属而受到伤害；他特别敦促尽快禁止将铜作为美国食品添加剂。

67

威利再次强调，他最担心弱势群体：幼儿、慢性病患者和老年人。正如他所说，那些肠胃健康的人不太可能因为（消化系统）偶尔接触铜或锌而受到伤害。可问题是，没有人确定谁会受到伤害："它们确实伤害了不少人，而尽可能少的用量也扰乱了消化功能。"

与奇滕登不同的是，威利并没有敦促立即实施禁令。相反，威利告诉聚集在一起的参议员们，这样的监管需要基于好的科学。他敦促政府出资研究这些添加剂对健康的影响。如果清晰且系统地确定了它们的风险，那么所有食品和饮料中都不应使用这些化合物。此外，他又一次建议——这多少有点讨人厌了——制造商应在标签上告知消费者其产品中添加了什么。"如果它像蒸馏水一样无害，"他说，"就没有理由不告知消费者你在食品中添加了它”。

各州食品化学家也对新的添加剂表示失望。威斯康星州食品化学家A. S. 米切尔（A. S. Mitchell）在听证会上展示了三种最受欢迎的新型防腐剂品牌样品：“Rosaline Berliner”、“Freezine”、“Preservaline”（造成印第安纳州牛奶中毒事件的罪魁祸首，68 高甲醛含量）。他指出它们都没有经过安全测试；在售的冰淇淋、白干酪（又译“农家奶酪”）、牛肉、鸡肉、猪肉和贝类的样品中都含有这些添加剂；最后，他还指出这些食品都没有贴上标签列明成分。

在谈到“Rosaline Berliner”的时候，米切尔强调了自己目睹该添加剂的有效成分——硼酸钠或硼砂——的使用出现了惊人的增长。这是一种天然矿物盐，几个世纪以来被用于各类物质的生产制造。其名字来自古阿拉伯语单词“بورق”，意为白色。这种粉末，最早发现于西藏干涸的湖床，易溶于水，可用于搪瓷釉料增色，早在公元8世纪人们就已沿丝绸之路交易该物。但其在现代的应用有两大推动因素：一是在加利福尼亚州发现大量硼砂矿藏，二是“太平洋海岸硼砂公司”积极展开营销。该公司由一位出生在威斯康星州的矿工弗朗西斯·马里恩·史密斯创办，他天生就具有营销天赋。史密斯被消费者称为“硼砂王”，他买下了莫哈韦地区丰富的硼砂矿脉的开采权，该矿脉被称为“二十头骡队矿”，因为将矿藏运送出去需要长长的货运车队。在经理的建议下，史密斯研发了一种清洁配方，因其功能强大而被宣传为“二十头骡队硼砂”，而后除了这一卖点外，他继续宣传其他多种用途，如可用作防腐剂，方便好用。

硼砂在那时已被视作一种既廉价又全能的防腐剂。它减缓了真菌的生长，似乎也能抑制细菌。早在史密斯辛勤地营销之前，食品制造商就已经逐渐在使用它了。肉类生产商于 19 世纪 70 年代中期开始使用它，因为英国进口商们抱怨美国的培根和火腿咸味太重。乳制品行业紧随其后，将硼砂用作黄油的防腐剂，也是为了避免味道过咸。在梅森的听证会上，一位乳制品公司的发言人委婉表示：事实上，英国人已经开始喜欢黄油中硼砂那轻微的金属味。肉类加工商用硼砂来保存所有产品，从罐头肉到人造黄油。他们与奶牛场的代表们罕见地达成一致，共同反击来自米切尔等人的指责。他们指出，产品运往海外过程中，没有太多制冷方法供选择，人们顶多加冰块打包；没有人在国外卖黏糊糊的肉和腐臭的黄油。肉类加工厂也纷纷采取行动平息“硼砂可能并非健康添加剂”的说法。他们聘请芝加哥大学的毒理学家沃尔特·海恩斯（Walter Haines）向参议院保证硼砂是安全的。海恩斯并不完全照着剧本演戏。他说，他没有看到令人信服的证据表明硼砂危害人体，但也拒绝旗帜鲜明地为之背书。海恩斯解释说：在当下，由腐烂食物——可怕的“尸毒”（译者注：肉胺毒，会造成食物中毒）——引发的疾病，在他看来是更糟糕的选择。

69

这种科学的谨慎态度未能令防腐剂制造商们满意，芝加哥的阿尔伯特·海勒明确了他们的立场，他是一位人造黄油添加剂“Freezine”的制造商。是的，海勒说，“Freezine”现在被用于各类食品，从奶油泡芙到罐装咸牛肉。但美国消费者应该对它的出现感到幸运。由于防腐，它减少了因“尸毒”而引发的疾病数量。据他所知，它还能减少霍乱这类可怕的疾病。

他认为，美国公众应该欣然接受化学防腐剂，聪明的消费者已经这样做了。“我想说，我们每个人都吃防腐肉，我们了解它，我们喜欢它，”海勒说。

1900年初春，在审阅听证会证词后，梅森参议员在参议院发表了激情四溢的演说。他指责：“这是世界上唯一一个食品消费者未能免遭制造商掺假之害的文明国家。”该国的食物富含铝、“硫酸、铜盐、锌和其他有毒物质”。要不然，它们就是伪造的，伪装的，或者以其他方式掺假的。梅森说，他已经受够了，他希望美国人民和他的立法同僚们也能感同身受。他自豪地提出立法，要求对添加剂和替代物进行安全测试，一旦发现有害就立即禁止使用。此外，他提议的“纯净食品法案”将要求标签中准确标注所有成分。他补充称，如果该法案得以通过，那些违反该法案的公司将被罚款，甚至被送上法庭。他自豪地宣布，类似法案正在众议院推出。

70

整个食品和饮料行业的制造商们——乳制品、肉类、鸡蛋、面粉、小苏打、啤酒、葡萄酒、威士忌——更不用说化学品公司了，立即列队反对立法。尽管梅森在支持参议院法案方面措辞强硬，但他私下提醒威利，法案预计会失败。众议院版本法案的倡议者，来自宾夕法尼亚州的国会议员马里奥特·布罗修斯（Marriott Brosius）也同样悲观。他也如是告诉威利：他估计，最积极的结果很可能是把这个问题“在公众面前”摆出来而已。

数周内，由于存在亲近各制造业利益方的立法者，这两个法案在委员会中都被终止了。威利写信给梅森说，这太令人沮丧了，因为他确实认为公众们正在转而支持他们。他此前收集了几十份关于梅森听证会的剪报，每一份都对委员会的行动大加赞赏。

许多人还直接写信给威利，索取委员会证词、《第十三号公报》，甚至是威利为“纯净食品大会”写的一篇戏谑性的打油诗（威利曾在作证时冲动地决定大声朗读它）。这些诗句也刊登在纽约的《制药时代周刊》（*Pharmaceutical Era Weekly*）上，它的结尾如下：

> 千万别开始，哪怕宴会再美妙，
> 直到想想昨日和明天，叹息感伤，
> “里面有什么？我很想，很想知道！”

71

同年（1990 年）春天，5 月底，威利向安娜·凯尔顿求婚。她的书面回答——尽管不是立即拒绝——没有他所希望的那么令人愉悦。“最让我担心的是我无法更快乐一点，”她给他写道，“我一直在想，爱将是炽热难耐，势不可挡，令人欢欣的，而我却马上就要落泪。你觉得我怎么了？”她痛苦地意识到巨大的年龄鸿沟、来自母亲的坚决反对，以及自己独立自主的雄心。“布朗宁那句‘佳期尚待至（译者注：又译作：“最好的日子还在后头”）’在我脑海中闪现，但这个魔鬼想法还是不断跳出来：那就是我正在牺牲自己的理想，不管它们多么幼稚。”

当月晚些时候，她反悔了。她写道：“我只是对自己充满责备，为自己的软弱和缺乏女人味，为自己不了解心中的想法，也为让你甚至在本周还怀有我会与你共享未来生活的希望。”“但是，请相信，在你还未爱上我之前，我是诚实的，现在，我也同样诚实，所以必须告诉你这些，以免为时已晚。”她说她缺乏那种“神圣的、甜蜜的、压倒一切的感觉”，这种感觉应该与真爱相伴。“那么再见吧，”她最后写道，“致以最尊敬和最真诚的问候，我永远是你的，安娜”。

威利不能接受这是最终结果。短暂的分离在即——他被任命为农业部代表，出席1900年夏天在巴黎举办的世界博览会，并将在那里组织一个展览，展示美国葡萄酒和啤酒的卓越品质。他好不容易说服她等他从法国回来，建议她花点时间考虑一下，再明确地告诉他行还是不行。他们维持这一脆弱的休战，直到他7月中旬出海航行。但当安娜·凯尔顿要求并收到从农业部调往国会图书馆的通知时，他还身处航行在大西洋的船上。他给一位朋友写信说：“当我去巴黎的时候，我和她达成完美的约定，但刚到这里没多久，我就收到她的一封非常审慎的信，信中下了定论，认为我们的约定最好终止。”“同时，我从她字里行间得知，她在这件事上受到了家人的影响。”他知道，他们认为，像他这样年纪的男人追求一个20多岁的姑娘是不对的。但“我还没有认识到——以一种恰当的方式去爱一个美丽女孩，并得到她爱的回应——这有什么可责备的”。

他给安娜写了一封温柔的告别信。“你说，‘为什么不让我爱上你?’我的心肝啊，爱，不是说来就来，也不是让走就走的……亲爱的，我想让你知道，你给我的生活带来了多少热情。”她没有回答。但他还是不愿把她的照片从其怀表内盖中取下来。

威尔逊部长写信给远在巴黎的威利，庆祝他和他的酒类展览反响良好，“这让我非常高兴”。威尔逊还附了一张便条，保证威利的工作会很稳定。下任总统选举将于11月举行，“竞选活动还没有开始，但有好的迹象表明麦金利先生会连任”。

1898年11月，备受民众喜爱的副总统加勒特·霍巴特（Garret Hobart）去世，麦金利被迫选择一位新的竞选伙伴。经过多次政治层面的争论，该党选择了一位“进步主义者”，纽约州州长西奥多·罗斯福来接替副总统的位置。麦金利最亲近的顾问们并不热心：罗斯福在1894年并没有支持提名麦金利，而且其作为改革者名声在外，这与麦金利截然不同。但没想到，这竟然成为竞选的主要优势。

民主党再次提名威廉·詹宁斯·布莱恩（William Jennings Bryan）为候选人，他四年前败给了麦金利。竞选开始时，布莱恩猛烈抨击麦金利是公司企业的内部人士，是银行和铁路部门的“总裁”/总统（译者注：该英文单词在英文中兼具这两层意思，原文作者应该也想表达这两层意思）。因为麦金利跟这些行业关系密切，所以决定保持低调，在竞选期间只发表了一次演讲。相比之下，精力充沛的罗斯福在24个州的567个城镇发表了超过673次演讲。11月3日，也就是选举日，麦金利和罗斯福大获全胜。威尔逊的工作又加了四年的保险——正如部长所预言的那样——他首席化学家的位子及其食品安全改革运动亦是如此。 73

1901年，麦金利就职后不久，圣路易斯的“安海斯-布希公司”和密尔沃基的“帕布斯特酿酒公司”写信给威利，请求对其新产品“戒酒饮料”（译者注：即非酒精饮料）进行分析。这些瓶装麦芽啤酒几乎不含酒精，是“小啤酒”的一个相对时髦的叫法。至少从中世纪以来它就已经开始以这种或那种形式出现，往往供孩子们饮用。美国大型酿酒厂此前酿造高酒精含量啤酒和麦芽酒，如今开始生产“戒酒饮料”出售给不喝酒的人和曾经喝酒的人，并博得越来越多知名的反酒精活动人士的青睐。

“基督教妇女戒酒联合会”成立于19世纪70年代初，其宣扬的目标是“还你一个清醒和纯净的世界”。这远非美国首个戒酒组织，但与1893年组织的“反沙龙联盟”一起，“基督教妇女戒酒联合会”已经成为反对饮酒的最尖锐和最有效的力量之一。其口号是“鼓动、教育、立法”。联合会将这一事业与另一日益发展的社会运动，即妇女参政运动联系起来。联合会主席弗朗西斯·威拉德（Frances Willard）认为投票权是权力的关键。她认为，如果妇女有投票权，她们就能更好地保护所在社区不受醉酒和其他恶行的侵害。到1901年，该组织在全美已有超过15万名成员。它的行动主义——以及不断上升的名望——使美国啤酒和其他酒类酿造商越来越紧张。

74

因此，酿酒厂对其“戒酒饮料”抱有双重希望：开拓新市场，缓和外界敌意。两年前，总部位于威斯康星州的“帕布斯特酿酒公司”请化学司为其麦芽酒进行分析，并期望盖章认定以方便销售，实验室证实了该饮料酒精含量不到2%。现在，该公司希望威利支持另一种低酒精新产品，名为“Nutria”（译者注：与营养“nutrition”词源类似，意为营养，滋养，使繁荣的东西）。“帕布斯特酿酒公司”打算在印第安人保留地（现在的俄克拉荷马州东半部）出售该产品，切诺基人和马斯科吉人（译者注：都属于北美印第安民族）等部落被迫离开祖祖辈辈居住的美国东南部土地后重新定居于此地。该公司申诉：印度安人事务部禁止在印第安人保留地销售任何酒精饮料，而据该部门分析，“Nutria”是一种可令人醉酒的饮料。公司抱怨说，这是低档的化学成分。威利手下更能干的团队能还它清白吗？化学司的分析证实了“帕布斯特酿酒公司”的主张，“Nutria”得以在印第安人保留地销售。

与此同时，“安海斯－布希公”司发明了一种名为“美式啤酒花麦芽酒”的饮料，本质上是一种啤酒味的软饮料。它希望威利和比格洛能够对其进行分析，这样公司就能够将化学司官方调查结果当作一种营销方式。化学家们照办了，威利写信告知该公司，他们在产品中检测到了酒精的痕迹。酿酒公司回复，这不过是一种防腐剂。“这是我们的秘密，”公司回信解释说，但它确实没有改变饮料的基本性质。“难道不能在软饮料中添加少许酒精以方便保存吗？”可以，化学司同意了。不久后，该公司发起了新的淡啤酒宣传运动。

1901年5月，布法罗泛美博览会开幕。这最新一届世界博览会由附近的尼亚加拉瀑布提供电力照明，博览会占地350英亩，打出“美洲各共和国的商业福祉和充分理解”的口号来庆祝新世纪。作为彰显美国政府贡献的一部分，农业部的展览凸显了从新作物到现代农业机械的创新特点。威利所在的司现在更名为化学局，参与了三场展览，其中两场——一场着重推介甜菜产业，另一场则赞扬植物产品在道路建设中的试验性

75

应用——符合博览会的主题，而第三场则由威拉德·比格洛组织，是关于“纯净和掺假的食品”的展览，而这显然违背了博览会的主题。

比格洛的展览因一些鲜艳的彩旗而格外引人注目，上面有标签标明：它们是用食品饮料着色色素——煤焦油制剂染成。展览中还展示了各类假冒产品，从醋到威士忌等。并着重展示了造假者新研发的一种技术，即在精馏酒精中加入肥皂，以模拟出陈年波旁威士忌在玻璃杯中的起泡状态和黏附方式。但也许最突出的部分是新型工业防腐剂的兴起：在这些展览架上，不仅有食物样品，还有多个玻璃罐和烧杯，内含从日常食品中提取的防腐剂。该展览将防腐剂分为“肯定有害的，如甲醛、水杨酸和亚硫酸盐”与可能有害的，如硼砂和苯甲酸。

“据那些对其应用感兴趣的人声称，添加到食品中的防腐剂微乎其微，根本不重要。”但在这个缺乏食品安全监管的时代，“微量”的量完全由厂家自行决定。部分食物基本上就是新化合物浸泡出来的。或者正如比格洛所说：“化学防腐剂添加量有时远超出其支持者们认为必要的量。”

博览会广受欢迎，历时七个月，吸引了800余万人次参观，其中包括9月初抵达的美国总统麦金利，他在此发表了反对美国孤立主义的演讲。9月6日下午，在博览会盛大的音乐圣殿里，他站在欢迎队列的前面，兴高采烈地与热情的市民们握手。来自《布法罗晨间新闻》（*Buffalo Morning News*）的记者约翰·D. 韦尔斯（John D. Wells）负责这一新闻报道，他站在那里做记录，详细描绘每一个会面细节。接下来，他将描

76

述一个面带微笑的年轻人走到总统面前，举起了右手，右手握着一把包在手帕中的手枪。这个叫利昂·乔尔戈斯（Leon Czolgosz）的年轻人一共开了两枪，第一颗子弹擦伤了麦金利的胸部，第二颗射入了他的腹部，总统蹒跚着后退倒下。警卫们和其他人员扑了过去，刺客被押送当地监狱；受重伤的总统被救护车紧急送往当地医院。

尽管如此，医生们还是向火速前往布法罗并赶到麦金利身边的罗斯福副总统和内阁成员们保证，伤口并不致命，总统预计会康复。罗斯福离开此地后，又前往佛蒙特州去度"工作假"（译者注：这是美国的一种边度假边工作的休假方式），根据日程安排，他要在此地的"鱼类和运动联盟"发表演讲。但布法罗当地的医生拒绝使用X光机这一新奇玩意，因此未能成功清除子弹留下的碎片，也未能实现对内部伤口的完全杀菌；伤口因而被感染，产生坏疽。9月14日那天，也就是遭遇枪击9天后，麦金利去世了。

罗斯福匆匆赶回——骑马、乘坐汽车、改坐火车，穷尽所有交通工具，不做无谓停留——宣誓就职。其党内对改革持谨慎态度的头头们表现得不情不愿，"我跟威廉·麦金利说过，在费城提名那个野蛮人就是个错误，"俄亥俄州参议员马克·汉纳说，"现在看吧，那个该死的牛仔成了美国总统"。

曾是钢铁工人，自称无政府主义者的乔尔戈斯很快被起诉、审判并定罪。陪审团达成一致，他被判处死刑，并于10月29日在奥本（纽约）监狱的电椅上被处死，这距离枪击事件仅仅过了45天。

77

在麦金利去世后的数周内，罗斯福首先努力让全国民众放心："在痛失亲人这个沉重而可怕的时刻，我愿声明，为了国家的和平、繁荣和荣誉，我将继续坚定不移地奉行麦金利总统的政策。"

但是，这位新总统在等待时机。1902 年 2 月，罗斯福政府对一家大型控股公司提起反垄断诉讼，该公司是由大财团创办，成员包括"镀金时代"（译者注：这个术语诞生于马克·吐温的讽刺小说，指美国历史上 19 世纪 70 年代到 1900 年左右这段时间，镀金时代是美国经济快速增长的时代。）的巨头们，如 J. P. 摩根（J. P. Morgan）、范德比尔特（Cornelius Vanderbilt）和洛克菲勒（Rockefellers）等。《华尔街日报》（*The Wall Street Journal*）愤怒地声称这是自麦金利遇刺事件以来对股市造成的最大冲击。相形之下，看到总统展现出其改革派更多变的那一面，哈维·威利非常开心，他还希望看到纯净食品和饮料成为罗斯福的一大事业。不幸的是，在新总统眼里，威利已经犯了错误，而且是严重的错误。

自古巴一役以来，罗斯福就已经成为这一新独立岛国发展的推手。在战争部长埃利赫·鲁特的支持下，总统提出了一纸协议，旨在降低美国进口古巴生产蔗糖的关税，并与其他措施一起，促进其经济增长。1902 年 1 月，众议院筹款委员会开始就这一问题举行听证会。因为长期以来，威利一直被视作是糖类种植和加工方面的专家，故而被传唤出庭作证。

威利担心，如果降低对古巴糖类所征关税，那些实力强大的美国公司将发现轻松获利的机会，买断这些进口商品，再以更高的价格转售给美国消费者。他猜测，输家最终会是美国农民，与古巴方面相比，他们没有竞争力。不过，他不想在公开听证会上说出这一切。他知道这会令罗斯福失望，但他不愿意违背自己的信念去作证。所以威利要求威尔逊部长让国会撤回传票。“如果我出现在那里，我就会说出我所相信的真相，从而陷入困境，”威利写道，这是与部长的谈话中他的原话。

78

但无益于威利和罗斯福未来关系的是，威尔逊也跟化学家一样对古巴糖持保留意见，并希望这些疑问在国会作证时得以公开。可威尔逊也知道，如果他亲自作证，就会有损自己在总统面前的地位。他说，作为内阁成员，他不敢说出自己的想法，但是威利可以。于是首席化学家不情愿地同意作证，并且跟往常一样，他又一次将自己的想法公之于众：“我认为这是一项非常不明智的立法，将会极大地损害我们国内的制糖业，”威利作证说。“你还打算留在农业部吗？”一位立法者问，而委员会其他成员则爆发出大笑声。

总统并不觉得好笑，他召唤来威尔逊要求当场解雇首席化学家。威尔逊意识到自己对下属伤害之深，他告诉总统，化学家威利一直在服从部门的命令。这位部长说，如果因为威利照章办事而被解雇，这种举动是错误的。罗斯福勉强同意了。他让威尔逊带信给首席化学家：“这次我放过你，但没有下次了。”同年晚些时候，罗斯福与古巴方面谈判成功并达成一项协定，其中包括对古巴糖降低20%的关税。“在他上任的头几个月，我违背了他的善意，”威利后来懊恼地写道，“我担心，这个与我有过多次密切接触的人担任总统后，对我从未有过好印象”。

79

第五章
唯有勇者

1901 ~ 1903

> 喔，也许这片面包轻轻一咬，
> 明矾粉笔木屑细末全吃到，
> 或者他们讨论的粉末也中招，
> 来自刚出矿的石膏。

1901 年，美国化学局确定了美国市场上有 152 种获得“新”专利的防腐剂，尽管官方科学家们发现“新”一词通常只是广告伎俩，而非创新的表现。这些产品中有许多只是简单地混合了过去传统的防腐剂，如甲醛或硫酸铜。主要的区别在于，这些配方所含的化合物数量远高于其前身——因此，其承诺的被防腐产品的保质期令人吃惊。正如一份广告传单所宣称，一种好的防腐剂“不需要有冰，也能确保肉、鱼、家禽等想保存多久就保存多久”。在当时厨房最多只配备一个冰箱以延缓食物变质的时代，这一“食品不会坏”的概念吸引了许多人。

美国化学工业很快就认识到，这一延长食品饮料保质期的产品背后的市场是多么有利可图。除防腐剂外，各公司还开发合成化合物，以降低食品生产成本。1879 年约翰·霍普金斯大学发现了甜味剂糖精，其成本远远低于糖，并迅速取代糖以节约成本。饮料和其他产品中的调味剂现在可采用实验室酿造的柠檬酸或薄荷提取物等，而不再使用新鲜的柠檬汁或薄荷——这再次节约了成本，并再次将农民们挤出供应链。

1849 年创立“纽约制药公司”的工业化学家先驱查尔斯·辉瑞（Charles Pfizer），现在也生产用于食品和饮料的硼砂、硼酸、酒石和柠檬酸。芝加哥的约瑟夫·鲍尔（Joseph Baur）的“液态碳酸公司”生产用于冷饮售卖机售卖的起泡饮料的加压气体。他对人工甜味剂产生了极大的兴趣，因而他于 1901 年在圣路易斯投资了一家新企业——“孟山都化学公司”——生产大量的糖精。糖精生产还推动“海登化工厂”于 1900 年在纽约市创办，该公司也涉足防腐剂市场，生产用于食品和饮料的水杨酸、甲醛和苯甲酸钠。食品饮料市场同样吸引了赫伯特·亨利·陶氏，他 31 岁时在密歇根州米德兰兹创办了“陶氏化学公司”。陶氏曾在俄亥俄州克利夫兰市凯斯理工学院（最终并入凯斯西储大学）就读化学专业；1897 年，在朋友和教授们的资金支持下，他创办了自己的公司“陶氏化学公司”。该公司的初次创业是基于陶氏发明的一种新工艺：从浓盐水中提取元素溴用于防腐。但短短数年，陶氏又制造了用于燃烧弹的镁、用于炸药和农药的苯酚，并且正在成为食品防腐剂（如苯甲酸钠）的主要生产商。

81

局里的科学家们从部分州聘化学家那里了解了很多关于食品添加剂的知识，他们受聘于思想独立、农业资源丰富的地区；这些地区包括肯塔基州、威斯康星州和北达科他州等，那里的农民都非常清楚，随着人工材料使用加剧，工业正在削弱新鲜食品市场。其中比较著名的化学家有来自印第安纳州“直言不讳的”约翰·赫提，以及法戈地区北达科他州农学院“更为好斗的”分析化学家爱德温·拉德。拉德在对该州出售的食品和饮料进行分析后相信，大公司基本上把北达科他州视为“废弃的化学增强食品的垃圾场”。于是 1901 年，他发起了一场全州范围的纯净食品立法运动，用一串串令人瞠目的数据轰炸北达科他州的立法者和公民。

“该州 90% 以上的地方肉类市场都在使用化学防腐剂，几乎每家肉店都能找到一瓶‘Freezine’，‘Preservaline’，或‘Iceine’（译者注：字面意思为‘冷冻剂’）。”他揭露道：“在干牛肉、熏肉、罐装培根、罐装碎牛肉这些食品中，硼酸或硼酸盐（硼砂工业的产品）是一种常见的成分。”在拉德分析的几乎每种食品中，都发现了没有在标签上进行标注的工业化合物，其安全性从未有人检测过，尽管有些甚至是已知的毒素。“我们在北达科他州种植的所谓法国豌豆中，发现 90% 含有铜盐。”烘焙食品中通常都含有明矾，一种含铝和钾的盐，在发酵粉中用作防腐剂，还可以使面包变白。

拉德对灌装商的“番茄酱”造假尤为不满，造假产品往往与众所周知的番茄制品无关。这些“番茄酱”中最便宜的东西往往是用没人要的南瓜皮炖煮，染红，再放醋和一点辣椒或红辣椒调味。或者它们是“罐头厂下脚料——果肉、皮、熟西红柿、青西红柿、淀粉糊、煤焦油色素和化学防腐剂（通常是苯甲酸钠或水杨酸）”——制成的酱汁。《北达科他州食品化学分析》——拉德将在次年全面发布——显示番茄酱

100%富含煤焦油色素、防腐剂、废料。他还发现一系列其他产品存在类似问题，并声称果酱和果冻“100%掺假”，罐装玉米88%掺假，罐装豌豆50%掺假。造假名单远不止这些。

拉德向该州各大报纸发送了他发现的每一起掺假行为的细节。作为回应，“全美饼干公司”（后来改名为“纳贝斯克食品有限公司”）的法务部打了一个昂贵的长途电话，暗示他收敛一点。正如当地报纸愉快地报道的那样，拉德的回应是大发脾气。其秘书说听到他的咆哮：“老天在上，还没有哪个东部律师（译者注：纳贝斯克的总部在东汉诺威）敢来告诉我，在北达科他州我们可以吃什么！”

与此同时，拉德的朋友兼同事，南达科他州食品化学家詹姆斯·谢泼德也发起了类似的食品安全法运动。为了向本州居民展示说明这一问题，谢泼德制定并公布了一份每日膳食计划，用以说明工业化学已渗入到平常三餐中。谢泼德宣布：“美国的任何家庭都可能在使用”这一菜单，具体如下：

早餐

香肠：煤焦油色素和硼砂

面包：明矾

黄油：煤焦油色素

樱桃罐头：煤焦油色素和水杨酸

薄煎饼：明矾

糖浆：亚硫酸钠

早餐含有8剂化学物质和色素。

正餐

番茄汤：煤焦油色素和苯甲酸

卷心菜和咸牛肉：硝石

扇贝罐头：硫酸和甲醛

豌豆罐头：水杨酸

番茄酱：煤焦油色素和苯甲酸

醋：煤焦油色素

面包和黄油：明矾和煤焦油色素

肉馅饼：硼酸

腌菜：铜、亚硫酸钠和水杨酸

柠檬冰淇淋：甲醇

正餐含有 16 剂化学物质和色素。

晚餐

面包和黄油：明矾和煤焦油色素

牛肉罐头：硼砂

水蜜桃罐头：亚硫酸钠、煤焦油色素和水杨酸

腌菜：铜、亚硫酸钠和甲醛

番茄酱：煤焦油色素和苯甲酸

柠檬蛋糕：明矾

烤猪肉和豆子：甲醛

醋：煤焦油色素

加仑子果冻：煤焦油色素和水杨酸

奶酪：煤焦油色素

晚餐含有 16（译者注：其实这部分数出来是 17）剂

化学物质和色素。

“根据这个菜单，”谢泼德在该州报纸上宣布，“患者每天不清不楚、不情不愿地服用了40剂的化学品和色素”。

但是对添加剂的研究太少了，甚至像谢泼德和拉德这样对之忧心忡忡的科学家也只能猜测它们可能带来什么样的风险。针对这些新型食品添加剂，人们开展了部分动物实验，但这些实验再好也有局限。一种标准的实验方法是将食品和饮料残留物制成溶液，然后注入兔子体内。如果在几分钟内兔子没有死亡，食品制造商就会宣布这种材料对人类是安全无毒的。 84

威利长期以来就担心缺乏相应指导，缺乏剂量限值，缺乏基本信息。他认为，如果美国人顿顿吃进未经检测、无法确保安全的多重化合物，那么像他这样的政府官员就会太令人失望了。他拿定主意，针对这个问题的唯一解决之道，是设计一些真正的公共卫生实验。而获取信息最直接的渠道是通过人类志愿者，于是在1901年，他要求国会资助一项他称之为“卫生餐桌试验”的研究。他的计划是让人们坐在“卫生”餐桌旁——指的是一个干净的、精心控制的环境——给他们食用精确测量的食物。其中一半吃新鲜的、无添加剂的食物；另一半食用的每顿饭中都含有特定剂量的化学防腐剂。这些就餐者不会知道是谁在吃什么东西。威利及其工作人员将监测这些饮食对健康的影响（如果有的话）。

他提议，他的“人类豚鼠”应是强壮的男性，“年轻、健壮的家伙，能最大限度地抵抗掺假食品的有害影响”。他推理道，如果这样的人都患病，那么在试验对象本来就虚弱的条件下，更应将之视为警示信号。“如果他们在食用这类物质一段时间后表现出受伤的迹象，那么自然而然可以推断，儿童和老年人比他们更容易因此而受伤害。”他在递交国会的提案中解释说，“卫生餐桌试验”将解决这些问题：“是否应该使用这些防腐剂？如果应该，那么应使用何种防腐剂？其用量如何？”他补充说，这些试验还可以解决其他添加剂的问题，如食用色素。他强调说，他也不知道这些试验结果如何；但有一个上好的试水理由，毕竟，立法者们也在食用这些未知的化合物。

85

3 月，国会授权拨款 5000 美元（约相当于今天的 150000 美元），如立法所规定，“（旨在）使农业部部长能够调查食品防腐剂、着色剂和其他食品添加物的性质，确定它们与消化以及健康的关系，并确立其应用的指导原则”。

这笔钱只是威利所要求金额的三分之一，但这仅是个开始。现在他需要弄清楚如何启动美国首个涉及人类受试者的食物毒性试验。他一无装备，二无补给（食物或其他物品），三无试验对象，四无任何他人会签字同意试毒的把握。

他需要一个厨房、一个餐厅和一个厨师。为了节约起见，他征得威尔逊的同意，决定在农业部的地下室建造他的试验餐馆。最终建成的餐厅仅配备了两张圆桌，用漆黑的橡木制成，上面铺着白色桌布，每张桌旁围着六把硬挺的梯式靠背椅；瓷器纯白，墙壁刷得白净，没有别的装饰；架子被整齐得分隔成几个小方格，沿墙排列着，里面装满了各种东西，从胡椒研磨机到量具（包括一把坚实的铜秤，用来称量食物）等，不一而足。

隔壁的厨房里也只摆放了烹饪用品。但整个区域干净整洁，相当宜人。“气氛愉悦，伙伴称心，总体上环境良好，这往往会促进消化；”他写道，“而较差的环境条件则会产生相反的效果。”

他希望每顿饭都健康美味，并且按照精确的时间表来用餐：早上 8:00 吃早餐，中午吃午餐，下午 5:30 吃晚餐，这是公职人员“特定用餐时间”。他要的是完全新鲜的原料，不含防腐剂。他的预算包括烤牛肉、牛排、小牛肉、猪肉、鸡肉、火鸡、鱼、牡蛎以及多种水果蔬菜；可以食用奶油和牛奶，但这些必须经过巴氏消毒，以避免细菌感染和未被监测的化学防腐剂。也允许食用部分罐头汤、罐头水果、罐头蔬菜，但仅从选定的生产商特订不含防腐剂的批次。“为了确保所有食物完全不含防腐剂，我们尽了最大的努力。”

86

化学局通过张贴广告招聘志愿者，还在政府雇员中分发广告，承诺若参与研究，每日三餐可以免费享用。正如《华盛顿邮报》（*Washington Post*）所说，美国政府“有史以来将在威利教授的指导下，首次开设一家科学食堂”。志愿者们纷纷申请，令教授松了口气。这些在首都勉强维持生计的年轻人，一年收入可能只有几百美元，这有机会令他们手头宽裕一点。威利自己也生活清贫，他明白：“他们是职员，为微薄的薪水工作，而免掉的餐费对他们而言不是小数目。”

还有全国各地“狂热民众”的申请纷沓至来：“亲爱的先生，”一位申请者写道，“我在报纸上读到您关于饮食的试验。我的胃可以忍受任何东西；它会令您大吃一惊……您觉得怎么样？我的胃什么都可以填。”

威利在俄亥俄州的两位化学家朋友也开玩笑地写了申请信。他的回信很有趣，但这一回复令他们更深入地了解他的想法，而这些在公开场合是没法说出来的："您可以从加了点水杨酸的硼砂饮食开始——旁边配一些明矾。然后您将学习色彩学——首先是人造黄油那漂亮的黄色，然后点缀罐装法国豌豆的绿色……请于9月10日前报到。遗嘱和验尸证明空白处必须由客人填写。"但在实际操作中，他和他的员工，包括长期可靠的比格洛，决定从那些已经通过公务员考试的、看上去人品正直的申请者中挑选，"所以加入我们的人品质良好"。

87

在第一轮试验餐中，他召集了12名年轻职员，这些职员大多来自农业部。他本想安排更多的志愿者，但负担不起。尽管如此，据他所知，这已是迄今为止这种人类健康试验中规模最大的一组。试验设计得简单明了：每种化合物研究期为六周，在这段时间内将安排受试者们坐不同的餐桌。在前两周，坐在一号桌的人将食用纯净无污染的食物，而坐在二号桌的人将服用给定的防腐剂。科学家们将追踪两组人之间的健康差异（如果有的话）。

然后再交换，一号桌的志愿者们接受防腐剂，二号桌的志愿者们恢复两周。然后再反过来进行最后一轮对照比较。批评者后来不无道理地指出，两周时间不足以衡量效果；最好是一直保持对照组和试验组不变动。威利同意这一点。他承认"卫生餐桌试验"并不完美，但它们有可能促进人们进一步了解这些大多未经测试的化合物对健康的影响。此外，他缩短测试时间也是为了尽量减少对年轻志愿者的伤害，因为他们被要求签署一份免责声明。"你有没有解释过，这一过程存在危险？”在威利首次公布调查结果后的听证会上，一位国会议员问道。威利回答说，已告知了志愿者们整个计划流程（尽管他不能保证他们理解得完整透彻）。

他强调说，如果他一开始就认为有意混入美国食品中的化学化合物会造成直接致命的危险，美国农业部就不会开展这项工作。他此前希望这些材料是安全的，而他在审判开始前最坏的猜测也就是“可能会对他们的身体系统造成一些紊乱”。（国会议员说，“所以，你起初以为没什么，但你公开了结果，因为从某种意义上说，它们存在致命危险”。威利同意，说“没错”。）受试者们只能吃来自威利试验厨房里的东西，他们不得不禁食其他任何零食或饮料：“每一个受试者都要保证，非负责餐厅的科学家所准备的食物饮料不吃。”

88

随着该项目的细节逐渐为人所知，新闻记者们既妙趣横生又令人恐惧地报道了这一禁令：“如果他们在两顿饭之间饿了，他们必须等到正式的就餐铃声响起。如果他们在工作时间渴了，他们可能只能用渴望的目光看着水变凉……甚至都无法喝一杯爽口的啤酒。”

志愿者们必须记录他们所吃所喝的每样东西，记下每一部分的精确数量；每顿饭前他们必须记录体重、体温和脉搏；每周必须接受两次“美国公共健康和海军医院服务中心”医生的检查；行为举止必须诚实可靠，“日常工作张弛有度，晚上睡觉按时按点”。他们还必须同意收集其尿液和粪便——用威利的话说就是“他们排泄物中的每一颗粒”——并将其带到化学实验室进行分析。事后看来，当时竟然有人自愿参加，而且在试验开始之前，没有一个受试者退出，这似乎令人震惊。

威利选择防腐剂硼砂作为首个试验对象。它是应用最广泛的食品防腐剂之一。此外，截至当时对硼砂所进行的少数研究表明，硼砂相对无害，但不完全无害。他认为，可借此契机探索它所引发的问题，而又不会让志愿者们冒太大风险。

前一年发表的一项研究表明，给小鼠喂食剂量不等的硼砂和硼酸（小剂量）时，这些化合物“对动物的总体健康没有影响”。另一项针对猪崽的试验也得出了类似的结论。然而，如果逐步增加剂量，这种化合物似乎会导致一些问题：部分证据显示其会引发代谢紊乱；动物偶尔会出现消化紊乱、恶心和呕吐。一些人类相关研究也发出了警告信号，但这些试验并没有太多特别的地方。

89

其中一个试验是某位科学家持续数周往自己的牛奶中加硼酸，他说他感觉良好。另一个在伦敦展开的试验则给 3 个小孩服用硼砂和硼酸数月。这些结果既让人安心，又令人稍感费解。

威利仔细解释了他为何选择强健的受试者，但与之不同的是，英国的研究者对其选择过程含糊其词。他们选了一个两岁的男孩、一个 5 岁的男孩和一个 4 岁的女孩，她“很柔弱，正从肺炎中康复”。这让人怀疑只要父母同意，孩子就能被选为受试者。他们发现硼砂可能会引起暂时性恶心和腹泻，但得出的结论认为，从总体上看，“硼酸和硼砂都不会影响受试者的健康安宁”。也就是说，实验结束时这三个孩子看起来不错。

与此同时，宾夕法尼亚大学的化学和毒理学教授约翰·马歇尔也自己服用了硼砂，据他报告，有时会导致严重的腹泻

（“食物还未消化吸收就漏出去了”）和恶心。但马歇尔对硼砂的急性毒性很感兴趣，因此，当他被传唤出庭作证时（一名屠夫被指控使用这一防腐剂来复原轻微腐烂的肉而被审判），他自己服用了大剂量的硼砂。因此，虽然他通过自身的试验表明高剂量的硼砂产生了令人不快的症状，但它并未预测大多数美国人——每天吃各类食物（从肉类到牛奶）时，暴露于低剂量的防腐剂——将生重病。 90

威利知道他的研究计划绝非完美，但他也相信其设计比任何其他地方的试验设计都好：他的受试者群体更大，所有人的年龄和健康状况都相当；为了便于比较，他将他们分成两组，这远非单个人喝牛奶或胡乱选择三个孩子能比；他的试验持续时间将更长；观察的剂量范围将更广。他还是以为自己不会有大的发现。但是，假如硼砂确实会造成风险，他也认为，比起已经展开的任何研究，他发现此点的机会更大。

他竭力想找到服用硼砂的最佳办法。在上文提及的英国实验中，溶媒是牛奶。正如这一儿童试验的撰文者们所指出的，这是合乎情理的，因为“牛奶在其饮食中占很大比例”。而威利决定试试黄油；因为黄油面包和面包卷是美国餐的主食，他希望食客们热情地吃掉它们。他并不担心这种味道会让用餐者望而却步。“有人指出，现代防腐剂和传统防腐剂——盐、糖、醋和木料熏烟——之间的一个重要区别是，使用少量防腐剂时几乎没有味道和气味。除非特意说明，否则人们不会注意到它们在食品中的存在。”

1902 年 11 月，就在威利获得资助 6 个多月之后，餐厅开门进行第一轮试验。为了表示敬意，一名小组成员在小餐厅的入口处支起一块招牌。就像餐厅内部一样，它没有什么花哨，白漆板上只有七个印刷体黑字：**唯有勇者方敢吃**。

威利这一计划极富条理，但很快遭遇了首个障碍。他的志愿者们很快就意识到——可能是经由多嘴的大厨佩里——硼砂藏在黄油里。他们不再在面包上涂黄油了。然后，威利悄悄采用英国人的方法，供应添加了硼砂的牛奶，可用餐者们也知道了。“那些认为防腐剂藏在黄油里的人会觉得黄油不好吃，而那些认为它可能藏在牛奶或咖啡里的人会做出类似反应。”在偷偷试了几次把防腐剂放在餐桌上后，威利决定直截了当。第一组受试者的餐桌上放一盘硼砂胶囊，威利、比格洛或其他某位化学家站在旁边，监测以确保小组成员服用了所需的量。他自己没吃硼砂胶囊，但这并没有阻止《华盛顿邮报》称他为“老硼砂”。

威利本计划默默地进行一项研究，然后以谨慎科学的方式报告研究结果。但是，他有些沮丧地意识到，这一试验已经吸引了《华盛顿邮报》雄心勃勃的年轻记者乔治·罗斯威尔·布朗的注意。23 岁的布朗是一位华盛顿医生的儿子，上高中时他就已经在位于国会山的住宅地下室办了一份社区报纸。他此前在《华盛顿时报》（*Washington Times*）做了几年报道，1902 年《华盛顿邮报》把他挖走了。在对国会进行报道时，布朗查阅联邦预算，偶然从中发现了对威利提案干巴巴的描述。这位记者嗅到这会是一个好故事，便急忙赶过去与威利及其同事交谈。

布朗发现他们不像自己所希望的那样伸以援手。尽管威利此前经常试图让公众参与到他的纯净食品运动中，但他担心，在这种情况下，过于引人注目可能会使人们对这项研究产生偏见，剥夺其科学尊严。他还担心万一出问题，他无法处理随即而来的坏消息。

所以威利警告手下员工不要接受采访。一位化学家跟布朗谈及这个试验："我什么也不能说。"威利还警告说，如果发现有哪个志愿者与记者交谈，会将其从该项目中剔除出去。布朗的应对之举有：在化学局大楼外闲逛；沿街跟踪志愿者；威利几次发现他通过地下室的窗户和佩里大厨亲切交谈。 92

布朗第一个报道的标题为"威利博士及其餐客们"，于11月初在《华盛顿邮报》发表。"化学局里的厨房已经粉刷一新，布置妥当，厨师也做好了开张的准备。"威利显然不赞成这种轻松愉快的语气，正如布朗在下一篇报道中所表明的那样："当局担心，除非公众能够把这些试验看作科学家们从事的事业，并以严肃认真的态度进行，以期解决一个对整个国家具有重大意义的问题，否则他们自我牺牲和耐心调查的所有努力最后将有一部分白费，如果不是完全白费的话。公众心中若有任何怀疑，认为试验某部分或某阶段滑稽或作伪，该被嘲笑或嘲弄，那么结果将是可悲的。"

但是，布朗及其编辑们都担心，《华盛顿邮报》的读者们永远不会只对一篇"卫生餐桌试验"的报道感兴趣，他们需要激发更多的兴趣，其描述也需要更吸引眼球。于是，他花了很长时间挖掘第一批志愿者的身份，他们"甘冒食品防腐剂的危险"。其中最引人注目的是B. J. 蒂斯代尔（B. J. Teasdale），布朗形容他是"耶鲁著名的短跑运动员和高中学员团的前队长"。蒂斯代尔曾创造100码短跑的纪录。其他人则没有什么特别的，分别是“胖食客”，“瘦食客”，“爱尔兰人”［布朗称其为“12 个受试者中唯一的绿宝石岛（译者注：爱尔兰岛的别称）之子”］，以及根据地域划分的——来自密西西比、纽约和宾夕法尼亚的“志愿者”。但总体来说他们是93 一帮兄弟。而且，布朗认为，冒险尝试这种未知化学物需要一定的勇气，这些人是值得肯定的。虑及此点，他给这一研究取了一个更妥帖的名字：“试毒小组”。

但那并不妨碍他发现硼砂食物这一概念提供了无限的娱乐素材。随着研究进行到 12 月，他替报纸读者想象了那一年的圣诞晚餐菜单可能的模样：

苹果酱.

硼砂.

汤.

硼砂. 火鸡. *硼砂.*

硼砂.

罐装菜豆.

地瓜. 白土豆.

萝卜.

硼砂.

碎牛肉. 奶油肉汁.

蔓越莓酱. 芹菜. 泡菜.

大米布丁.

牛奶. 面包黄油. 茶. 咖啡.

一点*硼砂.*

威利在农业部出了名的幽默活泼，威尔逊部长本人也曾公开赞赏这一点。所以他可以忍受自己在其所在城市的报纸上被称为“老硼砂”；他甚至会为此大笑；他也能发现这份假想圣诞菜单中的幽默。因此，尽管设法保密，但他自己还是开玩笑地草拟了一份搞笑菜单。

该年 12 月，“美国科学促进会”要求他帮助组织节日社交活动，活动邀请了协会友人、德高望重的科学家和政治家；而威利本人——正如给他的邀请函中所写——也作为“华盛顿人最优秀的代表而被邀请”。他的回复是自制的“毒药晚餐”邀请函，函上刻有骷髅头和交叉骨、殡仪馆广告，以及（被贴上“参加后”标签的）骷髅图片。请柬上有一份防腐剂、添加剂和掺假食物的菜单，玩笑般地用法语描述成精致的法国大餐： 94

毒药晚餐菜单

1902 年 12 月 13 日

蚝油甲醛酱汁公鸡（精心仿制的赫雷斯白葡萄酒）

掺了苯甲酸的各类开胃小吃（硫黄配索泰尔纳酒）

霍华德（译者注：美国恐怖小说作者）新式肉毒胺莳萝

卡利斯（一种面包）焦面包沾点硼酸钠

棉籽油黄瓜沙拉

各种假奶酪

人造咖啡

骷髅酒

烟草——去制作成型

马提尼——随意添放溴塞耳泽（译者注：一种治头痛的泡腾盐，即扑热息痛）

威利博士诚邀您出席

配上罗兰·B. 莫林纽克斯的利器

莫林纽克斯是美国臭名昭著的氰化物杀手之一。他出生于纽约贵族家庭，也是南北战争中一位屡立战功的将军之孙。他因向自己讨厌的两个人寄送掺有毒药的礼物而在 1900 年被判有罪。

威利真的很感激布朗没有拿到那份菜单。但是，正如化学局里那些绝望的科学家们逐渐意识到的那样，如果布朗在那一周找不到感兴趣的题材，这位才思敏捷的记者就会杜撰一点出来。例如，他有报道指责化学局不给受试者足够的食物吃，几乎令组员们饿死："F. B. 林顿在威利博士忙于别的工作时负责称量食物重量，他会把一颗豆子咬成两半"，而另一篇文章报道说，在吃了几周的硼砂饮食后，一半的用餐者体重下降；厨师情绪低落，一分心便烧了一顿火鸡大餐。还有一则报道则声称，一位志愿者体重增加了，另一位体重却在减轻，这让科学家们感到困惑："威利博士陷入了绝望。"布朗还报告说，志愿者们也在干扰这项研究；他讲述了一个受试者"恶作剧地"把奎宁扔进另一受试者的咖啡里。布朗写道，这个恶作剧的受害者回家后"准备为科学而赴死"。

1903 年夏天，在深入"试毒小组"的工作六个多月后，布朗最稀奇古怪的杰作诞生了。在他撰写的头条新闻中，受试者们的肤色变成粉红色；他声称固定服用硼砂使“试毒小组”所有成员的皮肤颜色发生明显持久的变化：“这些化学天才的肤色变化并不令人担忧，相反，每个接受治疗的年轻男子都长出了亮粉色皮肤，就连社会上的新娘子都嫉妒羡慕。”他补充说，兴奋的农业化学家们正在起草撰写一份小册子，以宣扬其革命性的发现。令威利烦恼的是，布朗广为流传的故事——皮肤有望像“草莓心”一样红润——招引来一堆女性，她们写信给农业部，寻求年轻肌肤的新秘密。

此时，本来平静无波的“卫生餐桌试验”在流行文化中也找到了一席之地。艺人卢·多克斯塔德（Lew Dockstader）在他的歌唱表演中演唱了由 S. W. 吉利兰（S. W. Gillilan）填词的“试毒小组之歌”：

96

哦，我们是世界所见过
最快乐的一群；
我们不会躲避“灭鼠灵”
甚至不会回避“巴黎绿”
我们在找一种毒物
一定致命，绝不失手
但它很棘手，不可捉摸
知道我们在追踪循迹；
为了所有这类致命的东西
我们吃下了多少软乎的可怕食物，
而我们还是每天增重一磅，

因为我们是“试毒小组”。

“灭鼠灵”是一种含砷的灭鼠药。“巴黎绿”由铜、醋酸盐和砷制成，用于防治害虫，也用作着色剂。威利和威尔逊部长都不高兴——既因为“他们在故意毒死志愿者”这一想法，也因为化学局相关研究被人拿来用音乐进行讽刺。

几个月来，部长和首席化学家都反复向《华盛顿邮报》抱怨说，布朗的文章使这个部门成为笑柄。他们一点也不满意。但是当“受试者们变粉了”的故事发表后，报纸编辑不得不承认其记者“创造”了整件事。编辑们没有注意到的是——无论如何也不是那个时候——布朗已错过“试毒小组”故事中最重要的部分，即使不是最有趣的部分。到 1903 年夏天，威利得到的研究结果表明：持续摄入硼砂并非人们所想象的那样无害。

97

第六章
食品毒物课程

1903～1904

我们对黄油的信心也渐消，

琢磨着它怎么变模样。

胭脂树橙染太黄，牛油过于油亮，

哦，里面到底有些啥？希望我能知晓！

1903年，范妮·法默（Fannie Farmer）是美国最有名的美食作者。7年前出版了《波士顿烹饪学校烹饪书》（*The Boston Cooking-School Cook Book*）之后，她成了家喻户晓的人物。她在书中不仅介绍了包括食谱、备菜、装盘展示和口味等内容，还讨论了自己所理解的食品化学和营养原理。

“食物，”这本书开场白很简单，“是任何滋养身体的东西”。她接着解释说：“有13种元素进入人体的组织结构：氧占62.5%；碳占21.5%；氢占10%；氮占3%；剩下的钙、磷、钾、硫、氯、钠、镁、铁和氟，合计占3%。”虽然食品中还有别的化学成分，但她指出，“由于其用途尚不清楚，将不予考虑”。位于波士顿小布朗图书有限公司的编辑想知道女性是否需要这些化学信息，法默回答说：烹饪书是针对妇女的一种基本教育形式，大部分美国妇女几乎没有机会上大学。

小布朗公司最终同意印刷这本书，但前提是作者自己支付首次印刷的费用。一年之内，法默这部1896年撰写的作品被重印了3次；十年内，售出了近40万册（到20世纪中叶，将超过200万册）。小布朗公司这一犹豫令法默大获其利，她同意只有在保留版权的情况下才能出版这本书。到1914年去世时，多亏了这本食谱的大卖，她已拥有多家企业（从铁路公司到巧克力工厂）的股份。

1903年，她在经济上已经有了保障。46岁时，她可以随心所欲地写作。她选择写一本自认为是其事业中最重要的书：《病人和康复者的食物和烹饪》（*Food and Cookery for the Sick and Convalescent*）。这个想法直接源于她自己（为健康）的奋斗经历：她出生于1857年，是波士顿一家印刷商的小女儿，16岁那年她突然晕倒。医生诊断病因是“麻痹性中风”，尽管后来有专家怀疑女孩可能患上了小儿麻痹症。范妮好几年都不能走路了，由她母亲照顾；她的父亲把她从床上抬到椅子上。她到20多岁时才开始在房子周边蹒跚走路；到30岁时才足够独立从而进入波士顿烹饪学校就读。

在那里，除了烹饪技术，学生们还学习了细菌理论——理解微生物如何致病，这在19世纪仍然是一个前沿的概念——以及如何应用卫生原则。他们还研究了食物化学，并阅读了营养学原理的最新研究成果。不到三年，她就开始协助校长；而当她撰写她首部著名的食谱时，她已成为烹饪学校的校长。

99

截至此时，在对食品供应的各类杂质发出警告的作者中，法默可能是最具影响力的。她的忠实读者——主要由母亲和家庭主妇们组成——特别愿意接受这一警告。该书一整节都集中描写现售牛奶中“令人食欲大减、不健康的污染物”。她写道，这种所谓的“纯净”食物仍然肮脏，依然经常兑水稀释，其内部满是粉笔灰、食用色素和有害微生物。她同其他美国人一起提倡巴氏杀菌，这是欧洲广泛使用的热处理方法，用以杀灭病原体。她警告说：“牛奶中的致病病菌往往会引发伤寒、白喉、猩红热、肺结核和霍乱。”美国一些奶牛场，特别是较大城市里的奶牛场，已经开始使用这种方法，但这也令产品价格更加昂贵。大多数奶牛场主仍然喜欢采用廉价得多的化学防腐剂。法默想提醒她忠实的读者，“硼砂、硼酸、水杨酸、苯甲酸、铬酸钾和纯碱”极具危害。

此前，有食谱作者也曾警告过食品造假的风险；19 世纪的食谱中经常会包含造假香料或造假咖啡的相关题外信息。但是，《病人和康复者的食物和烹饪》一书得到了更多关注，既因为其作者有名，也因为它出版于 1904 年。在这一年里，公众对食物问题的认识不断提高——媒体对威利实验的报道功不可没。该年 5 月，《纽约时报》（*New Yorks Time*）宣布，化学局首批志愿者已正式退出“在农业部的指导下吃毒药”的工作，获准恢复正常生活。《泰晤士报》（*The Times*）指出：“据说，摄入食物防腐所用药物带来了恶劣影响，在所有组员身上都能看到，其中一两个人的身体似乎马上就要垮了。” 100

威利已将近 500 页的硼砂报告交威尔逊部长审阅，若无威尔逊的批准，该部门“拒绝公布相关数据”。但《泰晤士报》自行预测了报告结论，新闻副标题是：“威利教授手持显微镜，而志愿者们正在地上扭动”。这篇报道解释说，这些试验旨在帮助解开罐头食品和腌制食品内含的“毒药奥秘”。“毒药”——比如报纸上反复提到的硼砂——被队员们吃了多少？“众所周知，每一位科学殉道者都吃了几盎司（译者注：1盎司=28.350克）的毒药——大约相当于在古巴应对美西纷争时士兵所吃的量。”（这一点比较可疑，报纸并未给出具体信息来源）研究证明防腐剂确实有毒吗？“结果表明，许多防腐剂是致命的，会引起明显的消化道炎症。”

6月份，农业部发布了硼砂试验的官方报告。威尔逊曾犹豫要不要将结果公之于众，但耸人听闻的媒体报道使这种不情不愿变为徒劳。至多，这份报告有可能缓和其他针对这些试验进行报道的语气。报告标题为“食品防腐剂和人工色素对消化和健康的影响：第一部分、硼酸和硼砂”。它没有抛出“毒药”的字眼，也并未暗示志愿者们踉跄蹒跚地走向死亡或者已浑身粉红。但它确实指出，可以证明持续摄入硼砂将危害人体系统。

威利让其志愿者们进行了五轮不同剂量的测试。所有情况下，小组成员都交替食用掺入硼砂的菜肴和无防腐剂的饭菜。他说，所有小组成员都在各试毒阶段开始时检测身体，并在恢复期结束时再重新检查。每当他们吃“干净”食物时，所有人都身体健康。而在食用硼砂期间，他们身体状况就糟糕一点。只有一半的受试者坚持到第五次硼砂测试结束，另一半因病退出。

101

“根据先前系列研究的经验，增加硼砂摄入剂量会在胃部和头部位置产生痛苦感觉”，科学家们试图在试验最后阶段降低剂量来缓解这些问题。自始至终，高剂量为3克，低剂量为

“微小的”半克。但是到了第五轮试验，威利怀疑这些疾病是由于累积效应：“如果长时间服用，且剂量每天不超过半克，它们（硼砂胶囊）偶尔会引起食欲不振、恶感、头胀和胃部不适。如果剂量增多，这些症状则发展得更快，并伴有精神轻微模糊。当剂量增加到每天3克时，有时会引起恶心和呕吐。”

大多数人永远不会——至少在知情的情况下——每天摄入3克硼砂；但因为含硼砂食物范围如此之广，一个热衷于吃的人可能会面临这一风险。而化学家们得出结论认为：更高、更强的毒性剂量并非真正问题。问题在于——正如威利自己一直担心的——长期日常接触和累积的影响：“总的来说，结果表明，正常人每天0.5克的量太多了，不能长期摄入。”

威利及其化学家们测试了一系列用这些化合物保存的食物，特别是黄油和肉。他们计算出，每顿饭都吃黄油面包的人每天会从黄油中摄取半克硼砂和/或硼酸。如果他们吃肉的话摄入量就更大了。不仅如此，普通消费者还会食用“水杨酸、糖精、亚硫酸和亚硫酸盐，以及各种其他防腐剂”。

威利推测，硼砂，可能还有上述其他防腐剂，会对肾脏（如果不是其他器官的话）产生不利影响，从而导致“食欲、消化和健康紊乱”。不可否认，这首个试毒小组的试验规模太小，时间太短，无法得到他想要得到的确凿证据。“但另外，从我们手头的数据来看，合乎逻辑的结论是：应该限制硼酸及等量硼砂的使用”，尤其因为在许多情况下，食品可以通过更安全的方式保存。

102

他重申他的观点——即消费者们有权知道制造商在食品中掺入了什么。“出于信息公开的考量，特别是为了保护年轻人、体弱者和病人……每样食品都应清晰标示出所用防腐剂的性质和数量。”

在报告发布时，后一组志愿者正在服用水杨酸而不是硼砂，他们表现出来的症状更糟糕，已经出现恶心和头晕的迹象。

由于歌曲在四处传唱，烹饪书作者们忧心忡忡，相关研究持续向前等缘故，公众们的意识越来越强，压力也越来越大。国会再次权衡了基本保护规则的理念，不仅针对食品和饮料，而且针对不受限制的、随心所欲的非处方药品，以及其他所谓的药物。来自农业州的两位立法者——爱荷华州的众议员威廉·赫伯恩和北达科他州的参议员波特·麦卡博——在各自“院”（译者注：即众议院和参议院）中带头做出努力。二者都计划就这个问题举行听证会；而且毫不令人意外的是，他们都邀请威利作为食品饮料化学添加剂方面的政府首席专家出庭作证。威利敏锐地意识到食品加工行业强力阻碍立法，故而谨慎行事。他强调首先需要对标签进行准确标示。他说：“食品掺假的真正罪恶是欺骗消费者。”

“美国医学协会”派代表支持拟议的《赫伯恩-麦卡博法》，“美国国家乳品和食品部门协会”也派了代表。威斯康星州、印第安纳州、得克萨斯州、加利福尼亚州、新泽西州、田纳西州、佛蒙特州、堪萨斯州、新罕布什尔州、西弗吉尼亚州、特拉华州、缅因州、纽约州、伊利诺伊州、宾夕法尼亚州和肯塔基州都在策划食品立法，试图保护其公民。但这些法案是由不同规则和标准拼凑而成的。各州的卫生官员们一致认为这还不够；在食品安全方面应该有全国统一的规则。

103

肯塔基州首席食品化学家罗伯特·艾伦向由麦卡博担任主席的参议院制造业委员会保证：人们都渴望制定一项全国性的法律。他坚持认为，即使是制造商也认为统一的联邦法规会对他们有利。不过，艾伦虽然公开场合乐观开朗，但私下里对结果远没有那么确定。他写信给威利说，肉类加工业正在激烈反对这项立法；艾伦还听说，在肉类加工业中占有很大股份的铁路公司正在暗中反对立法。

与此同时，食品加工行业已经成立了一个新组织，即“全美食品制造商协会”，后者正在寻求某项“适当的”法律以便规避威利及其建议。该协会愿意出高价请科学家参加听证会为之作证，去证明防腐剂在化学层面来说是无害的，而且由于这些化合物防腐，它们也阻止了无数美国人染上尸碱并中毒。该协会大约有300名成员，涵盖了茶叶咖啡进口商、鱼类加工商、芥末供应商、肉类加工商等等。此外，乳制品行业加入了反对《赫伯恩－麦卡博法》的行列，因为该行业越来越依赖甲醛来挽救发酸的牛奶；烘焙行业加入了，因为担心会对发酵粉等产品中的铝含量进行限制；漂白面粉行业加入了；还有工业化学行业也加入了，因其对防腐剂和苯胺染料的投资不断增长。调和威士忌酿造商和酒类精馏生产商也反对用标签进行标示的要求，因为这将迫使他们把合成乙醇列为关键成分。

104

作为全美酒类批发经销商协会的首席游说者，沃里克·霍夫再次写信提醒威利，桶装陈酿威士忌也含有有毒化合物。将“天然毒物”排除在外，而迫使生产商们将生产时使用的色素或其他原料列入标签，这是不公平的。霍夫敦促在立法中应完全将威士忌删除——当然，这些问题可以单独进行处理。酒类精馏酿造商们有钱有势，以至于多位法案支持者警告威利：将威士忌列入法规可能会导致立法失败。

威利担心，如果将威士忌剔除，其他品类的生产商们也可能游说要求“豁免”。他还担心，如果未包括酒精饮料，这一法案可能会失去“禁酒运动”的支持，后者也同样强大。尽管存在这些担心，威利最终还是选择了实用主义，建议从法案中删除对威士忌中化学成分进行标注的要求。但是赫伯恩和麦卡博在这一点上否决了他的观点；他们也对“豁免”心存戒心，担心会削弱法案。酒类批发商组织对此十分恼怒，敦促其成员反对这项立法。霍夫无视威利为他所做的努力，公开指责这位首席化学家与纯威士忌行业结盟，这令两人之间关系更为紧张。但是霍夫坚称其言辞是谨慎的。霍夫说，众人皆知威利与纯威士忌酒业关系友好，难免有所偏颇，“这将严重损害你身为政府官员的效用，因为你所在职位需要持最公正的态度”。

在该法案中列入秘方和非处方成药的决定激起了新的但同样激烈的反对。药品造假问题从来都非威利立法的首因，他一直关注的是食品和饮料。但由于公众对药品欺诈行为日趋愤怒，化学局决定在其审查的产品中加入虚假宣传的补药和

105 “万灵药”。威利聘请了一位天才化学家莱曼·基布勒，他曾是一家制药公司的研究员，痴迷于精确测量，他主导了该局对“万能”蛇油的调查。基布勒很快就发现，很多“药品”只不过是调味酒。该国最受欢迎的“妇女偏方”之一，利迪娅·埃斯特斯·平卡姆的蔬类化合物被发现含有 20.6% 的乙醇。消

化滋补药——“贝克肠胃苦药”——经测量含有42.6%的乙醇，或85个酒精纯度。

“专利协会”这一组织代表生产此类长盛不衰的秘方和“药物”的商人们，其回击称这些研究侵害了个人自由。其工作人员公开警告说，如果他们的产品受到监管，那么政府对人民生活的控制将没有止境。“如果联邦政府根据药物的治疗价值来监管州际的药物交易，那为什么不规范神学传输呢？让威利博士及其助手们检查后，把被发现‘在任何方面存在误导性’的神学书籍全都禁运？”该协会的一份通讯中写道。

该法案参众两院的两个版本都于该年春天在委员会中被否决。赫伯恩和麦卡博向威利承诺，他们将在当年晚些时候再次进行提议。赫伯恩曾直接写信给罗斯福，请求罗斯福在国会演说中支持待议的食品药品法。但总统拒绝了，因为这是一个选举年，他正在养精蓄锐等待战机。罗斯福解释道：“要想让这项法律获得通过，光我的推荐还是不够。”他补充说：“据我所知，有一部分人非常顽固地反对它。”甚至连《纯净食品药品法》的想法都反对。

威利眼看着另一轮立法又将失败，因此承认他的长期战略——与立法者和科学专家合作——是不足的。要想实现食品监管梦想，他就需要新的盟友。他此前结交了部分女性活动人士，后者愈发具备政治意识；现在他又寻求其帮助。“范妮·法默”等烹饪书作者的意识不断提升，警告商业食品不可信——妇女们正在帮助民众形成对食品掺假问题的看法。妇女领导的各组织被认为是变革推动者，就像“基督教妇女禁酒联盟”那样。 106

最近几年，该组织的工作重点从反对酒精饮料和促进妇女参政扩大到其他问题——包括食品和药物管制运动。该组织的领导者们通过化学局等部门的研究得出了这一结论，酒精含量高的非处方“药品”（译者注：类似于江湖秘方）助长了酗酒问题。“基督教妇女禁酒联盟”还决定解决“补品”和软饮料（包括当红刺激性饮料可口可乐）中酒精等成瘾类物质的问题。各妇女团体迫使饮料公司在 1902 年左右大幅度减少配方中的可卡因含量，“基督教妇女禁酒联盟”在其中的作用尤为突出。

威利开始向该组织领导人提供基布勒关于非处方药品的报告，他还开始向其他妇女团体示好，自愿发表演讲——正如其部长所建议的那样，盛装打扮（带上高顶大礼帽），礼节隆重——并与那些团体领袖们进行友好会晤。有人说，他对食品药物管制问题的执着，一直令他面对着众多的反对者，但他也在建立新的伙伴关系。而多个妇女组织在后推动，意志坚定，也令他燃起新的希望。

虽然威利出生于小木屋，成长于农场，但他在成长过程中一直明白：女人是坚强的、能干的、聪明且值得尊敬的。他父母将其三个姐妹都培养上了大学，这在 19 世纪中叶是很少见的。在汉诺威学院读书时，他曾发表演说，宣告未来女性将不受约束：“她将要求所有通往有用之才的通道都向她敞开；将不再被迫依赖父亲或朋友的供养；她的婚姻将是缘于爱情或自己的选择；她不再被迫待在拥挤的学校里，这令人崩溃；也不再被迫去清洗她姐妹变质的菜肴。”身为首席化学家，他偶尔会发表此类观点使同事们大吃一惊。在某次与来自欧洲的化学

107

家交谈时，他说：“在美国，男人的最大抱负是努力实现男女平等。”

其他时候，他的话听起来更为不屑，他像同时代其他特权人物一样据理力争，呼应着同伴的情感。在为《美国政治和社会科学学会年鉴》（*Annals of the American Academy of Political and Social Science*）所写的一篇文章中，他写道：“我知道，她并不能像男人那样，出于天性、品味或教育等去追求她们希望去追求的东西。”但他接着指出，妇女拥有智慧、精力充沛、能推动舆论发展。威利继续说，不让妇女“有组织地参与（那些关注人类进步的）重大问题”，将一无所获。

在新泽西州克兰斯顿“乡村改良协会”的一次会议上，威利受邀发表讲话。在此他遇到了这次活动的组织者，爱丽丝·莱基，后者将成为他最坚定的盟友之一。莱基生于1856年，曾梦想成为一名音乐会歌手，但她却因健康状况不佳而被边缘化；她的父母也深受疾病的困扰。她帮着照料他们。1896年，母亲去世后，她继续为生病的父亲料理家务。为了了解和缓解父母的健康问题，她和范妮·法默一样，对营养学产生了浓厚的兴趣。至少部分缘于莱基对健康饮食的认真投入，她的身体成功地变得强壮许多，并因此开始忠实地倡导营养、均衡饮食和纯净、无污染的食品饮料。

她以“美国科学司”成员的身份加入了“乡村协会”，并成为协会主席——即威利发表演讲时她正担任的职务。两个“斗士”立即结成了同盟。在她的领导下，克兰斯顿“乡村改良协会”向国会请愿，请求通过食品药品的相关立法，她说服新泽西州“妇女俱乐部联合会”也如此行动。尔后，她开

108 始在国家层面予以推动，以获得更多支持，她联络“全国消费者联盟”，并鼓励该联盟领导人（比她更为知名）就这一问题发表意见。

该联盟于 1899 年由极具影响力的社会改革家约瑟芬·洛厄尔（Josephine Lowell）和简·亚当斯创立，主要致力于帮助贫困劳动者。亚当斯——其为弱势群体所做的不懈努力将在 1931 年为她赢得诺贝尔和平奖——因其将教育引入美国低收入社区等开拓性项目而闻名全国。她还是全美最有名的定居点之一——芝加哥“赫尔之家”的共同创始人，该定居点为移民工人提供了一系列课程和娱乐活动，并对结果进行了详细研究。亚当斯认识到劣质食品尤为损害穷人的健康，因此，莱基几乎没怎么敦促，亚当斯就开始公开发言支持纯净食品立法。亚当斯在一次全国性的妇女俱乐部大会上强调：即使是“最保守的女性”，甚至是最传统的家庭主妇，也与这场斗争利害攸关；她们无法保持家里“干净卫生”，也无法安全地喂养孩子，更无法为家人就餐买到“无污染的肉”，真是惭愧。

莱基还加入了另一全国性组织——“妇女俱乐部总联合会”的纯净食品委员会。该组织 1890 年由美国女权主义先驱、纽约记者简·坎宁安·克罗利（Jane Cunningham Croly）创立，将全国各地的妇女志愿者俱乐部联系起来。和“基督教妇女禁酒联盟”一样，联合会也在几年前开始对食品药品安全法规产生了兴趣：其成员编写了多本关于“食品化学”的小册子，并邀请范妮·法默等人发言，讨论食品科学中的防腐剂及其他问题；他们还支持通过在全国范围生效的国家食品法规。威利写道，要论政治活动和善举善行，联合会的各成员组织是

“现存最有效的”。

“我认为本国的各个妇女俱乐部在改善社会状况方面做了很多了不起的工作，”他给一位俱乐部主席写道，“借助组织性的努力，积聚起巨大的能量；我认为本国女性们通过有组织的努力，可以做到她们想做的任何好事”。 109

莱基敦促威利去烹饪书作家们那里再上一课：家庭科学在（因缺乏教育机会而备感沮丧的）妇女中如此流行是有原因的，而化学局的出版物中包含了丰富的科学信息。她问道，为什么不将其应用在全国的厨房中呢？这不仅益处良多，而且有助于提醒妇女，做一桌饭菜这种简单行为也往往会令其家人陷入危险。她的想法是出版一份简单测试指南，家庭主妇们可以用它来识别掺假产品。

个人方面已有先例。1861 年，波士顿医生托马斯 · A. 霍斯金（Thomas A. Hoskins）出版了一本书，名为《我们吃什么：检测食品饮料中最常见掺假的简单测试》（*What We Eat: An Account of the Most Common Adulterations of Food and Drink with Simple Tests by Which Many of Them May Be Detected*）。霍斯金解释道：“为了增加自我保护的方法，我已经努力提供简明指示，借此可以发现许多更为危险的食品欺诈行为。”

巴特谢尔在 1887 年出版了一本关于食品掺假的书，其中也包括了众多此类家庭测试。后来，犹他州食品专员约翰 · 彼得森（John Peterson）在《吃什么》（*What to Eat*）杂志上发表了一篇题为“如何检测食品掺假”的文章，其中有几页讲解了如何检测牛奶、奶油、冰淇淋、咖啡、香料、糖、盐、小苏打、酒石，还有柠檬及香草提取物。例如，彼得森建议往冰淇淋样品中加入几滴碘酒对之进行检验，以确定它是真品还是用脱脂牛奶加玉米淀粉增稠制成。“如果含有玉米淀粉或面 110 粉，就会立刻显现为深蓝色，”他写道，他建议用一点醋检测牛奶样品：所得凝乳应为白色；如果出现“明显的橙色”，这意味着牛奶已经被一种苯胺煤焦油色素染色；如果凝乳呈褐色，这意味着存在植物染料胭脂红。

甲醛及其类似物质的测试更简单：“将牛奶或奶油在一个温暖的地方放置48小时。如果该样品到时间后仍然是甜的，那么几乎可以肯定其中含有防腐剂。”

因为已经有不少相关主题的著作发表，威利不确定美国农业部发布官方报告是否仍有必要，但他承认，该局的化学家们可以向公众更好地分享其专业知识。他让工作人员准备出版一份新刊物：“100号公报”——《食品掺假的某些形式及其简单的检测方法》（*Some Forms of Food Adulteration and Simple Methods for Their Detection*）。该报告长达60多页，由时任该局食品司司长的威拉德·比格洛和微型化学实验室主任伯顿·霍华德共同撰写。

“部长先生，”威利写信给威尔逊，“我荣幸地向您提交一份手稿，内容是关于食品掺假以及某些比较流行的简单检测方法，恳请批准。这一公报是为了满足人们对非专业知识信息的巨大需求……相信管家们和经销商们都能从中受益。”

该公报的对外介绍，勉强克制了语气，没有指责食品加工商们是蓄意和恶意为之。它指出：“缩短顾客的寿命，损害顾客的胃口，都不符合他们的利益。”“我们必须假设他们确实认为其使用的产品是有益健康的。因此，在判断食品配制中添加的防腐剂等产品是否有益健康时，必须保守看待这一问题，不可认为在此问题上与我们意见相左的人，就怀有犯罪甚或欺骗的动机。”

111

该公报推荐的最简易测试方法是观看产品。借此方法，厨师们可以很容易地发现硫酸铜：“我们有时在市场上发现，泡菜的颜色是明亮的绿色，这并不暗示任何天然食物。”所谓的“花式法国豌豆”也是如此。报告指出：在该局检查的 37 罐豌豆中，35 罐含有硫酸铜。

“100 号公报”有一半以上篇幅是表格和图表，详细说明了美国持续存在的食品掺假问题。13 份香肠样本中有 12 份含有硼砂；另外 19 份样品中有 10 份所含玉米淀粉比肉类多。咖啡中仍然只含部分咖啡。香料里继续掺杂着磨碎的椰子壳、印度玉米、杏仁壳、橄榄核和木屑。制假不仅是普遍现象，而且是标准做法。

比格洛和霍华德建议好奇的厨师耗资购买一架高倍数放大镜，一个小玻璃漏斗（或许直径可达 3 英寸），一些滤纸和一些金棕色的“姜黄纸”（染了很浓的姜黄，人们已知其在特定测试中十分有用）。

他们还建议在家里掌勺的人购买一些试剂，包括谷物酒精、氯仿、高锰酸钾、碘酊和盐酸。这些东西在当地的药房都可以轻易买到，并且在检测食品和饮料方面也很有帮助。作者还发出了强烈警告：“小心：千万记得盐酸具有腐蚀性，不得让它接触皮肤、衣服或任何金属。”

一旦装备齐全，再穿上防护服，“居家厨师”就可以按照指示去检测其食品杂货中的掺假物和化学添加剂。举一个典型例子，联邦科学家提供以下方法来检查肉类中是否含防腐剂硼砂：用热水将一汤匙切碎的肉浸软，借助一个袋子进行挤压，112 然后放两到三汤匙的量在调味盘中。每汤匙滴 15～20 滴盐酸。通过装有滤纸内衬的漏斗将液体倒入，随后用一张姜黄纸蘸取滤液，并放在火炉或灯附近，使其干燥。“如果样品用硼酸或硼砂保存，姜黄纸会变成鲜艳的樱桃红色。”

化学家们还提供了其他几种“案桌实验”，但他们也承认部分实验还是需要实验室。“虽然调味料经常掺假，但对于那些没有受过化学训练、也不会熟练使用复式显微镜进行检测的人来说，几乎没什么可用的方法。”

1904 年 4 月 30 日，繁华的圣路易斯市迎来了另一场壮观的世界博览会，这一博览会旨在超越芝加哥和水牛城之前举办的博览会。食物是各大展会的主角。每日发行的《世界博览会公报》（*World's Fair Bulletin*）宣布，中途可见部分该国“最一流”的餐厅——即“派克”，也有部分已纳入展览。博览会上有 125 家餐馆，从高档餐厅（一顿可上 15 道菜）到拥挤的小吃摊，应有尽有。例如，一个仿造的煤矿是家餐馆，服务员们都扮成矿工。在某一农场展览上，游客们可以观看一群鸡，还可以挑选某一只出来烧烤，作为晚餐。

在这片宝库中央，威利日益壮大的纯净食品爱好者队伍筹划了他们自己的柜台展览。他们的灵感部分来自于美国化学局在泛美博览会上所做的克制介绍和对掺假产品样品的展示。这次，他们想要一个更宏大、更万众瞩目的舞台，吸引全国民众的目光。他们花了一年多的时间策划了这场纯净食品展览，展示掺假产品及其危害，以警醒观展者。

除了肯塔基州食品化学家艾伦（代表“美国国家乳制品和食品部门协会”）和“不知疲倦的”爱丽丝·莱基之外，这次展览的组织者还包括芝加哥的作家兼编辑保罗·皮尔斯（Paul Pierce）。皮尔斯身材苗条，精心打扮，习性挑剔，多年来一直反对暴饮暴食和肥胖。他认为太多的美国人——尤其在那个时代的上流社会——皆“吃得过饱，状如饕餮”。然而，他对食品和营养兴趣广泛且兼收并蓄，这在其杂志《吃什么》中得以体现。在1896年8月出版的第一期杂志中，皮尔斯承诺“不会轻视任何食物或做法”，报道涵盖了从九道菜的派对菜单到纯净食品运动打击掺假的相关讨论等主题。皮尔斯在首篇文章中写道：“正如纯净的空气有益于呼吸器官，毫无疑问，简单食物也有益于身体健康。”

自创刊以来，皮尔斯愈发坚定地反对掺假和造假。《吃什么》的版面中日益充斥着化学污染食品令人恐慌的报道，关于政府未能保护其公民免受贪婪制造商侵害的尖锐评论，以及在当前高风险食品时代生存的实用技巧。与威利一样，他也相信：美国的女权运动者——借由她们紧密联系的组织——将是赢得监管斗争的关键。“现在让食品掺假者们战栗吧，因为我们身边站着女人。”他在一篇社论中写道，“我们队伍中有一百万妇女在为这一事业奋斗，我们不怕男人和成堆金钱所吸引来的任何对手。”

威利已经成功地在展会的“农业宫”中洽谈协商下来一块特大的展示场地。这个临时展馆鲜花环绕，花园绵延20英亩。在这个综合体内，纯净食品展台将占地两英亩。随着有关他们计划的流言传开，艾伦发现，一些对此不满的食品加工商

114 和制造商曾考虑对该展览申请禁令。但他们最终放弃了这一想法，认为因此激发的愤怒只会“增加公众对展览的兴趣”。

为了举办这一展览，皮尔斯写信给全国各地的食品专员，要求他们提供掺假、过度染色、保存过久或有其他问题的食品和饮料样品。当盒子和纸箱开始堆积时，显然两英亩的土地已经不够了。

组织者决定只展出两千余种品牌的美国现售受污染食品和饮料。北达科他州食品化学家爱德温·拉德指出：“虽然罐装鸡肉和罐装火鸡是常见的产品，但我还没有在该州找到一个罐头，里面真正含有一定数量的鸡肉或火鸡肉。”明尼苏达州和南达科他州分别运送了五尺见方的丝绸和羊毛，用从草莓浆、番茄酱、果酱、果冻以及红酒中提取的煤焦油染料染成了鲜艳的色彩。密歇根州寄来了柠檬提取物样品，其中制造商使用了廉价但致命的甲醇作为基质。伊利诺伊州提供了更多的造假提取物，比如仅用酒精和棕色食用色素制成的“香草”，并且展示了一系列精心烧制，呈现曲线形状并雕刻精致的瓶子（用以掩盖瓶装含量低于广告标示量的事实）。堪萨斯州送来用有毒铬酸铅染黄的柠檬水和用烧制过的“黄土”（一种由铁和锰的氧化物制成的颜料）生产的假巧克力。

参与展览的各州还提供了 40 种品牌的番茄酱（标签上标记为番茄产品，其中大部分是南瓜皮炖煮染红制成的）和大约 50 种品牌的发酵粉（主要是用铝化合物增强的白垩粉）。令食品行业高管们愤怒的是，负责展览宣传的马克·贝内特（Mark Bennett）发出了一份题为“食品毒物课程”的新闻稿，指出：“如果你想极度动摇自己对人类的信心，花点时间看看

‘农业宫’南端各州食品专员们提供的展品吧。” 115

对于那些没有关注这个问题的人，贝内特针对部分长期存在的问题提供了指南。“枫糖浆”仍有可能大多是将提自玉米的葡萄糖染成棕色；“苹果醋”被发现是实验室制造的醋酸，再用少许烧焦的糖着色；“猪油”大多是某动物脂油（固态羊脂）；“黄油”通常依然是故意贴错标签的人造黄油；像“辣椒粉”这样的香料大多是磨碎的坚果壳；而且，据贝内特所写，“果冻和果酱都是老掉牙的东西”，用煤焦油染料染成任何熟悉的颜色。“我们还可以列个长长的单子，揭露那些往我们的食物里投毒而往自己的口袋里装钱的人的嘴脸。”皮尔斯愉快地在其杂志上转载了贝内特的新闻稿。

将近2000万人——包括罗斯福总统，他安排了一场精心策划的爱国主题宴会——参加了这一博览会。罗斯福在此期间一直在备选，故而他在圣路易的讲话中没有提到这一纯净食品展览。但另一位与会者——驻纽约的调查记者马克·沙利文——强调了此举的意义。沙利文赞赏地将纯食品展览描述为“有史以来为纯净食品或为任何其他目的所做的最有效的宣传手段之一”。

1904年9月下旬，国际纯净食品大会第八次会议也在博览会会址举行。威尔逊部长婉拒出席，但写信亲自表达遗憾之情，自然还送去了他的首席药剂师。哈维·威利发表了三次演讲，一次是关于他的检验工作；一次是关于掺假：“食品掺假的真正罪恶是对消费者的欺骗”；最后一次是关于他的防腐剂研究。最后那次演讲中，他特别强调要重视最具风险的群体。他说，对硼砂的研究以及当下他对水杨酸的研究都表明：尽管对健康的年轻人而言，暴露于这些化合物显然不会致命；但这些化合物对儿童、老年人、病人、“抵抗力最差”的人带来的危害较大。

116 作为试毒小组试验的一部分，他的工作人员还在评估水杨酸的摄入对该局志愿用餐者们的影响，所以威利在防腐剂的话题上比较克制，但他敦促采取强有力的保护行动以禁止在食品中使用硼砂。“我认为，除非进行明显标注，或处于特别情况，或出于特殊目的，否则它都不应该出现在任何种类的食品中。”同年晚些时候，在纽约城市大学的一次演讲中，他澄清了自己所说的“特殊目的”的含义，强调这些目的将是相当有限而具体的。“的确，有时可能需要化学防腐剂——用化学防腐剂保存食品要比根本无食品可吃的情况好得多。例如，如果我去北极——我希望我永远不会去——或者在其他任何无法中途补给食物的长途旅行中，使用化学防腐剂保存食物可能比寻找其他食物来源更安全。”

1904年，威利对化学添加剂的态度比起几年前要强硬得多，他还进一步警告了食品行业中的反对者。从9月份的纯净食品大会的气氛来看，他们没理由不感到恐慌。俄勒冈州的代表詹姆斯·W. 贝利（James W. Bailey）在大会开幕式上的讲话中，热烈欢迎了人数空前之多的与会者们，并赞扬了他们的大力支持。

“生活中总有些时候，人们会对伟大心存敬畏，”“美国国家乳制品和食品部门协会”新当选的主席贝利说：“这就是我今天站在这里发言时的感受，这是为纯净食品而举行的最伟大的会议。”他宣称，这一事业终于时机成熟了。“就像每一个想法新出现时那样，纯净食品运动最初被认为仅仅是赶时髦，被称为闹剧。”但现在活动家们开始与公众接触；人们都在倾听；而圣路易斯的展览——他预言——肯定会改变人们的想法，进而促进改革。“我怀疑制造商的一些罪恶在审判之日是否会比在这次展览上暴露得更一览无余。”贝利继续预测，安全和健康的食物很快就会被视为“这片土地上的必需品，会与我们的福祉和幸福同在”。

117

蒸馏酒酿造商们在纯净食品大会上再次发生冲突，威利再次被卷入这场争斗。正如他的朋友和社交俱乐部的同伴所熟知的那样，原则上，他喜欢品尝上佳的波旁威士忌陈酿。和其他公开证词一样，在这次聚会上，他继续支持传统的麦芽发酵和桶装陈酿工艺，列举了其中丰富的天然化学物质。这些化学物质产生了一种层次丰富、令人满意的风味，而这是精馏威士忌远远无法比拟的。尽管沃里克·霍夫发出了警告，威利还是继续称赞它是一种比实验室制造威士忌和调和威士忌更健康的饮品。正如威利所指出的那样，陈酿威士忌不需要染料，它只是随着年头增加而色泽变暗。他声称，桶装陈酿 4 年以上也会改变或消除大部分杂质，老式的威士忌酿造方法赋予它“健康、纯净和风味”，而这些是人造威士忌无法企及的。

霍夫也参加了圣路易斯博览会，他明确表示，他不同意，也不欣赏食品展览对纯威士忌留出的友好一角。无论是当面还是通信，他都一再敦促威利重新考虑其论点。

“我同意你的观点，贴虚假的标签是一种欺骗行为，应该禁止，”霍夫在大会结束后给威利写信说，“如给波旁威士忌贴上黑麦威士忌的标签，或者宣称调和威士忌非调和，或者说五年威士忌是十年陈酿。但如果你或任何对保税威士忌感兴趣的酒商试图给公众留下这样的印象，即保税酒瓶上的印章可以保证威士忌的质量或纯度，那也是一种欺骗。”他说，精馏酒商们还没有结束这场斗争。而圣路易斯博览会上那些充满火药味的展览只是更加坚定了他们的决心。

118

第七章
危言耸听的化学家

1904 ~ 1906

胡椒也许掺了椰子壳，

芥末许是加了棉籽粕；

咖啡，真的，弥漫着烤菊苣的香。

1904 年 11 月初，就在西奥多·罗斯福当之无愧赢得总统选举实现连任之际，作家厄普顿·辛克莱正乘坐火车从东海岸前往芝加哥。在芝加哥，他住进一个简陋的救助定居点，打算撰写下一部小说。

前一年 7 月，9 个城市——从奥马哈到纽约——的肉类加工厂中，屠夫们举行了罢工。为期两个月的罢工失败了，之所以失败是因为肉类加工厂采用了芝加哥阿默尔家族（以冷酷无情而闻名）所制定的策略：雇用无技能的、非工会成员的屠夫来代替工会屠夫，他们的工资可以低于后者。

辛克莱是纽约一位鞋贩之子，该年 28 岁，他立即对此深表同情；靠着写笑话、廉价小说、杂志文章的稿费，他勉强读完了“城市大学”。部分缘于他自己的谋生之路，在 1897 年毕业时，这位极富抱负的小说家兼自由撰稿人加入了保护工人利益的社会主义事业。他写了一篇支持罢工的文章，文字充满激情，并将其主动寄给了总部位于堪萨斯州的社会主义报纸《呼吁理性》（*Appeal to Reason*）。辛克莱同时附上了其新作，讲述南北战争的小说《马纳萨斯》（*Manassas*）。这部小说即便在金钱上算不得成功，也是至关重要的胜利。这一作品组合促使该报主编朱利叶斯·韦兰（Julius Wayland）跟他谈合作：他将刊登辛克莱关于屠夫罢工的文章，还将支付作者 500 美元撰写连载小说，讲述芝加哥屠宰场工人的英勇事迹。辛克莱很快接受了。然后，他说服了麦克米伦出版公司的编辑，跟辛克莱签订了另一份价值 500 美元的合同，会将这一连载小说印刷成书。

身怀巨款（1000 美元，约等于今天的 30000 美元），辛克莱在芝加哥的屠宰场待了 7 个星期，他住在简·亚当斯一个朋友开办的救助定居点里，经常穿着脏兮兮的工服混进去。他用心观察、进行采访、整理笔记、撰写概述，然后返回东海岸。在那里，辛克莱与妻儿共同搬进了新泽西的一家农舍，定居下来，写出了他多产生涯中最具影响力的一本书。

小说的主人公是一位来自立陶宛的移民，怀揣着耳熟能详的美国梦，期望在此创造美好生活。“我会照顾好我们的，”他对妻子说，“我会更加努力。”最后，在虚构的“安德森”肉类加工厂里，这位辛勤劳动的工人几乎被工作环境所摧毁。在这里，他最终失去了健康、家人和朋友；但在辛克莱小说的结尾，他成为社会主义者阵营中的一员，至少保留了一些希望。

1905 年 2 月，《呼吁理性》开始连载辛克莱的小说。纯属巧合的是，该小说刊行时恰逢国会遭遇了食物生产问题。在那里，倡导纯净食品立法的人再次寻求推进他们的事业。麦卡博和赫伯恩仍然坚定支持拟议的食品和药品法——尽管赫伯恩担任众议院“州际和对外贸易委员会”主席，当下主要精力放在与罗斯福共同推动铁路立法上；而来自爱达荷州的一位新参议员威尔顿·海本也接替麦卡博成为制造业委员会主席。 120

海本 51 岁，是一名共和党人，绝非罗斯福进步党的成员。他还是一名律师，大赚其家乡银行家和木材大亨等委托人的钱。在接下来的参议院任职期间，他将在一系列问题上反对总统，从新造国家森林到制定童工法，等等。但和麦卡博一样，他代表的也是一个边境州——爱达荷州于 1890 年成为第 43 个州——那里的消费者和北达科他州的消费者一样，认为本州食品杂货店成了美国东部所产廉价掺假食品的倾销地。他代表的这个州还是当时全美仅有的赋予妇女投票权的 4 个州（其他 3 个州是怀俄明州、犹他州和华盛顿州）之一。在 1902 年大选之前，爱达荷州各社团俱乐部中的妇女们与该州每一位政治候选人都进行了会面，并表示，将对任何不支持纯净食品立法的人集体投反对票。

海本迎难而上。面对那些乱贴标签、基本无用的产品——特别是非处方药品行业出售的——所发的虚假声明，他发现自己真的无比震惊。他说：“我赞成全国每家报纸都停止刊登这些‘灵丹妙药’的广告。”因为支持拟议立法而受到行业代表斥责时，他回答说：“该法案的目的不是保护经销商，而是保护使用者。”

咄咄逼人的海本倾向于树敌，敌人包括华盛顿的记者们。他们针对他的新闻报道通常言辞异常尖锐，他也毫不示弱地还击，声称记者们虽然获许进入政府大楼，但他们只是去做客，121“无权诋毁参议员”。他还得罪了许多议员同僚，后者甚至多次公开评价他傲慢无趣。尽管如此，面对其坚定的决心，仍有众多国会同僚选择了退让。

到 1905 年 1 月，海本已经向参议院全体议员提交了一份食品药品法案。在这场战斗中已经身心俱疲的两位老将——麦卡博和威利——试图降低他的预期，提议进行战略性的让步，比如对精馏威士忌让步。海本却一如既往，拒绝妥协。

食品加工业已加强了对改革的反对。全国食品制造商协会游说海本支持另一项截然不同的参议院法案。该法案允许使用防腐剂，忽略化学局的报告，并将食品和饮料的监管权力从农业部转移到对商业友好的商业和劳工部。

与此同时，调和威士忌的利益方在得知纯威士忌生产商们暗中资助了圣路易斯的纯净食品展览后，被激怒了。泰勒上校亲自给肯塔基州食品专员罗伯特·艾伦送了一张 3000 美元的支票，同时还送了几箱上好的波旁威士忌作为“正确”的威士忌示例，而艾伦未告知其他展会组织者，这反过来又在他的盟友中以及精馏酒商们中制造了愤怒。保罗·皮尔斯写了数篇文章刊发在《吃什么》杂志上，直斥泰勒等人搞腐败造成的恶劣影响。但是，精馏酒商们的怒气仍未平息。

在《纽约商业杂志》（*New York Journal of Commerce*）上刊登的一篇题为“贴标签——毁灭性打击酒类贸易”的文章中，一家主要的酒类分销商宣称，如果将精馏威士忌贴上完整标签，标明染料、添加剂与合成酒精这些成分，将对商人和政府收入（来自卖酒）造成不可估量的损害。分销商预测，税收将“遭受前所未有的削减”。精馏酒商的首席游说者——任性难驯的霍夫——通知国会的每一个成员：他的商人们坚决要求从立法中剔除任何要求威士忌贴标签的规定。霍夫还广发通知，敦促所有的调和酒商、精馏酒商和经销商团结在一起，反对摆在国会面前的这些“敌对措施”。从发酵粉生产商到非处方药品行业，再到肉类加工商——制造商们组成的反对队伍不断壮大，食品、饮料或药物一有监管迹象，便受到抵制。 122

《纽约晚报》(*New York Evening Journal*) 的出版商威廉·伦道夫·赫斯特 (William Randolph Hearst) 写道：“美国参议院有一项法案，名为《纯净食品法案》。其目的是防止食品掺假，防止公众受骗和中毒。参议院没有人反对这项法案；当然，没有人敢公开或者正式地为假货站台。但这一法案肯定通不过。”赫斯特继续写道，国会的工作是照顾商人，甚至美国一些“可敬”的商人也由此获利巨大，这些人制造生产、虚假宣传并出售经掺假、稀释和完全伪造的食品和饮料。“那个衣衫褴褛、伤痕累累，试图爬进众议院的人是谁呢?”《生活》(*Life*) 杂志的编辑则若有所思，“哦，那是老迈的《纯净食品法案》。他初来乍到之时，看起来很不错。但是现在他挨了好多顿饱揍，面目全非，连朋友们都认不出他来了。一会儿你就会看到他又被丢出去了”。

不出所料，拟议的法规在短短数月内就在两院都败北了。“现在怎么办?”妇女俱乐部联合会中纯净食品委员会的主席写信给威利。“这是否意味着《纯净食品法案》的（最终）失败，还是我们继续递送请愿书和信件?”威利几乎可以把自己想象成《生活》杂志所描述的那个衣衫褴褛、伤痕累累的

“法案”的化身。他因倡导立法而日益成为公开的攻击目标。《加州果农》(*California Fruit Grower*)杂志的一篇题为“疯狂的化学”的社论曾要求：“哪个去堵住这个危言耸听（译者注：原文的“yellow”有多重贬义，如胆怯的、耸人听闻的、杂种的、黄种的等等，原文作者估计恨不得用所有这些词来辱骂威利）的化学家的嘴巴！别再让他老用博尔吉亚［译者注：恺撒·博尔吉亚是教皇亚历山大六世的私生子、极富野心的极权主义者，也是文艺复兴时期全意大利最令人恐惧的野心家、强权者和完美的阴谋制造家，他残忍冷酷，为实现目标无所不用其极，常用家传毒药“坎特雷拉”(Cantarella)暗杀政敌而被称为“毒药公爵”。］的故事来败坏我们的胃口。”批发商的传声筒——贸易杂志《食品杂货世界》(*Grocery World*)——也插进 123 来批判：“威利博士大部分时间似乎要么在发表耸人听闻的演讲批判食品欺诈，要么就在撰写诸如“有毒食物”这类主题的文章。”还说，“威利博士似乎汲汲于（恶）名声。当他洋洋自得地看着那些被他吓得半死的女人们投来惊慌失措的眼神时，他幸福得要死”。杂志编辑们甚至建议威尔逊正式惩戒威利。威尔逊没有这样做，但他再次把首席化学家叫进办公室，建议谨慎行事。

威利——有点令部长失望——反而重新振作、返回演讲的道路上。“我相信化学及其对人类福祉所起的作用。”他告诉康奈尔大学的学生：“但同时我也忍不住注意到它是如何被滥用的。”在这些争论背后，他注入了自己的全部力量，个性彰显。“扒粪”进步记者马克·沙利文评论道：“在讲台上，他讲话的力度和独创性源自他令人印象深刻的外表：他的大头盖在宽阔双肩的基座上，他突出的鼻子像破冰船的船头，他那锐利的眼睛迫使大家都无法转移注意力。”这是一场“伟大的战役”，威利后来写道，他认为，任何战斗都需要一个将军，一个能够协调不同派别组成一支有效军队的人。此时此刻，他似乎是这一角色自然而然的选择对象，也许是唯一的对象。他敦促联合起来的妇女俱乐部重新开展活动，向每一位参议员、每一位国会议员和每一家报纸抗议立法“熄火”。他在“基督教妇女禁酒联盟”的朋友们几乎无须催促便展开了同样的行动。“美国国家乳制品和食品部门协会”更为紧迫地重新讨论了这一议题。该协会撇开了艾伦与蒸馏威士忌行业的纽带，加入了威利全新的进攻队伍。它开创了“巡回展览”，比圣路易斯博览会规模更小却更为生动形象；那是一个“恐怖房间”，可在演讲中对掺假食品饮料进行具体展示说明。各州专员们近乎绝望：如果立法再次失败，他们的事业可能也随之毁灭。他们担心，关键时刻已经到来，如果这次失败了，那么在他们的有生之年，可能再无食品和药品改革的机会，或者可能再无任何一种消费者保护法的立法机会。 124

辛克莱的连载小说名叫《丛林》（*The Jungle*），只有少数有限的社会主义者读者，但他指望麦克米伦出版公司的编辑扩大读者群。于是，他把作品一期期寄给出版公司，每多看一章，编辑的沮丧感就增加一分。这本书描述了病牛经铁路运往芝加哥再被屠宰出售给美国家庭主妇的故事。辛克莱描述道：“屠宰这些病牛的活儿真是糟糕透顶，因为当你把刀子刺进它们身体的时候，它们会爆裂，溅你一脸恶臭。”辛克莱还重提美西战争中那令人尴尬的食品丑闻：“正是这类肉被加工成了

‘防腐牛肉’，结果被它‘杀’死的美国士兵人数是西班牙人用子弹射死的美国士兵人数的数倍；此外，只有军供牛肉不是新鲜罐装，而是在地窖中存放多年的陈牛肉。”

腌制的牛肉必须浸泡在酸性环境中；在该条生产线上的工人们，因反复接触酸性物质，手指被腐蚀掉了。在加工厂潮湿、恶臭的空气中，肺结核病菌迅速滋生繁殖，在动物之间和工人之间传播。在炼化车间，地板上固定着盛装酸液的无盖大桶，用以帮助分解尸体。偶尔也有工人掉进去，“当他们被打捞出来的时候，尸体已经残缺不全，没什么可供观瞻的”。有时，辛克莱写道，某个精疲力竭的工人，为了多挣点钱留下来加班，滑进一个大桶里，“好几天都无人留意到，直到其骨头都变成了‘安德森纯板油’（安德森是辛克莱对阿默尔公司掩人耳目的称呼）消失在这个世界中”。

他的编辑把各个章节寄给关系不错的朋友和顾问审阅。同125 样失望的是，这些人回信坚称书中的相关描述不可能是真的。一个新章节讲述了在夏末如何清洗腐烂的肉类，即使是因滋生霉菌而长了毛的肉类，“加入硼砂和甘油，倒入绞肉机料斗，重新加工完毕后仍出售给千家万户”。与之相关的是，加工商们通常会到处抛洒有毒的面包做诱饵灭鼠，“然后老鼠、面包和肉就会一起进入料斗”。

实在受够了。他的编辑宣称这本书“自始至终阴郁而恐怖”，于是麦克米伦出版公司要求辛克莱删去令人反感的段落。辛克莱将这些建议告诉了部分作家同行，其中包括改革派记者林肯·斯蒂芬斯和雷·斯坦纳德·贝克。这两位记者都为自己的“扒粪”杂志《麦克卢尔》（*McClure's*）撰文揭露政府和企业腐败，他们都鼓励辛克莱拒绝麦克米伦出版社所提出的删减建议，鼓励其小说继续保留芝加哥屠宰场血淋淋的细节。不过，斯蒂芬斯确实警告过他，他要做好应对持续不断的反抗和厌恶的准备。有时，资深记者不无悲观地指出，“把一些令人难以置信的事情说出来是没有用的，即使它们可能是真实的”。贝克——他曝光了铁路行业的行径从而令罗斯福沉迷于相关改革——则认为辛克莱不应该写小说，而应该写一本非小说类的书，但他也劝告他的朋友不要退缩。

辛克莱下定决心：“我必须说出真相，让人们去了解这些他们未来必将知晓的真相。”1905 年 9 月，麦克米伦出版社取消了与他签订的合同，慷慨地让他保留 500 美元的预付款。失望之余，辛克莱为《丛林》到处寻找其他出版商，但没有出版社接受。他安排出版了一个“保留版本”（sustainers edition），本质上是自行出版。以丛林出版公司的名字发行，售与《呼吁》的订阅者，销售状况出乎意料地好——净得近 4000 美元——但令他失望的是，该书未在真正意义上获得任何全国性的关注。

126

与此同时，陆续有其他作家对该国令人震惊的粮食供应问题感兴趣。插图月刊《人人杂志》（*Everybody's Magazine*）刊登了对全美肉类加工公司的调查报告，该公司是由阿默尔、斯威夫特和莫里斯创办的信托公司。该文作者——调查记者查尔斯·爱德华·罗素（Charles Edward Russell）——紧接着在 1905 年秋季出版了一本书《世界上最伟大的信托公司》（*The Greatest Trust in the World*），致力于进一步揭露肉类加工行业的罪恶。该书愤怒地剖析了芝加哥屠宰场的价格操纵行为、非人的工作环境以及腐败行径，这将有助于厄普顿·辛克莱在《丛林》后续版本中完善细节，披露各种道德败坏的行径。先驱性妇女杂志也瞄准聚焦加工类食品的毒性。1905 年春天，《妇女居家伴侣》（*Woman's Home Companion*）——1873 年创刊、发行量接近 200 万份——出版了由亨利·欧文·道奇创作的三部曲，题为《食物掺假的真相》。这位记者与威拉德·比格洛（化学局食品司的负责人）合作过。该杂志的宣传稿写道："因此，这一连载三部曲对这种行为——最为危险且日益增加——进行了特别权威的描述。"

比格洛为道奇描述了美国商人披着合法的外衣欺骗消费者的部分狡猾办法。如一种颇受欢迎的产品——"老可靠咖啡"——在其精心打造的标签上自我宣传为"一种美味的饮用咖啡混合物，那些喜欢喝浓郁醇厚咖啡的人保证会满意"。比格洛说，罐子里其实没有一粒咖啡。但使用了"混合物"一词，根据州和联邦法律，制造商便可以宣称其为"咖啡"。比格洛鼓励道奇通过显微镜检查食物样本，他向后者展示了发酵粉中的浮石粉、香料中粉碎的橄榄核，展示了猪油（直线形晶体）和牛油（灌木状晶体）之间的区别。道奇钦佩地写道，这些假货都没有逃过该部门化学分析师的火眼金睛，他进一步将分析师描述为"一个置身蓝色火焰和硫黄烟雾中的人"。

127

该连载作品的第二部分题为"婴儿如何纳税：当食物投毒者攻击婴儿时，他的罪行达到了顶点，因为国家的命运取决于婴儿的健康"（"How the Baby Pays the Tax: The Food Poisoner Reaches the Height of His Crime When He Attacks the

Baby, upon Whose Well-Being the Fate of the Nation Depends.")。故事佐以如下插图：一个孩子坐在一张满是食物的桌子这头用餐，一个骷髅站在桌子另一端看着他；桌布边缘绣有"葡萄糖、铜硫酸盐、硼酸、苯胺染料、苯甲酸、甲醛"等字样。"以毒谋利，尸骨累累"是道奇下一篇檄文的开场白。

道奇这一作品聚焦于牛奶——仍然到处被人掺假，要么受到细菌污染，要么因添加甲醛而具有毒性。他引用了大量轶闻来支持上述结论：从布鲁克林到芝加哥，当局最近被迫在一个星期内宣告近500大桶牛奶不宜饮用；新泽西州的一位医生近来将儿童死亡率的上升归咎于牛奶中持续添加甲醛这一行为；而纽约的另一位医生指出，未经巴氏消毒的牛奶导致了伤寒的再次爆发。道奇指出，1904年，纽约有超过两万名两岁以下的儿童死亡，而牛奶被视为导致大量幼儿死亡的主因。他写道，"'毒奶'的喊声"响彻大地，就像几十年来针对政府不作为和腐败的呐喊一样。

道奇从美国参议院的一位朋友那里得知，生产商们准备花费超过25万美元，用以挫败任何相关立法，并且已经捐资不少，旨在为那些对之亲善友好的参议员提供竞选助力，难怪拟议中的食品法案立法毫无进展。他写道："参议院不会总是嚷嚷着反对该法案。哦不，它的武器更有效、更致命。它直接让这一法案消亡。"他总结道，美国政府宁愿保护有钱公司的利益，也不愿保护美国人民。　128

也是在1905年，皮尔斯的杂志《吃什么》，发表了题为"屠杀美国人"（"The Slaughter of Americans"）的四组系列文章。皮尔斯在开场的编者按中写道："由于食品掺假在美国如此普遍，死亡人数大增，造成的疾病和不幸超过了所有其他因素所造成不幸的总和。因此，《吃什么》决定发表一系列精心编辑的文章，向美国人民揭示当前所吃食物的实际状况。”这一系列文章详细阐述了皮尔斯及其食物改革盟友们如此沮丧和愤怒的原因。在其中一篇文章里，皮尔斯向读者保证，时下黄油中所含的煤焦油染料足以杀死一只猫；另一篇文章则表明，在美国每年有超过40万婴儿死于不卫生的食物和受甲醛污染的牛奶。在皮尔斯的系列文章中，在威利日益壮大的食品改革同盟队伍公开发表或者私下撰写的著作、演讲和信件中，一种躁动的紧迫感燃爆了。他们受够了拖拖拉拉的联邦立法者。

厄普顿·辛克莱拒绝放弃他的小说，他不停地向老牌出版公司兜售《丛林》。

因为担心遭到潜在诉讼，新的出版商不断拒绝了他。但艾萨克·马科森同意与他会面，马科森就职于道布尔迪出版社（译者注：也译作“双日出版社”）。在肯塔基州路易斯维尔为报纸写作时，马科森就为辛克莱1903年出版的小说《亚瑟·斯特林日记》（*The Journal of Arthur Stirling*）撰写过一篇正面评论。他欢迎辛克莱去他的办公室，辛克莱向他保证道：随身携带的一大堆纸里面是“足以轰动社会的东西”。马科森把手稿拖回家，全神贯注地读了一整夜。第二天早上，他激动地将之呈给老板沃尔特·海因斯·佩奇。

129

佩奇及其合伙人弗兰克·纳尔逊·道布尔迪都需要有人说服。佩奇几乎与马科森一样热情激动，但也同意道布尔迪的说法——后者更为迟疑——认为故事中令人反胃的细节描述可能超出读者的忍受范围。佩奇提醒这位年轻员工，如果他们真的签下这本书，《丛林》的“发行与开发”将由马科森自己负责。出版商们还坚持把一份书稿寄给《芝加哥论坛报》(*Chicago Tribune*)，以征求意见，并看一看该书的可怕细节是否有现实依据。《芝加哥论坛报》的编辑们反驳了书中对肉类加工厂的相关细节描述，回信长达二十页。佩奇和道布尔迪惊慌地将辛克莱叫到他们的办公室，但是辛克莱很快就开始驳斥《芝加哥论坛报》的批评。

例如，该报纸否认结核菌能在加工厂的墙壁或地板上存活。辛克莱指出，这种细菌确实可以在上述地方存活，并在其他东西接触到它们时随之转移。他携带了相关医学研究结果，以及其他证据来支持他的说法。他进一步指出，报纸老板显然与肉类加工厂方交好，他们是同一阵营的。事实上，最后将证实该报的管理层并没有指派记者调查辛克莱所述细节，而是将任务交给了一名效力于肉类加工厂的公关人员。

《芝加哥论坛报》对这些描述的强烈否认，使同样曾做过记者的佩奇产生了怀疑。除了身为图书出版商，他还是商业杂志《世界工作》(*World's Work*) 的编辑。他的记者直觉告诉他，《芝加哥论坛报》的报告有些不对劲——它闻起来像（洗白用的）白色石灰水。他决定自行调查，公司派出了马科森及其外聘律师远征芝加哥。二者都对亲眼所见的种种感到既厌恶又恐惧，同时，他们还获得了多个消息源，愿意提供公开声明证实屠宰场的恶劣条件。佩奇信服了，也说服了道布尔迪。佩奇还决定，当《丛林》上市时，他将在《世界工作》上刊登真实报道揭露屠宰场内的恐怖细节，以进行支持。1906 年 1 月 6 日，辛克莱与该出版社签订了图书出版合同。

130

罗伯特·艾伦几乎已经从圣路易斯纯净食品展览会上与波旁威士忌酿造商相互勾结的丑闻中恢复过来。也许是因为理解他接受酒商 3000 美元不是为了个人利益，而是为了资助这次展览，这场运动的盟友们原谅了他。1905 年夏天，他再次得到关系密切的波旁威士忌巨头们的支持，并获得与罗斯福总统会面的机会，几位知名食品改革倡导者同意出席此场合，但首席化学家威利不在其中。威利请求并获得威尔逊的保证：农业部将正式支持这一会面。但他认为，一个由公民组成的代表团更有力量，特别是当总统已经非常清楚自己的立场时。代表团成员包括爱丽丝·莱基，俄亥俄州和康涅狄格州的食品专员，"零售食品杂货店协会"的一名代表，以及一名来自匹兹堡的亨氏食品公司代表。亨氏公司正在销售一种产自真正的番茄且不含防腐剂的番茄酱，并大获成功。代表团向罗斯福呈递其提案。但是，艾伦会后有些失望地表示：总统仍然没有做出承诺。

同年晚些时候，罗斯福于 11 月邀请代表团重访白宫，透露他曾费尽周折请来各相关领域专家——从威利到约翰·霍普金斯大学的艾拉·雷姆森（甜味剂糖精的共同发现者之一）——讨论这一议题。甚至还和他的私人医生讨论过这件事。总统说：商讨的结果是，他最终决定在年底向国会传达信息，表态支持陷入困境的《食品药品法案》。他还说自己并不指望其倡议一定会起作用——毕竟食品监管的反对力量依然顽固而有力。但到 12 月 5 日，罗斯福正式宣布他支持这项立法："我建议颁布一项法律，对乱贴标签和进行掺假的食物、饮料以及药品的州际贸易进行监管。这一法律将保护合法的制造商及其贸易，且有助于保障消费者的健康幸福。"该讲话明确表

131

示，总统一直在跟进并支持威利的研究及其结论：“应该禁止贩运品质低下或掺假的食品，它们会损害健康，欺骗公众。”

参议员海本迅速将该法案重新提交给制造业委员会，希望尽快将其交予参众两院表决。但是罗斯福已经准确估量了反对立法的敌意；事实上，总统的干预似乎激起了更强烈的反抗。参议院的共和党领袖，罗得岛州的纳尔逊·奥尔德里奇就是其中一员。他靠着食品杂货店发家，与食品制造业联系紧密。他发言指责该法案侵犯了个人自由：“我们是不是要讨论这样一个问题——一个人应该吃什么，应该喝什么——如果他吃的或喝的东西与农业部化学家所期许的不同，是否要对他进行严厉的惩罚?”麦克库姆愤怒地回答说：“相反，让一个人可以自行决定他将吃什么、不吃什么，这正是该法案的目的。一个人到市场上，为想要买的东西付了钱，他会得到这件商品，而非有毒的替代品。这同样是该法案的目的。”

奥尔德里奇僵持在那里。他断然拒绝将该法案提交参议院全体投票表决。罗斯福尝试在一次非公开会议上建议：奥尔德里奇应该让法案向前推进。在公众面前会过得去一点，毕竟，奥尔德里奇不一定要投赞成票。但参议员不肯做丝毫让步。

132

不过，1906 年 2 月初，这位罗得岛州参议员被迫与该法案的有力支持者——美国医学会立法委员会主任——举行了一次并不愉快的会谈。美国医学协会对食品安全并不怎么感兴趣，而是对蛇油类药品兴趣盎然；但这两个问题在法律层面是捆绑在一起的。奥尔德里奇被告知：医学会希望对这些非处方药物进行监管，并准备召集全国所有约 13.5 万余名医生（包括参议员家乡的所有医生），以促进法案获得通过。若有必要，医生会逐一联系每个地区的患者。美国医学会以独立于党派政治而闻名，但其委员会已决定将这一立法视为成员个人的事业。美国医学会立法委员会主任查尔斯·里德（Charles Reed）认为，来自罗得岛州的这位参议员可将此视为对他个人的警告。这次会谈刚结束，奥尔德里奇就把一个资历尚浅的参议员阿尔伯特·贝弗里奇（Albert Beveridge）（来自印第安纳州）叫进办公室，要他给海本带个口信：现在到了再次提交该议案进行表决的好时机。

贝弗里奇后来告诉记者马克·沙利文，他怀疑他的差事只是做表面文章。他认为参议院对该法案的任何赞成票都会徒劳无功。显然，这项法案注定会在众议院失败；在那里，领导层同样坚决反对。但是这位印第安人还是顺从地走进海本的办公室。他还向沙利文做了如下描述："海本说他无法相信，说他厌倦了被愚弄，因为他已经无数次要求参议院（对之）予以考虑，但是毫无成效。"贝弗里奇大胆地表示：这一角逐似乎暂时正朝向对海本有利的方向发展，后者大可以把握一下这个机会。当天下午，海本要求对该法案进行表决。2月26日，《食品药品法案》以63∶4的票数通过，奥尔德里奇弃权。该法案随后进入众议院，正如所预测的那样，沙利文写道："它在那里'长眠'了。"

133

回到化学局——威利曾把它称为"美国的试验厨房"——防腐剂的毒性测试仍在进行，结果令人震惊。比格洛仍然是负责这些实验的首席化学师，而威利本人则动手实践得更多。他不再需要海洋医院服务部医生的帮助，因为针对试毒小组志愿者们每周两次的检查太费时间了，故而威利亲自做体检。与此前的硼砂试验一样，在第二轮水杨酸试验中，依然以胶囊或片剂给药。威利公开承认：食品行业支持的科学家们曾对硼砂试验表示质疑，认为由于硼砂通常事先混入食物中，因而无法代表防腐剂的正常摄入量。但他对这些批评加以驳斥："几乎没有必要提请人们去注意这些毫无意义的反对之声。"他补充道："如往常一样，在进餐时以此方式服用的防腐剂，在消化过程中会迅速与胃中的内容物混合；而且由于采用了这一服用方式，无论如何也不会产生任何有害影响。"

另一常见的批评是：威利及其工作人员并不经常监测这些志愿者的活动，也不能肯定他们就没有在"下药"饮食中作弊。这些都是政府工作人员，他们只是来"试验厨房"吃饭和体检——这的确是局限。他说，"已做出努力，尽可能控制试验工作的所有条件"，但"参加这项任务的困难太大，不可能完全取得成功"。尽管如此，他认为化学组已经做了足够的检查、访谈、问卷调查和后续检查，以确保他们的志愿者没有生病、没有吃药，也没有经历其他不寻常的暴露。

他们再次采用不同剂量测试这一可疑防腐剂，从每天200毫克左右到整整2克不等。威利再次认为：剂量越高，造成的影响越严重，这并不令人意外。尽管如此，真正的问题是每日低剂量慢性暴露的风险不易察觉，而累积效应比较明显。"和其他普通防腐剂一样，它并不是通常意义上的毒药。"水杨酸在民间医药界的使用历史悠久，且被作为处方药，这往往令消费者相信它是无害的。威利同意此点：水杨酸在"由一个称职的医生开出处方时，通常是有益的"。基于此，可合成较为 134

温和的乙酰水杨酸，后者是阿司匹林的活性成分，人们有时将二者混淆。但是，正如威利的实验室在 1887 年针对酒精饮料的研究中所报告的那样，它作为防腐剂使用增加了因累积而过量服用的风险。当水杨酸被混入饮料或食物中，日复一日、一顿接一顿地食用时，其对健康造成的危害远远超过了对健康的裨益。在为期数月的水杨酸实验中，科学家们记录了其小组成员出现的不良症状——慢性胃痛、恶心、食欲减退和体重减轻。比格洛的书面结论是：即使是少量水杨酸，若长期服用，"也会对人体的消化、健康和一般代谢活动产生令人沮丧的有害影响"。化学家再次指出，如果制造商只在洁净的环境中加工食品，就可能会减少这类化合物的使用。

威利给威尔逊寄了一份该报告的早期文本。这进一步加剧了部长的担忧，即该局的首席化学家与其说是一个客观的化学家，不如说是个革命斗士。事实上，"水杨酸报告"的结尾听起来几乎就像保罗·皮尔斯发出的抨击："因此，在食品中添加水杨酸和水杨酸盐的做法应该受到各方面的谴责，因为会对消费者造成伤害。尽管多数情况下不易衡量，但最终必定危害巨大。"这已经不是原来那个在防腐牛肉听证会中就防腐剂问题谨言慎行、井井有条的哈维·威利了。尽管威尔逊长期以来一直支持威利的多项活动，但威利日益强硬的态度，使得这位在政治方面小心谨慎的老板开始与之日渐疏远了。

135

道布尔迪出版社准备在 1906 年年初出版《丛林》时，马科森告诉辛克莱，出版社希望他对小说进行重大修改。这部连载小说的最后一章于上一年 11 月发表在《呼吁理性》上，充斥着过于夸张的说教哲学，其中多次提及剥削成性的雇主掠夺不幸的工人。出版社想让辛克莱删除将工人生活公然与野生森林中“强者吞食弱者”的生存法则进行对比——这也是书名的由来——这一部分。时已至此，且此前寻找出版商已花费多番努力，辛克莱让步了。出版商删掉了三万字，并将初版印数确定为两万册。出版日期定在2月26日，纯属巧合的是，参议院在这一天通过了海本的《食品药品法案》。

马科森推测，这本书要么是“惊人的成功，要么是巨大的失败”。为了帮忙宣传，辛克莱给他在《麦克卢尔》的朋友——“扒粪”记者贝克寄送了一份前期书稿。马科森向美国联合通讯社与合众国际社都寄送了这本书，并留言敦促他们随意引述；他还将小说寄给了美国主要城市的报纸和杂志。这家出版公司也给罗斯福总统寄了一本，当然是由辛克莱亲笔签名的。

136

第八章
《丛林》

1906

水龟肉吃起来，跟烤小牛肉味道无两。

你品的那杯葡萄酒，却与葡萄无关，

而是单宁和煤焦油一起酝酿。

相关的立法行动在国会似乎永远停滞不前，哈维·威利开始给报纸和杂志写抗议信，抱怨它们发布广告宣传虚假药物和假冒食品。他承认：他们的做法虽不违法，但并不诚实，令人失望。

他在1906年初给《华盛顿星报》（*Washington Star*）（简称《星报》——编者注）写道：“我遗憾地读到贵报在周一（1月29日）发表的文章，与著名接球手巴克·尤因（Buck Ewing）可能致命的疾病相关。”尤因曾是纽约巨人队的明星球员和主教练，被诊断患上了可怕的布赖特氏病——肾脏血管炎，该病会致人迅速死亡，且过程极其痛苦。

但是威利指出，《星报》显然针对这一可怕的诊断结果提供了解决方案：在“28日（星期天）的那一期留了版面宣传基尔默医生（Dr. Kilmer）的‘Swamp Root’（译者注：类似于国内的‘蛇油’或者‘药酒’，19世纪后期由基尔默医生不断研发推广，在美国家喻户晓）”，他不无嘲讽地说：“这种秘药我一直放在身边。包装纸盒印着大大的几个字——‘包治布赖特氏病’——后面还跟着一长串凡胎肉身都可能会犯的其他疾病。”

他暗示说，也许《星报》没有意识到——化学局化学家们已经发现：该“药酒”配方中的主要成分是：饮用酒精、松节油，再加上少许香草和香料，如肉桂、薄荷和檫木。但是，既然报纸广告保证该药包治百病，威利也保证给尤因寄送“一份该期《星报》，根据上面所印‘包治’此病的承诺，我相信将很快听到他完全恢复健康的消息”。1906年10月，尤因还是死于布赖特氏病，卒年47岁。

而面对纽约的《人人杂志》（*Everybody's Magazine*）时，威利抛出了一堆问题：贵杂志能否解释“红宝石泡沫”（译者注：品牌名）如何使牙齿看起来“就像珍珠”（一般白净）？在什么意义上，“塞勒斯”——某种氧气牙粉——达到了“化学意义上的完美”？还有“克尼普麦芽咖啡”——是由烤大麦颗粒制成的——到底是如何调出“真正的咖啡风味”呢？除了咖啡，还有其他什么东西可以制造出“真正的咖啡风味”吗？贵杂志到底打算如何支持上述那些广告用语呢？

用冷嘲热讽刺痛杂志及其广告商——在看似永无止境且日益激烈的立法斗争过程中——令他发现了乐趣，并得以喘息放松稍许。在参议院对“海本法案”进行了（令人鼓舞的）投票之后，在威利接受了其在该运动中的公众人物角色定位之后，反对方不仅加快加大了对他的攻击频率和力度，且语气上愈发偏向人身攻击。纽约市“达德利罐头制品公司”的主管写信给威利：“我注意到，这里暗流涌动、焦躁不安，我期待您离开。”《杂货世界》（*Grovery World*）——一份面向批发杂货商的贸易报纸——在过去两周里连发两篇社论，要求将威利免职。

138

批评者们形容他是：一个“国家门房”——忙着清扫民众的厨房和食品储藏间；一个热情过头的美国肠胃“警察”；一个未来可能的暴君；一个卑劣低级的科学家；一个狂妄自大的精神病。硼砂行业的宣传者用假名给新闻编辑写信，称“试毒小组”的研究有很大的缺陷；威士忌精馏酒商们和杂货批发商们印刷出版了一本小册子——聚焦威利从 19 世纪 80 年代初开始的假蜂蜜相关研究工作，一直追溯到他在普渡大学的教书生涯。

该小册子的标题是“威利的蜂蜜谎言”（Wiley's Honey Lie），内容重复着以前的指控，撰稿者自称是依旧怒火中烧的蜂蜜生产商们。尽管“美国蜂蜜生产商联盟”否认自己对该小册子知情，但恶劣影响已经造成。威士忌精馏酒商们则暗示：威利是个“浸泡在波旁威士忌中的”酒鬼，收受了一叠叠来自泰勒及其朋友们的现金。威利开始接到国会议员的同情信。威斯康星州的某位立法者在收到一封显然四处发送的印刷信函后，写道：“某些酒类利益方的代表正对您展开卑劣的攻击。”威利极其幽默地回复，声称精馏酒商们的凶猛抨击是“迄今为止最好的一次，我很乐意将之呈送农业部部长”。而农业部部长威尔逊则忧心忡忡，他仍然支持威利，刚刚与化学家续签了合同。

2 月底，威利在费城举行的某次罐头行业全国性大会上发表了支持立法的演讲。“中西部罐头集团”的主席——威斯康星州的 A. C. 弗雷泽（A. C. Frasier）邀请了他。弗雷泽专门研究无须添加防腐剂的豌豆加工工艺，他认为威利的观点很有说服力。但是当首席化学家到达费城火车站时，他发现请他来的主人正惊慌失措地在站台上踱来踱去。弗雷泽说，如果威利参加会议，他担心威利的安全。“怎么了？”威利问。“他们说你想毁掉他们的生意，”弗雷泽回答道。“他们说什么我没有办法阻止，”威利回答，“我正在努力挽救他们的生意”。他不打算成为一个因为害怕满屋子美国商人而落荒而逃的政府官员——那将给罐头制造商们一个糟糕的信号。但他也同意，以防万一，准备一个秘密出口也是合情合理的。

139

大厅里挤满了罐头商、食品批发商和经纪人，个个表情严肃。爱荷华州的罐头商威廉·巴林杰（William Ballinger）站出来解释说：他反对威利成为这个行业的“独裁者”。“我想说这一工作对威利教授和他的助手而言太艰巨了。”巴林杰说：“此外，据我观察——我想让教授知道这并不是跟他个人过不去——一个沉浸于研究微生物和细菌的人，在其感兴趣的主题上，不仅性情变得古怪，而且十分偏执。”

威利没有否认自己看起来是个怪人。但他为自己和化学局的所作所为而辩护——他们是在帮助罐头行业，而不是要控制它。“这个国家的罐头制造商肩负重任。”他说，“让我向你们致敬，在食物保存方面你们稳步前进。但永远不要松懈，而应继续向前，因为有些事情可以做得更好。”

他重申了自己的观点，即罐头制造商大量使用色素和防腐剂，通常是为了掩盖其食品品质低下的事实，而这一点正在促使消费者放弃美国生产的食品。“诚实是美国公众（对你们）的要求，只要大家相信罐头食品不含任何有害物质，罐头食品的市场就会不断增长。”

威利坚持认为，他既能做消费者的保护者，也能代表美国商人；他希望坐在这个房间里的人能够尊重这一点。“你们是诚实的商人，”他继续说，“如果某个美国公民知道卖给自己的商品是什么，就不会掏钱买。这种情况下，在座各位中还会有人妄想从该美国公民手里拿走1美元吗？”出乎弗雷泽及威利的意料，众人纷纷起立热烈鼓掌，而一些主要罐头商甚至承诺支持拟议的《纯净食品法案》。当然，并非人人都会这样做。一些罐头商就已经与“全美食品制造商协会”结盟，后者强烈反对该法案。但即使在那样的群体中，也有与会者同意威利的观点，即公众对于化学污染及掺假食品的看法正在损害他们的生意。

140

在一次国会听证会上，威利讲述了他与罐头商们会面的故事。他强调，如果立法者们通过了一项纯粹的食品法，他希望缓解他们对政治报复的担忧。他告诉他们：有很多加工商欢迎统一的安全标准。他举了匹兹堡的亨氏（H. J. Heinz）和芝加哥的里德默多克（Reid, Murdoch & Co）等公司的例子。后者曾在2月中旬写信给他：“从报纸上我们注意到：所谓的‘全美食品制造商协会’的态度，有时被视为代表着制造商们的普遍观点。我们想说，我们与之没有任何联系；而且我们相信，本国的大型食品生产杂货商们都不认同或支持它。我们毫无保留地赞同通过一项全国性的纯净食品法。”

参议院通过了海本的法案，这令众人空前团结，无论是支持者还是反对者。一位俄亥俄州前食品专员写道："您的坚韧不拔和坚持不懈似乎终于赢来了胜利。"而"美国医学会"的查尔斯·里德——曾成功威胁了参议院的纳尔逊·奥尔德里奇——声称计划对众议院的立法者们进行类似施压。"当众议院开始关注《纯净食品法案》时，你要让我知道。"他在3月初写信给威利说，"我打算像对待参议院那样对待众议院；但除此之外，我还建议用电报'轰炸'美国各地的议员们。"

在3月初，弗兰克·道布尔迪接待了一位律师，后者是肉类加工巨头J. 奥格登·阿默尔的代表。该巨头组织业界对辛克莱的作品进行回应，公开宣称他们的产品"没有瑕疵"，而私下则向报纸和图书馆施压——要求报纸不要评论该书，图书馆不要收藏它。律师邀请出版商与阿默尔会面，在一辆私家汽车中共享午餐，而这辆汽车正停在中央车站等待他赏光。律师解释说，阿默尔先生希望与贵出版公司签订一份慷慨的广告合同，条件是道布尔迪和佩奇出版公司缩减《丛林》一书未来的出版计划，特别是该书在国外的任何出版计划。碰巧，道布尔迪刚刚收到了英国出版商诺斯克利夫勋爵阿尔弗雷德·哈姆斯沃思（Alfred Harmsworth）的报价，希望购买《丛林》在英国和欧洲的发行权。哈姆斯沃思创办了《每日邮报》（*Daily Mail*）和《每日镜报》（*Daily Mirror*）这两家小报，因对新闻故事的煽情描述而大名鼎鼎，或说声名狼藉——这取决于他人如何看待。而无论出于个人考虑还是爱国情怀，道布尔迪都不愿意接受对方这一提议。他本来就不情不愿，只是在佩奇牵头之下，才同意出版辛克莱这本书。如果接受了诺斯克利夫的交易，他

141

担心自己将会向全世界展示美国商业不堪的一面，他“不愿意在欧洲各大国家的首都洗刷家丑”。

但律师从公事包里拿出一罐腌牛肉，微笑着，把它放在出版商的桌上——这一举动象征着某种利益关系。以脾气暴躁出名的道布尔迪失控了。

“这家伙把我气坏了，”他说，“我给他看了（诺斯克利夫的）电报，告诉他我们会授权允许这本书在欧洲重印。”访客深感不解，从而令道布尔迪更加怒火中烧，进而辱骂该律师道德沦丧，并将之赶出办公室。

《丛林》出版的第一年，在美国的销量就超过了 15 万册，未来它还将被翻译成 17 种以上的文字出版。在英国，冉冉升起的政治明星温斯顿·丘吉尔建议所有公民都读一读这本书；剧作家乔治·萧伯纳将其称为“富有财阀当权下，世界各地正在发生的事情”之缩影。骤然成功且暴富令辛克莱心存感激，但他并不喜欢一夜成名带来的所有东西。

142

肉类加工业业界人士给与之关系密切的报纸“输送”报道，声称这位年轻作家在芝加哥妓院待的时间比在屠宰场里待的时间要长得多。深怀敌意的《芝加哥论坛报》（*Chicago Tribune*）刊登了一篇名为“调查一部小说”的社论，将这本书描述为“垃圾小说”，将辛克莱形容为“伪改革者”；报道中称罗斯福对该小说毫无兴趣，只是担心“如果外国人被误导，相信小说中所描绘的细节属实，那么美国的肉类出口贸易就会遭受损失”。辛克莱愤懑不已，甚至对于公众阅读后的反应也极为不满。因为尽管书籍销量惊人，但没有人谈论那位工人的挣扎抗争，也没有人谈论社会主义理想。读者们津津乐道的是肮脏不堪、细菌滋生的食物，关注其早餐吃的香肠除了含有标配猪肉之外，是否还可能含有老鼠肉，甚至人肉。“我瞄准了公众的心”，他后来痛苦地说，“一不留神却击中了他们的胃。”

从2月份小说出版的第一周开始，一封封愤怒的信件和电报便飞往白宫，要求知悉总统将计划如何解决国内令人恶心的食品供应问题。罗斯福自己是该书最早的读者之一，读后也大为震惊。芬利·彼得·邓恩是一位政治幽默作家，在某辛迪加（财团）报纸的专栏《杜利先生》中，他喜欢想象罗斯福面对《丛林》所揭露真相时，在白宫早餐桌上的反应。资深记者邓恩借虚构人物——芝加哥酒吧老板马丁·杜利（译者注：杜利先生是芝加哥新闻作家兼《柯里尔》杂志编辑芬利·彼得·邓恩的笔下人物，被设定为一名酒吧老板，以幽默风趣的语言针砭时弊。）之名撰写的系列专栏文章颇受欢迎，文中杜利满口浓重的爱尔兰腔：“提迪（译者注：即罗斯福，昵称是泰迪）正一边随意用着清淡的早餐，一边懒洋洋地翻开新书的第四页。突然，他跳起来，哭喊‘我中毒了’，接着立刻把香肠扔出窗户。”据邓恩叙述，一根被扔出窗外的香肠击中了参议员贝弗里奇——贝弗里奇曾在参议院通过《食品药品法案》中发挥了积极作用——头部，“就像长了一头金发”，参议员立马飞奔，撞伤了一名特勤局特工，毁坏了一丛橡树。由于担心总统的安危，这位“金发初生”的贝弗里奇冲进白宫，“发现提迪正与一罐火腿展开肉搏……打那以后，（种）统先生和俺们其他一些人一样，就都吃素了。” 143

道布尔迪和佩奇出版公司还给总统送去了前期搜集的证

据——原计划发表在《世界工作》上的数篇佐证性文章，其中一篇写的是一位微生物学家详细讨论了芝加哥肉类加工厂细菌四处滋生的危险状况，以及政府检查员们解决问题过程中遭遇的挫败。惊愕失望之余，罗斯福请威尔逊部长解释农业部检查司工作是如何开展的。因为，检查司的雇员们本应确保患病牲畜无法经屠宰场流通到罐装肉、干制肉、熏制肉和碎肉的生产流程中去。在《丛林》里，辛克莱声称，根据来自屠宰场的现场报告：加工商们只是付钱给政府的检查人员，后者要么别过脸去，要么走开。

这一问题使威尔逊陷入戒备和防守状态，面对辛克莱笔下腐败监查员们“故意和蓄意”的行为描写，他进行了反击。而愤怒的总统警告威尔逊，他的部门似乎更有兴趣隐藏问题，而不是解决问题。随后，总统寻找能令威尔逊不那么戒备警惕的观点和看法，其中之一来自芝加哥进步活动家玛丽·麦克道尔（Mary McDowell）——她是简·亚当斯的同事和朋友，在辛克莱研究写作期间曾为后者提供过住所。麦克道尔多年来一直在帮助加工厂工人们，这为她赢得了“屠宰场天使”的绰号。就是她告诉辛克莱这本小说要基于事实，但可以出现轻微的夸张。罗斯福和道布尔迪一样，并不欣赏小说中的社会主义思想，他直接写信给辛克莱告知此点，但同时也决定邀请这位年轻作家于4月初到白宫讨论一下屠宰场的现实情况。

144

罗斯福告诉辛克莱他正绕开农业部，派了两名独立调查员前往芝加哥：劳工专员查尔斯·尼尔和社会改革家詹姆斯·B. 雷诺兹（曼哈顿东区定居点的主管）。总统邀请辛克莱与他们会面，或许也可建议一下调查的途径。尼尔和雷诺兹很快就要动身，辛克莱在火车站台上只来得及与他们进行简短讨论。等他回到家，却发现芝加哥一位朋友寄来一封信，信中说加工商们已经收到了示警——将有新调查——据传是从白宫发出的，因此这些人正忙着清理工厂。

辛克莱对总统信任不起来了。在同年春天“格里迪朗俱乐部”（译者注：又称“烤架俱乐部”，由驻华盛顿的高级记者们组成的联谊社团）的年度晚宴上，罗斯福发表演讲，指责调查记者们是“扒粪者”——往杂志书籍里填满脏东西，而“忽视了世界上同时也存在着美好的事物”。总统的攻击并非针对辛克莱或他在《麦克卢尔》的朋友，而是因大卫·格雷厄姆·菲利普斯而起。后者在威廉·伦道夫·赫斯特（William Randolph Hearst）的杂志《世界报》（*Cosmopolitan*）上发表了名为“参议院的叛国罪”的系列文章。菲利普斯曾将参议院描述为“各方利益代理人，其权力堪比任何入侵的军队，而且比军队更为危险”。该系列的首篇文章聚焦于腐败的共和党人，并攻击了罗斯福的朋友兼政治盟友——纽约参议员昌西·德佩。罗斯福想通过个人谴责回应菲利普斯，但顾问们说服他将批评面扩大到过于狂热、追求改革的撰稿人群体，包括辛克莱、林肯·斯蒂芬斯、雷·史坦纳德·贝克、艾达·塔贝尔（Ida Tarbell）、亨利·欧文·道奇，等等。为了维护自己的写作职业，斯蒂芬斯——长期以来一直与总统亲密熟络——在该演讲的第二天拜访了白宫，批评了这种过激的言论。但是，心意已决的罗斯福对指责不予理睬，而是在参议院重复该讲话，且将之扩大化。罗斯福澄清道，他不会容忍腐败，但自大的记者们揭发不当行为时太过急切，可能弊大于145利：“拿着粪耙的人，对于社会的福祉安康而言，往往是不可或缺的；但前提是他们知道何时停止扒粪。”

辛克莱没有捉摸到总统的微妙心思。他将总统的演说视为对自己个人的攻击，坚信罗斯福只在对己有利的情况下才是进步人士。加上此前又得知肉类加工业的商人们在罗斯福 1904 年竞选时悄悄地捐赠了 20 万美元，他怀疑总统派出的调查者是否能够证明其在《丛林》中的描述属实——至少在无人帮忙的时候貌似不会（这样做）。他比较务实地说服一位记者老友与尼尔和雷诺兹在芝加哥会面，并为他们安排采访此前为写作该书提供过帮助的消息人士。与此同时，他又生硬地给罗斯福写信，表示他担心政府对真相并非真的感兴趣。这里面，《论坛报》的报道至少在一定程度上是诱因，该报道声称总统计划再次发表演讲，这次演讲将抨击《丛林》。罗斯福不屑地回信：“真的，辛克莱先生，你得有点脑子。”罗斯福自己已读过上百条与他生活相关的谎言，而这些谎言跟最近《论坛报》发表的无稽之谈一样都“毫无根据”。罗斯福恼怒地给道布尔迪写信道：“叫辛克莱回家，换我来管理这个国家。”

尽管辛克莱忧心忡忡，尽管加工商们在调查员们到访前努力粉饰改善，但尼尔和雷诺兹的报告还是让总统极度失望。真实所见和小说中的场景一样糟糕，甚至比之更糟。调查结果摘录如下：“许多食品准备间里没有窗户，没有阳光，也没有直接流通的室外空气……通常，工人们一刻不停地在潮湿的环境中辛勤劳作，周围充斥着腐木味、腐肉味、内脏下水的臭味。

处理肉类的桌子、桶子和其他容器一般都是木制的，大部分都泡着水，只有一半经过了清洗。通常情况下，厕所是工房里用薄木墙隔离出的一部分，通风口对着工房。总之，我们看到肉被人从肮脏的木地板上铲下来，堆在几乎未曾清洗的桌子上，再放在腐烂的箱式推车里，从这个房间推到那个房间，一路下来不断地沾染脏东西、碎石木片、地板污垢、肺结核病人和其他病患的痰液。”

146

一只死猪从推车里掉了出来，滚进厕所里。工人们只是把它拖出来，然后将它与其他尸体一起沿着既定路线运送。“在就这些问题向工作区主管提出意见时，总是得到此类答复：肉反正最终要煮熟的，加热杀菌就不会有任何危险了。但尼尔和雷诺兹指出，这并不完全正确。相当数量的肉被制成香肠，不会再被烹煮或消毒。香肠的废料残渣堆成一堆，里面混有清扫出的地面干肉屑、绳索和“其他垃圾”。调查人员的沮丧问询得到坦率回应：这堆垃圾将被磨碎用来制作罐装火腿。

总统承认，实际报告可能比《丛林》更具爆炸性。毕竟，该小说被贴上了“虚构”的标签，而且其作者自称是一名社会主义者。因而，对小说可以不予理会，但对尼尔和雷诺兹的调查结果却不能视而不见。罗斯福决定不发布这一报告，而是将它作为政治筹码。但他将部分调查结果展示给了一些他所信任的国会议员，其中包括值得信赖的阿尔伯特·贝弗里奇。总统要他起草一份《农业拨款法案》的修正案，该法案将对肉类行业展开新的、更为严格的联邦检查。5 月 25 日，贝弗里奇的修正案在参议院全票通过。

该拨款法案随即被提交到众议院，肉类加工商们在那里确实有私交甚好的朋友。众议院农业委员会的主席是詹姆斯·沃兹沃思——纽约一个富有的农民和牲畜贩子。贝弗里奇修正案在此进行（依法）必需的听证会时，沃兹沃思填写的证人名单上满是肉类加工厂的高管和他们的朋友。听证会的大部分时间都花在了嘲弄《丛林》和“尼尔 & 雷诺兹的报道”上。芝加哥（部分肉类加工厂位于芝加哥）共和党议员查尔斯·沃顿（Charles Wharton）说，这些加工厂和家里的厨房一样“干净卫生”。他还继续补充，政府检查人员只是不够聪明，不懂一家声誉良好的企业究竟是如何运作的。

147

路易斯·斯威夫特从父亲古斯塔夫那里继承了斯威夫特肉类公司，他说：“假如是由智力中等的人所组成的委员会来对肉类生产企业进行调查，他们将会发现，这些企业是以适当和卫生的方式进行生产的。”而尼尔还击道，他足够聪明，晓得避开芝加哥肉类加工厂生产的所有产品。自他从屠宰场回来的那一刻起，他就坚持在家里不吃肉，除非是当地农场的新鲜牛羊肉。

厄普顿·辛克莱给众议院委员会成员们发了电报，要求允许自己来作证，但遭到拒绝。很快，成员们投票否决了贝弗里奇修正案。沃兹沃思就此提出另一修正案，其中减少了对加工企业的检查和处罚，并改变了针对检查项目的资助计划。贝弗里奇的修正案要求加工商向某一基金出资用以支持检查。沃兹沃思的版本则将之去掉以便为该行业减负，而这一负担将重新加到纳税人身上；同时，他的修正案中故意为检查制定了一项少得多的预算。无论辛克莱对总统如何怀疑，罗斯福确实意识到这个行业需要改革。后者在给沃兹沃思的信上这样写道：

“很抱歉，我不得不说，这项修正案给我的印象是——无论意图有多明显——它如此设计是为了尽量降低在肉类加工行业根除罪恶的可能。”

沃兹沃思回应说，这些改动修正明确且恰当，“我感到遗憾的是，您作为美国总统，在含沙射影指责众议院某委员会的诚意和能力时，至少应该站得住脚”。他还补充说，自己无意对该修正案再行修改。他们私下进行了这些交流；而在公开场合，立法工作似乎再次停滞不前了。但现在辛克莱已经具备足够的政治判断力，他已将尼尔和雷诺兹视为朋友，知道他们的报告可信可靠，同时也是对自己作品的肯定。

148

5 月底，辛克莱决定向《纽约时报》（*New York Times*）透露他所了解的“尼尔 & 雷诺兹报告”细节。他往公文包里塞满了笔记、宣誓书面证词、信件以及所有纸质文件，然后在报社正在开会时长驱而入。《纽约时报》的编辑们意识到这一新闻的宝贵价值，赶在 5 月 28 日星期一的头版刊登了相关报道，上面引用了政府检查员和作家的话。辛克莱是这样说的：“在阿默尔自己的企业里，我目睹掺假火腿已腐烂透顶，以至于我都无法强迫自己在附近多待一刻。”报道也引用了尼尔的话：“这些建筑的柱子上面贴满了肉”，并且“在这些加工厂里，肉被人直接在地上拖，被人吐唾沫，还被人踩着走。”《纽约时报》甚至费力找到纳尔逊·迈尔斯将军——他在美西战争后提起对防腐牛肉的控诉。迈尔斯提及军粮供应，愤怒依旧。“现在新闻曝光披露了加工厂的在售产品，但对我而言算不上是什么新闻。”迈尔斯宣称，“我七年前就了解这些，如果当时处理好了，成千上万的生命就会得救。”

罗斯福对该报纸和厄普顿·辛克莱深感恼火，但大部分怒火是冲着使他陷于这无法挽回局面中的国会议员们，于是，他在6月初公布了一份“尼尔 & 雷诺兹报告”概要，长达8页。各大报纸只字未改地刊登了这篇概要，消费者们被吓坏了，肉类加工商们也被吓坏了。阿默尔宣称，总统对商人很不友好，似乎特别不喜欢那些居住在核心地段的人。“罗斯福对芝加哥的加工商们怀有强烈的个人敌意，他正竭尽全力诋毁他们。”罗斯福的回应则是让加工商及后者在国会的朋友们知道他已经失去耐心——他要即刻就在办公桌上看到肉类检验立法，否则，他会公布完整的报告。

149

罗斯福发表“尼尔 & 雷诺兹报告”的概要不到一周时间，就连《芝加哥论坛报》也发出了肉类加工商们失败的信号。6月10日，该报刊登了一篇来自伦敦记者的特别报道，标题为“欧洲认为美国缺乏荣誉感”。撰稿者说，欧洲方面的看法倾向于把芝加哥的肉类加工商们送进监狱。到月底，英国已经停止从美国进口肉类罐头，德国和法国都拒绝进口任何形式的美国肉类产品。美国政界人士意识到，他们必须采取行动，防止国家声誉和经济进一步受损。

厌倦了斗争的《食品药品法案》倡导者们意识到此乃天赐良机。形势终于朝着对他们有利的方向发展。一旦罗斯福下定决心，他就履行其承诺。海本、麦卡博和贝弗里奇在参议院再次向总统施压，要求实现更为广泛的食品和药品立法，赫伯恩和他在众议院的盟友也采取同样的行动；妇女俱乐部纷纷来信；美国医学会开始展开电报攻势；威利匆忙与立法者会面，并提供“试毒小组”研究的新发现，以及其他相关研究结果，这些研究结果为迫在眉睫的改变提供相应证据。

“借着《肉类检查修正案》的势头，《纯净食品法案》被一并提及，反对者们以为该法案在委员会中已经安全地长眠了。”调查记者马克·沙利文写道，“最后，罗斯福的委托调查曝光了肉类加工商，酒类批发商的业内人士自行曝光，《女士们的家》（*The Ladies' Home Journal*）期刊和《科利尔》（*Collier's*）期刊曝光了非处方药品，威利博士与州级和市级食品官员们曝光了食品掺假和食品染色——所有这些汇集到一起，再经由罗斯福之手进一步推进，从而变得不可战胜。”

不过，仍然有人认为罗斯福及其立法盟友做了过多妥协，其中就包括骄傲的“扒粪”记者，大卫·格雷厄姆·菲利普斯。他已经在其题为“参议院叛国罪”的系列文章中指出：纽约国会议员詹姆斯·沃兹沃思并没有完全放弃，依然对肉类行业百般维护，他已成功删除了“肉类公司资助检验项目”这一要求；此外，沃兹沃思已将联邦资助金额限制在每年300万美元，当时“进行充分检查的最低预估成本”是这一数目的两倍。加工商们还说服了沃兹沃思，取消了“检查必须印上日期”这一要求。标明日期这一想法的目的是：“令牛肉托拉斯无法给出厂三年、四年甚至五年的罐头食品重新贴标签、‘翻新加工’腐肉，使之完好如新。”菲利普斯强烈反对，并警告说，计划中的立法更多是有利于企业，而不利于消费者。但在这急于求成的过程中，他怀疑是否有人在倾听他的看法。 150

1906年6月30日，罗斯福成功签署通过了《肉类检验法》和《纯净食品药品法》两部法律。他将签订肉类法律的那只笔送给了贝弗里奇，却不承认辛克莱的贡献。他告诉朋友们，那是一个疯子。总统也没有认可威利的贡献，没有在仪式上，或者以任何其他姿态认可他的贡献。威利受不了这刺耳的沉默，过了些时日，他询问贝弗里奇是否介意去问问白宫，他能否也获得某一件胜利象征物。罗斯福的秘书回答说："贝弗里奇参议员跟我谈了将总统签署《纯净食品药品法》的钢笔赠予博士的事，但在查阅此事时，我发现它已经被许诺赠送给法案撰写者——海本参议员。"秘书很有礼貌地继续说道："（否则）会很荣幸能把它赠予威利博士，博士长期以来为纯净食品而斗争，对抗掺假食品，给予再多荣誉也不为过。"

151 而罗斯福持不同的看法。正如他几年后所说："《纯净食品药品法案》之所以成为一项法律，完全是因为我采取了积极的立场，努力使之在国会获得通过。"威利及其盟友们已经尝试了多年，但都失败了，他说，因为"他们中的一些人，尽管诚实坦率，却又太不切实际，以至于（行事）正中敌人下怀"。各大报纸可能经常称呼 1906 年的《纯净食品药品法》为《威利博士法》，但罗斯福永远不会这样做。他还担心，威利

152 博士毫不妥协的做法只会阻碍而非帮助美国的安全食品事业。

第二部分

第九章
毒物托拉斯

1906～1907

没法确定是不是鸡蛋，

若不看那形状。

“若一位将军赢得了战役并结束了争端，他感觉如何呢？”回味着食品药品法律的通过实施，威利思忖着。“也许，在1906年6月的最后一天，我能感同身受。”一瓶瓶的香槟和肯塔基波旁威士忌酒，一篮篮的新鲜水果，一箱箱的天然糖果，纯正蜂蜜和优质奶酪都被送抵化学局，随之而来的还有雪片般的贺电及贺信，附上了诸如此类的祝愿：“我一直想给您写信，表达我对于您在纯净食品方面所做努力的钦佩和支持。祝贺你们！”

不过，当时沉浸在胜利喜悦中的威利后来却承认自己过于乐观，以为只要在立法上取得胜利，他们就能结束所有的食品战争。尽管最初的喝彩中夹杂着若干警戒的声音，但威利仍然对此抱有过高期望。他的老朋友詹姆斯·谢泼德，一名曾作“每日膳食计划”以警示防腐剂问题的南达科塔化学家，写信对他说：“你正高兴着吧？我也忍不住给你写信，告诉你我对此极为满意，”然而，谢泼德继续写道，“也许现在还不是‘大声庆祝’的时候，因为我们可能还没有走出困境”。谢泼德的话是对的。威利后来在文章中提到，当这项法律勉强通过之后，制造商们联合起来试图撤销法案中拟定条例之时，“真正的战斗才开始打响”。

7 月 24 日，威尔逊正式指派首席化学家与财政部、商务部和劳工部三个部门展开合作，以起草“实施《纯净食品药品法》所需的法律规制并呈请三位部长核准”。他们花了大约 6 个月的时间起草，该法律直到 1907 年 1 月才生效。如政府官员们所公认的，此项新法律拥有宏观的指导思想，却疏于细节。在写给其“美国医学会”朋友们的一封信中，威利承认此次立法“并不如我们所设想的那么完美”。所以要使其行之有效，就必须攻之有术。对它而言，最好的消息莫过于它已经完全通过了，且——“考虑到此项立法的反对派们不断采取坚决、有力的行动时”——它也未完全丧失威力。威利接着说，此时他所希望的是巩固立法，让它在“未来成为更完美的体系”。

该法律至少包含了一条定义：用一个愈发佶屈聱牙的长句解释是什么构成了掺假食品。第一，加入了“任何”可能会降低食物品质或减弱食物能量的添加物后，该食物为掺假食物；第二，食物中用一种物质非法代替另一种物质，为掺假食物，如制造商将棉籽油标为高品质橄榄油的情况；第三，“全部或部分移除任何有价值成分”（的食物为掺假食物），如香草提取物中不含真正香草的情况；第四，对食物进行“掺杂、着色、涂层或染色”处理以掩盖食物的破损或造假性质（的为掺假食物）。该定义的最后两项完全是哈维·威利式观点：第五，包含“任何有毒或有害性物质”从而危害食用者身体健康的为掺假食物；第六，绝不容忍食物中含有疾患动物的肉类，或食物内“全部或部分地”掺入“不洁、腐烂或腐败的动物或植物成分/制品”。 156

威利原本打算在定义中使用确切数字及科学有效的测量方式，用以判定某食物是否属于掺假食物。可随着草案的制定和修改，把具体标准纳入方案的想法落空了。他也知道执法会因表达的含混不清而遇到阻碍。举个例子，我们如何精确地测定“品质或能量”的降低减少？事实上，这项法律缺少的是可以将一个材质判定为“有害健康”的标准；该法律也未对毒素的构成加以定义；也未解释动物身上某部分“不适于食用”的原因；若阉牛或生猪未被官方认定“患病”，则无详细指标说明其患病或体弱程度。

此外，《农业拨款法》——同为6月30日通过的一项新法律——亦未授权农业部制定这些标准。本来最初的法案已经制定了标准——其早期草案中明确要求该部门“为食品生产建立纯净标准并就其中的掺假物质认定做出明示”。只可惜这些字眼在“全美食品制造商协会”成功游说之下被从法案中剔除了，该协会身后就是整个行业。威利曾设法恢复该授权，却终不敌威士忌酒说客沃里克·霍夫。

在起草和修订该法案时，威利曾警告立法者们，如果未能制定食品标准，制造商们就能轻而易举地以任意执法或政治打压为借口扰乱监管工作。他写信给伊利诺伊州议员詹姆斯·R. 曼恩道：“如果没有一套纯净度标准的指导，任何部门都无法公正不倚地执行食品法。”而与此同时，身为共和党人的曼恩和其他众议院议员们却正面临着业界人士的巨大压力，后者对这类标准深怀敌意。记者菲利普斯警告过，哪怕是最善意的157法律法规，食品行业也能削弱其效力；他的观点不无道理。“17 年来，人们一直努力争取通过一部法律来监督（俗称）‘毒物托拉斯’的种种行径”，他最爱用这个昵称称呼美国食品制造业。他还说，“17 年来，参议院一直不允许外界扰乱食品业的秩序”。菲利普斯认为，即便是实行的最低级别监管，也应归功于威利化学局的苦心研究以及那些同盟们的热情联络。在报道中，他用少许篇幅赞扬了在圣路易斯召开的世界博览会上展出的纯净食品和多篇出版文章、数篇演讲词、往来书信、电报以及其他立场坚定的主张，它们都表达了相同的观点。比起辛克莱的大作，这些数管齐下的形式让他觉得更具影响力。“一场战役马上就要打响，到处都人心惶惶。”对于菲利普斯而言，罗斯福总统的政治头脑值得称赞，因为他强力推行消费者保护措施，而国会彼时却被逼入别无他法的绝境。菲利普斯还补充说，由海本提出的食品药品法看似是在监管方面做出的一个较为可靠的尝试，其实套用的是在欧洲取得成效的法律模式。但当罗斯福签署这项法案时，他写道，现在看来，该法案已经变成了送给食品加工商和化学制造商的礼物。

菲利普斯像威利一样指出，新法律未能针对“有毒”物质制定标准；他还批评道，新法律甚至连一种应给予监管的有毒化合物都没有点出来。据菲利普斯判断，有人精心打造新法终稿，将它变成保护不法商家和食品供应商的版本，其中的一项条款尤为明显：它声称只要商人能从制造商、批发商处，或

"任何居住于美国的群体"处搞到一份书面声明——保证其所卖食物纯净——则该商人就不会因为售卖假货而"遭到起诉"。换言之，菲利普斯揶揄道，食品杂货商的母亲写张便条就能让他免除因售卖假货或存在化学风险的商品而遭受的处罚。

158 此外，菲利普斯又指出一点，即人们制定法律为的就是令执法过程烦琐得令人难以忍受。假设化学局的某位分析员发现掺假或贴错标签的现象，那么农业部部长首先必须通知涉事企业，再由企业主申请听证会为该产品做辩护。如果部长支持制造商，则此事告一段落；但如果部长支持的是化学局的调查结果，他就必须"证明"该结果的正确性却又无法直接采取行动，而是必须向相应的地方检察官提起法律诉讼，后者可以决定是否受理此案。

执法行动（如果是有计划的执法）要求农业部和司法体系之间保持紧密合作及良好关系；同时，也需要作为化学局局长的威利和作为农业部部长的威尔逊之间处于类似的协作关系。二人曾和谐共事，但执法职责必然会使二人进入到一个截然不同、更加政治化的伙伴关系中。"这个夸夸其谈的新食品法没有带来任何改变，"菲利普斯写道，"支持纯净食品的人们为此大声疾呼，但'毒物托拉斯'最终取得了胜利"。

尽管如此，威利发现，法律通过后，自己几乎每天都要应付来自企业的强烈抗议。"自然，只要有争论发生，人们的首要抨击目标就是我，"他写道。霍夫——彼时是一个年薪 4 万美元（几乎相当于今天的 100 万美元）的酒类说客——是最先抨击他的人之一。霍夫攻击威利过于关注威士忌酒的问题。11 月底，他在信中这样对农业部部长说："食品一词并未包括酒水饮料。”所以，农业部没有理由——像威利之前所做的那样——命令（酿酒商）把酒类的成分印在商标上。“化学局采取的种种行为，”霍夫补充道，“尤其是化学局局长发表的那些毫无根据的声明会导致贸易动荡再次发生”。1906 年 12 月上旬，新法实施迫在眉睫之际，霍夫又一次致信农业部部长，呼吁其部门不能再允许威利“歧视某个等级或类别的威士忌，认为它比其他某类威士忌低一等”。

159

麦金利 1897 年就任美国总统之后不久，威尔逊就任职了。他一直在位，部分原因是他凭借出色的外交能力使自己免于纷争。尽管如此，霍夫刻薄的语气还是让他恼怒不已。他告诉霍夫，自己已经跟罗斯福总统讨论了是否将威士忌酒的成分印上标签的问题，总统也已承诺白宫会进行审度。同时，建议霍夫停止抨击化学局。

“既然您反对我写信谈论威利博士的所作所为——那些行为只会有利于形成威士忌托拉斯，”霍夫反驳道，他将暂停四处写信的活动。作为回报，他希望白宫给予他支持。他还要给调和威士忌酒商和精馏酒商们报信，告诉他们一旦 1 月份新法正式生效，“您的农业部对他们生意的处罚力度就不会很轻”。霍夫还说，他绝对相信农业部部长会遵守这个合理的要求。仍然懊恼的威尔逊向威利保证，他会直面霍夫。这给了这位首席化学家信心，相信自己在大力执行《纯净食品药品法》时会获得支持。

12 月中旬在芝加哥的阿特拉斯俱乐部举办的一个年度晚宴上，威利在演讲中向在座的用餐者保证，涉及面很广的新法律将帮助食品和国家向着更好的方向改变。他补充说，他一开始在毒性研究中提出的警告将有助于制定执法标准，能继续帮助保护本国公民：“该试毒小组，先生们，注定要在未来的食品监管历史中发挥重要作用。”

1907 年，化学局公布了第三轮“卫生餐桌试验”研究结果，这一次的研究重点放在食品加工过程中使用的亚硫酸上。160 在给威尔逊的一封信中，威利再次表扬了他忠诚出色的员工们：负责监督研究的 F. C. 韦伯（F. C. Weber），负责食物和粪便分析的威拉德·比格洛，以及负责“血液和尿液显微镜检查”的 B. J. 霍华德（B. J. Howard）。

威利还在这封信中强调，他越来越相信化学局的研究者们——甚至整个科学界——才刚刚开始了解美国食品供应中层出不穷的防腐剂带来的各种风险。他写道：“亚硫酸与健康的关系应该比早前研究的防腐剂——即硼化合物和水杨酸及其盐类物质与健康的关系更为重要。”这种重要性——以及对食品药品进行严密监管的需求——在威利看来，都要归因于化合物早已扩散使用的事实。而制造商们却对之异常投入，认定使用化合物是“接近人们所需”。

亚硫酸与名称相似却更为人们熟知、具有高腐蚀性的硫酸有关系。从化学的角度看，二者只是氧原子数量不同；但与后者不同的是，亚硫酸相对容易处理。让制造商们尤为中意的一点是：它能通过将亚硫酸浸入石灰（氧化钙的另一个名称）的方式使其转化为固体形式，就像石灰亚硝酸盐那样。它可以加热，其蒸汽可用作熏蒸剂，还可保持干果颜色鲜艳，同时防止发酵、驱赶昆虫。亚硫酸也被用于处理糖浆、糖蜜、烟熏肉和葡萄酒，给酿酒设备消毒——如用于制作陈酿葡萄酒的木桶通常是用大剂量酸雾进行木材消毒的。还可将二氧化硫鼓风溶入发酵液中作防腐剂和抗氧化剂。毋庸置疑，最后的情形可能是葡萄酒中含有大量亚硫酸盐。因此，试毒小组重点研究这些化合物，并关注化学家们对于接触化合物可能带来重大风险的疑虑。为了验证这个观点，化学局使用了一种由亚硫酸合成的常用盐——亚硫酸钠，并沿用早期的研究方法，将此盐置于不同剂量的胶囊中，同一日三餐一道服用。

161

令农业部科学家们感到惊讶和沮丧的是，12 名小组成员中只有 9 人能在亚硫酸盐试验研究中坚持到最后。当剂量值达到最高（约 4 克）时，其中两名志愿者病得很厉害，所以研究人员停止了试验，以免其他人也患重病。研究人员不太确定第 3 名类似受试者是否因之得病，因为后者当时正患有重感冒。可以说，每个组员在服用亚硫酸盐后都有一定程度的恶心、食欲不振、胃痛、头痛、头晕和虚弱的症状。

研究还要继续，但是威利告诉部长，政府的管控应该转向他所说的“完全并快速制止”在食品饮料的生产流程中添加亚硫酸盐的行为。“很明显，禁止使用亚硫酸盐就意味着必须彻底改变加工方式，”他写道，但是“假设在加工过程中使用了一些添加物，调查发现它们是对健康有害的，那么这个调查的合理举措不是忽视这些添加物或者为它们开脱，而是应该开展调查并考虑是否禁止添加”。这些化学物无法完全消除。亚硫酸盐就是葡萄酒在发酵过程中自然形成的。只是为什么要添加那么多呢？

“食物中放入亚硫酸和亚硫酸盐从来不会丰富它的口感或增加它的营养，反而令其口味与益处大打折扣，”威利写道，

“因此，随着研究出现的所有确切信息都在印证结论的准确性，即应当制止在食品中使用亚硫酸”。他预测，强烈反对防腐剂的呼声将推动转而寻找其他低毒方式用以保存食物饮料。 162

威利一定意识到其监管范围将有多宽。呼吁禁用一种使用甚广的防腐剂，期待食品药品行业快速转用更新、更安全的方法——这都是不容乐观的事。但是，如果他一时忘记了这些念头招致的反对声音有多强烈，反对面有多宽，那么很快就会有人提醒他。

1907 年 1 月，甚至在威利及其同事们努力让基本的执法指南发挥作用之前，明尼苏达州的国会议员詹姆斯·A. 托尼（James A. Tawney）就设法在《纯净食品药品法》中取消了威利支持的一条。52 岁的托尼身材魁梧、穿着时尚，故意蓄着密匝匝的小胡子，他隶属共和党分支，俗称保守派。与一般的改革派和罗斯福领导的“进步”共和党人相比，保守派抵制任何针对政府的变革行为，不愿改变他们眼中更高贵的 19 世纪做派。托尼所做的就是对《农业拨款法案》提出修正案，后者限制动用联邦资金资助州政府科学家和官员们的食品安全工作。此举后患无穷。农业部在很大程度上依赖与州政府官员的合作；科学家们，如北达科他州的埃德温·拉德，就已经证明了合作能带来怎样的变化。《纯净食品药品法》的反对者们已将第一年的执法资金削减到区区 70 万美元左右，甚至无法支付一项国家食品检验项目的费用。如果美国农业部失去了州监管机构和研究人员的支持，那么该法律似乎就很难奏效了。

威利再次联系了其纯净食品运动的盟友；他再次请求他们帮忙反击。“全国消费者联盟”的爱丽丝·莱基立即做出了回复，她愤怒地描述托尼的修正案："削弱《纯净食品药品法》的管理效能……本委员会正在尽一切所能，如果您有任何指导意见，请告诉我们。"作为"美国妇女俱乐部总联盟"简报的163《俱乐部新闻》（*Club News*）也重申了莱基的愤怒意见。一篇全国发行的社论指出：反对监管的人此前首先发起活动反对该法律，声称这是联邦政府对各州权利的侵犯——这一说辞鼓动了南方民主党人反对《食品药品法案》。"这一阴谋落败了，"社论继续说道。"但现在看来，情况没有发生变化，只不过换了种形式——即从监管行动上禁止国家和州政府之间的所有合作计划。"

托尼修正案的另一个反对者是"人民游说团"，该机构的设立旨在打击政府腐败现象。"人民游说团"的创始人包括：两位记者——亨利·比奇·尼达姆和林肯·斯蒂芬斯，他们是有名的"扒粪记者"；一名编辑威廉·艾伦·怀特（William Allen White），就职于堪萨斯州一家以改革性思维见长的报纸；一名肯塔基州的食品化学家，罗伯特·艾伦，他现任州际纯净食品委员会干事；被罗斯福总统派往芝加哥检查肉类加工业的调查员詹姆斯·B. 雷诺兹；还有广受赞誉的信奉政治自由主义的小说家马克·吐温。"如果有人要在国会捣乱，他就不得不忌惮这个新势力，"马克·吐温在《纽约时报》上写道，他说，"人民游说团"应该被视为好政府的盟友，因为它会"巧妙地确保国会里藏不了秘密，搞不了秘密联盟"。就像斯蒂芬斯一样，亨利·尼达姆一直是罗斯福总统"进步政策"的追随者，他非常肯定总统会支持这个新组织。尼达姆与罗斯福总统都爱好体育运动，因而他们关系不错。尼达姆是全美最早聚焦于棒球运动的作家之一，还洋洋洒洒地批评足球运动中过于暴力的现象。尼达姆经常写下他对公平竞争的感受，他信奉无论是在体育比赛还是生活中，都应如此。因为对美国政治感到无比失望，尼达姆帮助组建了“人民游说团”以求直接参与政府改革。“托尼修正案”就是游说团的首个目标。

164

就如霍夫的放肆与傲慢那样，“托尼修正案”也惹恼了威尔逊部长，使他一改对政治问题的谨慎态度，也公开反对这项措施。令许多人感到宽慰的是，委员会上反对者们联合起来，终于让“托尼修正案”败北。威尔逊的公开立场给人们留下的印象是，他愿意一直坚定地支持威利，但周围的人却发觉二人之间关系紧张。罗伯特·艾伦写信告诉尼达姆说，部长在做有关食品监管的重大决定时，却把自己的首席化学家排除在外：“威尔逊部长完全无视威利博士。”

威利和威尔逊早些时候至少就食品、饮料检查员的人员扩充计划达成了一致；时年年底将有 28 名新人加入；将增设 6 个分支实验室来满足区域性产品分析需求；农业部还制定了在第二年另外增加至少 10 台设备的计划。艾伦本人成功推荐了一位来自肯塔基州的年轻律师沃尔特·G. 坎贝尔（Walter G. Campbell）来领导食品检验司：坎贝尔与路易斯维尔的政府卫生官员通力合作，帮助关停了该地区多家泔水乳品厂。艾伦写信给威利：“我无条件地把坎贝尔推荐给您，无论您是给他委派任务还是留在身边都不会有错。”坎贝尔也迅速证明了自己的价值，他精心安排部门的检查方案，毫不懈怠地改进法律条文、增强执法力度。他最后负责领导监管机构，该监管机构数年后将承担化学局的执法角色，后者于 1930 年变更名为“美国食品药品监督管理局”（FDA）。

然而艾伦对威尔逊的疑虑有增无减。正如他写给尼达姆的信中所说，“想想威尔逊部长对纯净食品工作的态度，没有任何迹象显露他对此表示过支持”。他回忆说，在防腐牛肉听证会期间，威尔逊根本“没有热情”，只留下威利作为听证会的官方代表。其间，威尔逊部长甚至私下告诉艾伦说，他觉得罗斯福的证词充满戏剧性，“让人生厌”。所以艾伦感到极为不安，他认为“人民游说团”应当“不止一次”来帮助威利打这场战斗。

165

导致威利与威尔逊之间关系恶化的最关键因素是围绕威士忌酒不断激化的矛盾。以新法为剑，这位首席化学家一次又一次顺利地推动政府对精馏威士忌进行查获，其中包括：两桶精选莫农加希拉陈年威士忌，这两桶酒“威士忌含量不足，称不上是威士忌酒”；15 桶克拉克陈年黑麦调和威士忌，酒里不含黑麦；四桶半金罗牌黑麦调和陈年威士忌，也没有黑麦；还有 1 桶陈年醇韵威士忌，仅含一些染黑了的乙醇。在一个星期之内，农业部已经着手查获了超过 50 桶所谓的“威士忌”，并提起诉讼。

1907 年 2 月新法生效后不到一个月，威利在众议院农业委员会给出了确凿无疑的证词，支持纯威士忌，这令霍夫更加恐惧威利对肯塔基波旁威士忌存在“偏见”。众议院议长约瑟夫·卡农来自伊利诺伊州，是一位狂热亲商的共和党人，致力于保护家乡众多的制酒企业。他当时希望依据法律将调制威士忌的表述从标签上除去。当委员会要求威利定义“调和威士忌”的概念时，他愤怒地回答说：“掺假就是你们所说的调和。如果这种是纯的，另一种就是掺假的。掺假威士忌根本就不是威士忌，而是由浓酒精调味和着色制成的。这是‘山寨’威士忌。”

从政治上说，威利的爆发于他有害无益。霍夫又向威尔逊发起了另一场猛烈抨击。使得部长同意这些证词不会作为公正的科学性说明予以记述。这种对峙让威尔逊更加意识到——也许，此时更为重要的，是让农业部极有权势的律师乔治·P.麦凯布更加意识到——威利长期以来一直倡导食品监管的行为使他变得更像是一位斗士而不是一位毫无偏见的研究者。 166

威利和卡农之间的争论集中在新法的一个细节上，或者说是一条关于“乱贴标签”的条款。该条款规定凡是化合物、仿制品或调制品的产品，都必须贴上明确的标签进行标识。只有当产品是法律规定的“同类物质的混配物”时，才能称其为“调制品”。按照威利的解读，这就意味着调制威士忌必须是真正威士忌的混配物。但如果它只是经过精馏的威士忌——即混合威士忌、浓酒精、水和色素；或者仅仅只是将浓酒精染色掺水——那么就应该把它标记为“仿制威士忌酒”。

精馏威士忌酒商们开发了一系列添加剂以模仿纯威士忌的味道，甚至可以使它起泡或挂杯。这些特殊的调味料和香味增强剂包括波旁威士忌提取物、黑麦油、黑麦提取物、黑麦香精、匹兹堡黑麦香精、莫农加希拉威士忌香精、麦芽香精、爱尔兰和苏格兰威士忌香精、杜松子酒香精（由杜松子制成）、玉米调味料、老化油和起泡油。霍夫辩驳说，这些着色剂和调味剂只是微量添加，而且所有的调和威士忌——其机构正想法儿去除“精馏”一词——都可以简单地认为是不同酒类的混合物。在写给威尔逊的一封信中，霍夫提出这样的一个建议，即“可以把所有的混合物称为‘调和’”，而不是令人反感的“仿制”。这个建议——既实际又利商——吸引了美国农业部律师麦凯布。后者提出意见，以后把所有酒类都视为“同类物质”。

威利做出了反击。他并不认同用焦糖上色再用波旁酒提取物调味的合成乙醇在品质上等同于陈年波旁威士忌。如果把合成乙醇当陈年波旁威士忌销售，就是欺骗消费者。这一次，威尔逊支持麦凯布而断然否认了威利的观点。作为首席化学家，威利拒绝接受他们的决定，他认为这个争论应向上级诉请裁定。威利请求并获准与罗斯福总统在 3 月下旬见面，去白宫时他带着一个微型蒸馏器和一个装有威士忌提取物和添加剂样品的公文包。在“卓有成效的 1 小时”里（正如威利描述的那样），他向总统解释并展示：尽管都标称“威士忌”，但不同品种之间差异巨大。在 3 月 30 日写给罗伯特·艾伦的一封信中，威利形容总统同意尝试不同的样品，而且总的来说在认真聆听且“非常有礼貌”。“最后，他用最诚挚的语言感谢我，说我对这个问题提出了新的看法……所以我认为，至少，我没有伤害到任何人。”

但就内部权术而言，威利已引发了一些麻烦。罗斯福呼吁威尔逊就此做进一步讨论。罗斯福告诉农业部部长，威士忌问题“令人费解”，他对农业部的立场极为不满。威尔逊很恼火自己当前的处境，于是支持麦凯布，想方设法地驳回威利。他还力劝罗斯福采用“调和”这个词来指代所有的混合威士忌和酒精，总统也同意考虑这一点。

不过，威利的演示及背后的科学还是给总统留下了深刻印象。而且他怀疑，正如亨利·尼达姆最近警告他的那样，未能阻止或进一步削弱《纯净食品药品法》的“威士忌仿制酒联盟”现在把利益押在了“胁迫”农业部上。尼达姆还向罗斯福总统指出，如果在执法过程中过早地给予一个行业特权，那么，这一先例将容易引起各行业效仿。

察觉到农业部本身已经过于政治化——无论是争论的哪一方——罗斯福要求司法部部长查尔斯·约瑟夫·波拿巴审查各方的证据并发布正式裁决。罗斯福总统认为，57 岁的波拿巴——法国皇帝拿破仑一世最小的弟弟，热罗姆·波拿巴（Jérôme Bonaparte）的孙子——会细心地、坚定地、无畏地处理这个有争议的问题。

看了成堆有关威士忌酒的文件后（其中包括化学局出具的大量报告），波拿巴意识到他同意威利的观点——并非所有的威士忌都是按照同等标准生产的。此外，美国消费者有权从详细、准确的标签上知悉酒类详情以指导购买。1907 年 4 月 10 日，罗斯福将波拿巴已做的决议通知威尔逊；并且他作为总统，也接受了这项裁定。他在那份公告上附了几条命令：“纯威士忌同样要贴上标签。”要限制“调和威士忌”的定义：“只含两种或多种纯威士忌的（某种）混合物才能标记为调和威士忌。”如果调和物是用威士忌与工业乙醇混合而成，那么事情就变得复杂起来：“倘若纯威士忌够量，能使混合物名副其实（即前面所提的调和威士忌），其标签才可以标为‘调和威士忌’。”如果酒瓶里没有纯威士忌，而只是上色、添加的中性酒精，那么它就是纯威士忌的赝品，需要做出识别。换句

168

话说，“仿制威士忌要在标签上说明。西奥多·罗斯福谨上”。

许多身处纯净食品运动中的人将政府在威士忌酒标签上做出的这项决定视为一种检验，即政府是否在遭遇巨大的商业利益的反对时仍愿意解决这个问题。正是出于这个目的，威利把自己——以及自己和农业部部长的关系——置于险境。这个决定获得了罗斯福的批准，极具影响力，所以朋友们都希望借此能恢复这位首席化学家在他老板面前的声望。“我写信来祝贺你取得的胜利，”印第安纳州公共卫生官员约翰·赫提写道，他在给这位老友的信中谈论了威士忌酒标签的裁决。“你对‘调和’的想法是完全正确的，因此你能看到不仅是总统，还有更多的人在支持你。”肯塔基州农业实验站的主管也写信道：“让我祝贺您的胜利。坚持下去吧！”

然而，威尔逊却视这一决议——尤其是其产生方式——为他的首席化学家不再可信的证据。威尔逊亲自拜访了白宫，要求罗斯福批准任命另一位更客观的科学家为《纯净食品药品法》提供指导。他需要一个“头脑冷静的人”，他指的是一个不求公众关注的人，一个“能力可靠、绝对可信的科学家”。虽然罗斯福站在威利一边，但他也重视他的农业部部长。至此，罗斯福敏锐地意识到：威利作为首席化学家已经很难为威尔逊管控。

169

似乎要着重解决这一难题，就冒出了另一个贴标的问题。威利希望政府要求酒商们在标签上详细列出食品和饮料中的所有成分，甚至是人们认同的那些无害成分。例如，他认为糖应该包含在成分列表中。而威尔逊讨厌这个主意。他写信给他的首席化学家，命令他放弃这一要求：“我觉得把盐和糖或类似的这些东西标出来十分荒谬，因为它们于健康无害。如果我们要求标出其中一个成分，就得同样标出所有成分。”威利反驳说，消费者有权知悉他们的食品饮料中所含的全部成分——他也敦促农业部部长在食品药品业的监管上与他们统一战线。

非但如此，威尔逊还告诉总统，这部法律会给制造商们带来太多不必要的负担，他们将处处抵制它，这反而阻碍了法律的进步。由此罗斯福决定向威尔逊的部门提供一些额外支持，并私下同意让另一名化学家进驻农业部。

在其朋友、密歇根大学校长詹姆斯·伯里尔·安杰尔（James Burrill Angell）的举荐下，罗斯福亲自挑选了该校年轻的化学助理教授弗雷德里克·L. 邓拉普，因为适合这份新工作的科学家必须有一定的政治头脑。安杰尔说，邓拉普定会在华盛顿扎根下去。邓拉普的出场给人泰然自若、温文尔雅的印象——他整洁的穿戴无可挑剔，完美的举止里透露出政治野心。对于这一新工作而言最重要的是，邓拉普知道如何保守秘密。在威士忌问题对峙两周后，即1907年4月24日，威尔逊正式任命邓拉普为“助理化学家”，直接跳过了参加行政部门考试的程序。为了证明自己的权威，农业部部长既未提前征询威利的意见，也未提前警告他。 170

正如威利后来所说的那样，威尔逊只是“在某天早上和一个我从未见过的年轻人一起走进我的办公室，并将他介绍为‘F. L. 邓拉普教授，你的助理’。我说：‘部长先生，我的什么？’然后他说：‘你的助理。我已经在化学局任命了一名助理，他不受制于首席化学家（指的就是威利），而直接向我汇报。在局长缺任期间，他将代理局长的职位。’我被他的这次行为搞得不知所措、目瞪口呆。”

在部长要他对邓拉普表示欢迎之后，威利例行公事地带着新人参观了化学局，把一个最小、最简陋的角落给他当办公室。局里的同事们因为长期与威利共事，对他十分忠诚，所以也都几乎不和新同事说话；即使是各部门的秘书们也对他不友好。邓拉普意识到自己处于敌对领域，转而投靠麦凯布这边的人。这位新助理化学家很快认识到麦凯布和威尔逊将会是他在农业部的朋友，因为无论如何，他们才是真正拥有权力的人，所以更应该跟他们培养感情。

邓拉普没有当食品化学家的经验，所以威利把这一任命视为是对他和比格洛的“直接侮辱”，毕竟比格洛在他缺席期间一直担任代理局长的职位；威利愤怒地表示，让一个对局内事务或食品法律行动“一无所知”的人来负责这个项目是管理不善的表现。更糟糕的是，威尔逊同时又宣布，在美国农业部内设立一个新单位，即“食品药品监督管理局”，将有三名成员加入：威利、邓拉普和农业部律师乔治·麦凯布。按照规定，威利是委员会主席，但所有决定却根据多数票决的方式做出。该委员会委员将直接向农业部部长汇报，正如威尔逊写给威利的信中所说那样，他希望委员会能迅速完成其工作，“这对食品药品制造商们而言是公平与否的问题”。

171

对威利来说，新的委员会显然是为了“剥夺该局依（食品）法所拥有的一切权力及可进行的活动”。威尔逊丝毫不准备使他打消这个疑虑。

6 月 19 日，威尔逊命令威利前往法国波尔多参加国际海事博览会的食品评审小组。这是一个世界级博览会，旨在通过隆重仪式纪念航运业在全球海洋运输中呈献出的一系列食品。美国政府——自豪地建了一个白宫模型当展位——准备充分展示美国特色。但是美国国务院也在这次展会中看到了务实性外交的机会：法国食品和葡萄酒出口商渴望就美国的新规与这位重要的首席化学家进行探讨，甚至想要在修改与己相关的法规方面得到他的帮助。

威尔逊最初对法国博览会邀请的回应反映了他对威利日益增长的不满。他把邀请搁置起来没有告诉威利。但几周后，威利参加了一个聚会，法国驻美大使也在其中。大使对他说："我想，在美国人里你算得上是一个没有礼貌的人。"大使等他的回复等了 3 个星期了。当听说威利从来没有收到过邀请时，他打电话给国务院——国务院坚称当时就把邀请送到了威尔逊那里——紧接着又亲自打电话给威尔逊。"没过多久，我收到消息去部长办公室，他告诉了我这个邀请，还说当然我们必须接受邀请。"不过，就在此时，威利自己也踌躇了，解释说，他不放心在自己离开期间让邓拉普留下担任化学局代理局长。面对威利的断然拒绝，威尔逊只得同意任命比格洛做他外出时的代理局长——至少这次是这样。 172

除了参加博览会外，威利还与法国政府一起认真修订法国的食品法。由于他提供的帮助——以及他在这个问题上做出的贡献——法国政府授予他国家荣誉骑士的称号（因为是美国政府官员，他直到退休后才获准拿回勋章）。

然而，在访法期间，威利仍然对国内状况惴惴不安。在离开华盛顿之前，他给比格洛下了非常具体的指令以保障化学局和法律的稳定。他要求比格洛随时向他汇报最新情况，尤其是当事情开始变得不对劲时——而这很快就发生了。首先，邓拉普让比格洛交出所有与《纯净食品药品法》执行行动有关的信件。比格洛愤怒地回答说，化学局依法有权进行食品和饮料分析，亦有权自由分享分析结果。威尔逊最后同意等威利回来后再处理此事，但比格洛写信给威利说，部长看似准备支持邓拉普的权力游戏。他在信中警告他的老板说，这两个人在秘密会面，讨论食品法规，他怀疑这对化学局来说不是个好兆头。

就在威利不在的时候，农业部发布了一系列主要的食品安全规定。这个人称“食品检验决策（简称 FID）76”——被宣布是威利、麦凯布和邓拉普的一致决定——的一些规定旨在对食品中的化学添加剂提供整体指导。“FID76”重申，“不得在食品中使用任何药物，化学的或有害、有毒的染色剂或防腐剂”。它指出，普通的盐、糖、木烟、饮用型蒸馏酒、醋和调味品是合理的添加剂。它禁止为了隐瞒损毁、劣质或造假等情况给食品染色的行为。威利基本上是支持这些规定的。173 “FID76”还透露出这样的信息，即政府对于仍处于研究阶段的添加剂将减缓执法行动。具体而言，在进行科学调查之前，不会对两种有争议的添加剂——绿化剂硫酸铜和防腐剂苯甲酸钠——提起诉讼。威利被迫接受了这些迟来的消息，但他还是建议对硫酸铜实行控制，预先戒备。硫酸铜主要是用来加深罐装豌豆和豆类的绿色，但长久以来人们都知道它对健康有着不利的影响。当威利前往波尔多时，波拿巴的裁决中对此给出了预防措施：硫酸铜的临时安全限量为每 100 克蔬菜中 11 毫克，相当于 11/100000 的量。威利认为这是一个折中数，怀疑进一步的研究会导致出现更低的限值。而威尔逊也同意这是一个合理的方法。

但在他留法期间，食品制造商们又给农业部施加了新的压力，他们认为设置上限值只是威利的反手一击，迫使他们从产品中去掉铜。作为回应，邓拉普和麦凯布在没有通知威利的情况下改变该决定的措辞。准则现在仅仅禁止“过量”，但并未对“过量”进行定义。威利写了一份措辞激烈的备忘录给邓拉普，不希望再让人们觉得“FID76”是“3 人委员会”的一致决定，并指出如果委员会打算做出未经他批准的改动，应该把他的签名从文件中删除。回到华盛顿后，他发现这些同事们又悄悄地做了其他调整来解决商业投诉，这仍然让他愤怒不已。

最初的“FID76”也设定了亚硫酸盐的安全限量。农业部认为威利的试毒小组实验引出了关于这些化合物的棘手问题，但也认为针对这些问题需要做出更多的研究。在进一步研究之前，委员会已同意只要满足下列两个条件，政府就不会对在干果、糖、糖浆、糖蜜和葡萄酒中使用亚硫酸或二氧化硫的制造商采取执法行动：首先，每克产品中二者的含量不超过 35 毫克（约为 35/100000 的量）；再就是，产品标签上要注明含有亚硫酸。但这个相当谨慎的提议——包括告知公众亚硫酸盐信息的意见——都引起了加利福尼亚州葡萄酒商和水果商们的强烈抗议。 174

威尔逊说：“电报开始纷纷向我涌来，我才知道事情有多严重。”他还了解到，白宫方面也接到了大量类似投诉。这位部长会见了水果和葡萄酒行业的代表们，他后来用充斥着“无比的喧闹与骚动”来描述这次会议。正如这个代表团所提醒威尔逊的那样，他们代表的是一个每年 1500 万美元贸易额

（几乎等于今天的 4 亿美元）的行业，而农业部的决策则很有可能毁掉这一切。标签标准的相关要求可能会吓跑消费者，除此之外，加州代表团联盟成员们还表示，限制硫黄的使用也可能给他们带来毁灭性的灾难。东海岸的买家们都在威胁着要取消合同，因为他们担心货物没有防腐剂的话会变质。

威尔逊在同年晚些时候的一次演讲中谈道："在听这些循规蹈矩的人讲了一整天之后，我说，'我明白你们的处境了，先生们。我认为美国国会制定这项法律并不是要夺走你们的生意。'"他向他们保证，农业部并不想在保护食品安全的过程中伤害美国商人。他接着让忧心忡忡的加州人民安心，说："我会告诉你们该怎么做。你们过去是怎样，现在就继续保持下去。我不会采取任何行动扣押你们的货物，也不会让别人扣押它们，更不会向法院下达任何命令，直到我们掌握更多安全限量及其他问题的情况。"

这个趁他不在时采取的行动引起了威利的再次抗议：没有得到他的首肯，却又签上了他的名字。他提醒威尔逊他自己对亚硫酸盐的诸多发现及相关建议。他始终认为，在缺少充分信息的情况下，给予消费者多一些保护有利无害。但是，抗议又被驳回了。威尔逊提醒威利，平衡多方利益是农业部的职责所在，而消费者保护只是其中之一。"我们不仅要完全执行法律法规，还不能给贸易增添不必要的负担或烦恼"。

175

因此，在事后得知威利当年早些时候在华盛顿特区佛蒙特大道的基督教教堂给会众做的演讲后，威尔逊并不高兴，这毫不奇怪。没用多长时间，这位首席化学家就成功地得罪了面粉业——这个行业忙着混合小麦粉和黑麦面粉，"再当作黑麦面粉出售”，提都不提它的成分。他还得罪了糖浆行业：“当你把糖浆涂在你的荞麦蛋糕上时，你确定吃的是枫糖浆吗？罐头上贴着一张很漂亮的枫树图片，‘枫树’这个词醒目打眼，但这就是枫树在‘枫糖浆’中的全部。”接着，他又用对冰淇淋的生动描述得罪了乳制品行业：“我不想吃这一半是明胶的冰淇淋——明胶是由过期牛皮和牛肉碎屑制成的。牛皮是在南美洲剥下来的，再运到欧洲和美国；它肮脏无比，不消毒都没法进入海关。”威尔逊又知会这位化学局局长，农业部实际上致力于支持农业经济。从现在起，他希望威利能更好地记住这一点。

176

第十章
番茄酱和玉米糖浆

1907 ~ 1908

沙拉摇曳着绿色田野的低语，
摆出一副无辜模样。

番茄酱是最为常见的一种调味品，但其来源是个古老的谜。一说是源于中国人发明的一种调味酱，用腌制发酵过的鱼制成，并将其命名为“茄汁酱”（译者注：音译，“Ketchup”其实是从汉语闽南方言中的“Ke-tsiap”演变而来，与粤语中的“茄汁酱”发音类似）；另一说法则声称它是越南人发明的；这种酱汁最早是15世纪的时候英国水手们在斐济发现的，也有可能是西印度群岛；而在一份据说可以追溯到公元544年的中国食谱里，记载着其做法：“把黄花鱼、鲨鱼和鲻鱼的肠子、胃和膀胱”洗干净、腌上盐、密封在罐子里，再将罐子“放在太阳下”晒上100余天。

而进入英国人厨房里的东西要来得温和一些；17世纪晚期的烹饪书里提出了一种用凤尾鱼做金色调味酱的方法。在接下来的100年里，“茄汁酱”成了用蘑菇、牡蛎甚至核桃做成的一系列调味汁的代名词，据报道后者是英国小说家简·奥斯汀（Jane Austen）的最爱。到19世纪初，费城的一位医生兼业余园艺师詹姆斯·梅斯（James Mease）加入了提倡使用“爱情苹果”（当时对西红柿的流行称呼）的行列，认为“爱情苹果”也能做出“一种上好茄汁酱”。

“爱情苹果”做出的番茄酱传播速度不快，部分原因是长久以来的观念认为西红柿可能有毒。人们当时已经注意到，在欧洲，热爱西红柿的贵族们会遭遇痛苦的死亡。后来的调查表明，造成这些不幸的一个原因是：从西红柿中榨出的酸性果汁会导致锡镴制的沙拉盘中渗出有毒的铅。所以，若要人们完全接受生吃西红柿，科学家们还需要花几十年的工夫去研究它，当然更需要多年的安全食用经历。

经过烹煮的番茄制品如番茄酱被人们认为更加安全，于是美国最早于1837年开始商业配销瓶装番茄酱。这些配方式产品给繁忙的加工商们带来了挑战。番茄的生长季节短暂且处在夏季，但无论时间长短，番茄果肉皆不易在容器中保存。这是因为只要环境适宜，细菌、孢子、酵母和霉菌便能迅速繁殖。1866年，一位法国食谱作者皮埃尔·布洛特建议读者们自制番茄酱。他写道，市场上出售的各类番茄酱简直都是“肮兮兮、烂糟糟、臭烘烘的。”

并不是说瓶装的番茄酱就是用纯番茄做的或者任何某种单纯的东西。食品（安全）倡导者们抱怨说，这种酱汁的制造方法通常是先将番茄装罐，剩余的各类边角料倒入桶中，然后再加入磨碎的南瓜皮、苹果渣（榨汁后剩下的皮、果肉、种子和茎）或玉米淀粉使其变得浓稠，最后染成看上去很新鲜的红色。在灭菌情况不太理想的生产条件下，需要添加大量防腐剂来阻止微生物滋生。人们选择的保护性化合物就是苯甲酸钠——但其过高的剂量引起了威利的注意，使得他将这种化合物列入试毒小组的研究列表中。

178

苯甲酸钠是一种天然化合物苯甲酸的盐类，苯甲酸广泛存在于从烟草到蔓越莓的各种植物中。它的名字（benzoic acid）来自安息香树（benzoin），一种原产于东南亚的植物。从树皮上刮下来的安息香树脂，几个世纪以来一直被用于制作香水和熏香。对苯甲酸的分离一直沿用古老的方法；这一化合物在1556 年由法国药剂师诺斯特拉德玛斯（Nostradamus）记录下来。经历了两次科技发展之后，苯甲酸在 19 世纪被广泛地应用于商业生产。1860 年，德国化学家学会了从煤焦油中提取溶剂甲苯，用它来生产廉价的合成苯甲酸。再用苏打中和酸，使盐从混合物中沉淀出来，这就是苯甲酸钠。大约 15 年后，研究人员们发现苯甲酸钠具有很强的抗真菌特性。它无味，易于制作，而且价格便宜。毫不奇怪地，它成了食品加工业的宠儿。

认识到它源于自然界，威利在对他的试毒小组进行餐食防腐剂测试之前，做的最理想假设是苯甲酸钠并不特别危险。相较之下，让他更担心的是，人们用防腐剂掩盖其所生产食品的低劣质量。番茄酱就是这样一个例子。正如化学局的报告所指出的，威利的研究人员发现，用新鲜西红柿制成的酱汁，经过热处理可以杀死微生物，再放入无菌容器中，即使不放化学防腐剂的情况下也能保存得很好，而且味道也更好。

大多数食品生产商拒绝接受不放防腐剂的建议，但也有例外。印第安纳州的“哥伦比亚果酱公司”就引以为傲地生产了一种以番茄为原材料的番茄酱，既不需要也不含有任何染色剂和防腐剂。其老板说，他们是通过改良“家庭主妇的制作方法”来进行大规模生产的。此外，威利的不添加防腐剂的想法也引起了美国最大的食品制造商之一——匹兹堡“H. J. 海因茨公司”的创始人和总裁亨利·J. 海因茨的注意。

179

海因茨和威利年龄相同——同年同月出生——他也提倡干净、不掺假的食物，甚至先于首席化学家。海因茨还创建了一家成绩斐然的企业，加工、销售数十种产品。尽管他自己挑选了一个口号宣传该企业会有“57 种不同种类的产品”，但到 20 世纪初，他的罐头厂和装瓶厂生产的食品和调味品种类几乎已是这一数量的两倍。与他在食品业的许多同行迥然不同，海因茨曾游说支持 1906 年的《纯净食品药品法》。公司执行总监塞巴斯蒂安·穆勒陪同罗伯特·艾伦和爱丽丝·莱基等社会活动人士访问白宫，就法案向罗斯福政府施压。法案通过后，海因茨又支持法律的实施。因此，他的一些同行称他为叛徒。海因茨对这样的言论与其说担忧，不如说是厌恶，所以他命令企业宣传部门在新闻稿中驳斥这些抨击者的言行。

与其他加工商一样，海因茨也经常使用防腐剂，但他遵从行业标准。他最初的番茄酱（瓶身标签上采用了“catsup”，而非现在常用的“ketchup”来表示番茄酱）配方是在其母亲的番茄酱制作方法上进行少许变化，加入了少量磨细的柳树皮粉——混合物中因而含有了水杨酸；公司后来转而使用了苯甲酸钠。但威利的试毒小组在研究中提出的警告给海因茨留下了深刻的印象，所以他决定投资研发一种替代品。公司负责食品安全的穆勒起初犹豫不决，担心此举可能导致投入过多。

因为海因茨食品公司一直给予消费者（退货）退款的保证，穆勒担心未添加防腐剂的番茄酱会因变质退货而带来严重的经济损失。

但在老板的坚持下，穆勒下令生产一些测试批次，这些批次的配方与部分家庭自制番茄酱的配方类似，已知这些配方下制作的产品保质期更久一些。公司的厨师们反复试验配方以求达到正确的酸平衡，配出合适的醋含量来增加番茄中的自然酸。穆勒发现产品既需要高品质的西红柿，又需要高果肉含量，于是研制出了一种比公司以前产品更为黏稠的番茄酱，其黏稠度甚至比市场上任何一款番茄酱都高。

到1906年，海因茨公司开始销售番茄酱新品（所用的词语是现在标签通用写法，即“ketchup”）——当然，也更贵。公司随后发起了一场积极的营销推广，旨在促使消费者们相信：在更好、更健康的调味品上多花几分钱是值得的。海因茨运作的众多推广都极其成功，这次推广活动也不例外，以至于美国人开始认为所有好的番茄酱都是浓稠、富含果肉的——这最终改变了整个行业的生产标准。

在《纯净食品药品法》开始生效时，海因茨就在报纸和杂志上打广告宣传，其公司生产的无防腐剂产品“被政府纯净食品权威人士认可为标准产品”。广告还宣称，“亨氏番茄酱”不仅不含苯甲酸钠，同时备受鼎鼎大名的威利博士的青睐。

不出所料，众多仍在使用苯甲酸钠的食品加工商向威尔逊和罗斯福抱怨说，首席化学家威利已经成为海因茨“托儿”。为了维护自己的名誉，威利计划出版“试毒小组苯甲酸钠报告”，用证据证明该防腐剂对健康可能造成的危害。随着1908

年的临近，威利工作上的头等大事是完善润色这份研究报告，他同时还进行着其他可能引起争议的调查，例如对当时非常流行的人造甜味剂糖精展开研究。

由于成本低廉，糖精在加工食品（从罐装玉米到番茄酱）中愈发被用作食糖替代品——只不过这种成分很少被列在标签上。食品加工业的领导者们——除了海因茨和其他一些人——都准备面对更多的负面新闻。试毒小组的研究尚未对食品添加剂给出过肯定评价，于是，制造商们决定在苯甲酸钠报告出版之前进行干预，希望达成协议以阻止该报告的出版。 181

“全美食品制造商协会”联系了罗斯福、威尔逊和每一位可能支持他们的立法委员，表达了他们对即将发布的报告以及哈维·威利的担忧之情。协会对威利的抱怨是，这位首席化学家过于痴迷前工业化时期食品生产的旧风尚，对 20 世纪的创新抱有偏见。该协会敦促总统和农业部部长设立一个科学审查委员会，一个可能更加注重平衡、更有利于现代食品生产方法的委员会。

1908 年 1 月，罗斯福邀请了该组织部分最为坦率直言的食品加工商和杂货商来白宫会谈。参会者中包括来自纽约州“罗切斯特柯蒂斯兄弟食品公司”和底特律“威廉姆斯兄弟食品公司”的代表，它们都是亨氏公司的竞争对手。出席会议的还有来自纽约州的共和党议员詹姆斯·S. 谢尔曼，他本人是一家新英格兰［译者注：新英格兰位于美国本土的东北部地区，包括美国的 6 个州，由北至南分别为：缅因州、佛蒙特州、新罕布什尔州、马萨诸塞州（麻省）、罗得岛州、康涅狄格州。］地区罐头食品公司的老总，其公司一直以来都在暗中使用廉价的糖精而不是更贵的蔗糖来加工甜玉米罐头。而海因茨公司则不在白宫的邀请名单上。这次谈话激起了罗斯福的兴趣，于是他邀请客人们留下来继续讨论，他还要求威尔逊、威利、麦凯布和邓拉普第二天早上与代表们一起进行后续讨论。

他们在新办公大楼中的内阁会议室会面，该大楼位于白宫西侧，是后来白宫西翼的前身。因为商人们带来了自己的律师，所以需要一个大会议厅开会。罗斯福要求前一天的与会者重申其担忧——即从番茄酱中去除苯甲酸钠的行为会毁掉整个行业。正如威利未来将描述的那样："除非否决化学局的结论，不然根本避免不了这场灾难。"从会议一开始，威利就遭到这些人的辱骂，说他是个"激进、无视理性、决心摧毁合法生意的人"。商人们声称，海因茨公司是一个异类，其生产番茄酱的方法挺不了多久。

182

罗斯福又转向威尔逊，问道："你的化学局局长执行职务时是否得体适当，符合期许?"

不料，威尔逊支持部门的调查结果。他对罗斯福说："威利博士进行了广泛的调查研究，让健康的年轻人试吃含苯甲酸盐的食物，结果在每一个试吃者的身上都发现了健康受损的状况。"总统接着又问麦凯布、邓拉普和威利三个人，分别征询他们的意见。麦凯布、邓拉普和威尔逊均认为试毒小组实验结果已经引发法律层面的担忧，他们给出的意见罕见地一致。他们表示试毒小组的饮食试验已经引起了社会合理的关注。正如报告初稿所指出的，研究中的年轻志愿者们表现出"有害症状和代谢紊乱"，这包括情绪不稳、恶心、头痛、呕吐和体重减轻。曾参与实验过程的化学家们目前正在规劝人们，"为了健康起见，不吃含有苯甲酸和苯甲酸钠的食品”。

“听到这里，”威利写道，“总统转向了这群抗议者，猛地一拳砸在他面前的桌子上，以典型的罗斯福式风格露齿说道：‘先生们，如果这种东西有害，你们就不应该把它放进食物里！’”威利想，这场战役马上就要赢了。但纽约议员、罐头食品制造商谢尔曼再次发表了讲话，他还想讨论在罐头食品中使用糖精的问题，因为他强烈反对威利提出的另一个建议，即限制糖精使用。“我的公司用糖精而不是蔗糖给罐头玉米增甜，节省了4000美元，”他直接对罗斯福说，“我们想让您就这个问题做出决定”。这次会议结束后的几十年里，威利会重温这一时刻，并希望那时他能安静地坐下来等待罗斯福的回应。

到20世纪初，糖精作为一种减肥药广为人知，只是大多数人没有意识到像谢尔曼这样的罐头食品制造商在生产所谓的“甜玉米”时，会暗地里用它作为蔗糖的廉价替代品。威利认为如此替代是一种欺骗性的做法，因此反对使用糖精——至少在这种甜味剂被证明有益之前他是一直反对的。威利认为，参照相关法律，这是一种非法添加行为。而且，他也不希望化工企业仅仅通过将糖精重新命名为糖的方式来回避这个问题。彼时，他正对“海登化学品公司”的糖精产品提起诉讼，该产品以“海登糖”的名义在售。威利对影响健康的谨慎态度与邓拉普和麦凯布二人不同。虽然邓、麦二人一致同意该甜味剂应当明列在产品标签上，甚至应当给予适当描述，他们却也认为，在没有明确对健康会产生何种风险之前，糖精的使用不应该受到限制。

183

未等罗斯福回答，威利便直接抢过了话头：“每个吃甜玉米的人都被骗了。他以为自己在吃糖，其实他吃的是一种煤焦油产品——毫无食用价值，而且对健康极为有害。”从政治角度看，插话是糟糕的行为。对于罗斯福来说，许多情况下，在没有先征求他意见的时候开口发表意见完全是可以的。人们也都知道，如果总统认为发言者的观点有提出的价值，他就会容忍别人打断。然而，就这个问题，罗斯福却与威利看法相左。正如他很快澄清的那样，他强烈反对威利所说的话。

罗斯福是糖精的老主顾。他的私人医生，海军少将普雷斯利·马里恩·里克西（Presley Marion Rixey）推荐这种甜味剂作为糖的健康替代品。罗斯福非常相信里克西所说的话，因为这位海军医生还是他的朋友；他们也都精通马术，经常在一起骑马。尽管按时锻炼，总统还是一直受到肥胖的困扰，里克西在观察到体重增加与糖尿病等慢性疾病之间的联系后，建议罗斯福用糖精替代糖作为减肥辅助品。“你告诉我糖精有害健康?”罗斯福对威利说。“是的，总统先生，我就是这么说的。”威利很坚定。虽然目前还没有人明确证明糖精的有害性，对它的研究也仍在进行中，但威利就是相信这点，而且他也这么宣传。

184

“里克西医生每天都给我服用糖精，”总统怒气冲冲地说。这时，威利才意识到他的错误，并试图有所挽回：“总统先生，他可能认为您会有得糖尿病的风险。”当然，罗斯福却没有这个病。“任何说糖精有害健康的人都是白痴，”他怒斥道。不久后，总统宣布会议结束。

第二天，罗斯福宣布科学审查委员会委员的任命名单——

事实上，正是食品加工业代表们所要求的那个名单。委员会将重新评估威利的研究，首先从苯甲酸钠和糖精开始。此外，罗斯福还确定了其备选的首席化学家——约翰·霍普金斯大学的化学家艾拉·雷姆森，1879 年，就是艾拉·雷姆森与康斯坦丁·法赫伯格（Constantin Fahlberg）共同发现了糖精。他将领导开展该委员会的所有研究。

威利提出抗议，但无济于事。他认为雷姆森担任首席科学家存在着明显的利益冲突。“根据针对审查委员的相关共识，雷姆森博士无权讨论糖精问题。然而，美国总统并不在意这些小问题。”虽然威利对罗斯福此举很生气，但令他更生气的，是自己与总统的关系进一步疏远了。自从 1902 年在拟议古巴糖的进口问题上激怒罗斯福以来，他就一直极力避免与总统发生分歧，直到这次失策。他知道，找出一个新理由再让罗斯福生他的气，只会使自己和自己的事业愈加举步维艰。“恐怕我是咎由自取。”

也不是说威利就彻底成了罗斯福的敌人。罗斯福很容易生气，但他往往能用理智压制住怒火。作为总统，他会继续支持首席化学家的一些立场，尤其是在对威士忌酒的监管问题上。威利手下的化学家们一直奋斗在揭示酒类欺诈的战线上。他们最近发现，“大学俱乐部威士忌”根本不含任何威士忌，仅仅只是将工业酒精染色而成，而“舍伍德黑麦威士忌”中也不含任何黑麦产品。尽管业界持续施加压力，要求罗斯福将这类产品当作现代化产品加以接受，但他仍然坚持司法部部长就威士忌做出的决定，支持威利坚决要求准确标注标签内容的态度。

185

然而，威利还有其他因为坚决不愿妥协而让总统深感恼火的事。这位首席化学家始终拒绝接受“玉米糖浆”一词。最早从 1881 年在印第安纳州进行食品分析研究以来，他就一直坚持自己的观点，即“葡萄糖”是唯一能准确描述从玉米中提取到的含糖液体的词语。但是，玉米业界人士早已弃用这个名字，制造商们担心的是“葡萄糖”几个字听起来一点儿也不诱人、引不起胃口，这很可能会令消费者敬而远之。1906 年合并后新成立的一家公司名为“玉米制品加工公司”，该公司最近向政府请愿，要求政府允许其将一种新的玉米制甜味剂称为糖浆。这一呼吁背后有公司创始人爱德华·托马斯·贝德福德（Edward Thomas Bedford）施加的影响力，他是“标准石油公司”的长期执行董事和现任董事。

众所周知，贝德福德曾尝试过将一种黏稠的液态产品进行瓶装销售，用的是“卡罗玉米糖浆”这个名字，因为给产品取名“卡罗葡萄糖”是永远无法实现热卖的，这一点他了然于心。贝德福德尽了最大努力让威利相信这个名字的表述极为贴切，总体上比“葡萄糖”一词更准确、诱人，后者听起来很像“胶水”［译者注：因为葡萄糖（glucose）的前面半部分跟胶水（glue）差不多］。

但是威利丝毫不为所动。他坚持认为，《纯净食品药品法》的保护条例不能“因损害任何一方利益或不利于任何人士而被迫中止或放弃”。对此，贝德福德的回应则是转而向威尔逊申诉，抗议农业部在他所说的“根本不可能以葡萄糖的名字推广产品”这一问题上完全无动于衷。他认为威利拒绝

186 重新考虑该问题的根本原因是出于对整个行业的敌意。他写信

给农业部部长说，这种听不进意见的顽固态度“非常清楚地表明了威利博士的个人观点，而这种观点往往会给我们带来诸多麻烦”。

玉米工业的业界代表也向罗斯福请愿。在一次由威尔逊和邓拉普（但无威利）参加的会议上，罗斯福总统明确表示，他认为用“葡萄糖”几个字来代表从玉米中提取的糖浆物质，很是荒谬。“你肯定得让制造商们把铁锨叫作铁锨（译者注：英语中的习语，指实话实说，不拐弯抹角），”总统说，“而不是让他们用见鬼的铁铲去称呼”。威尔逊私下与麦凯布和邓拉普讨论了这个问题，这两人早些时候是支持威利的“葡萄糖”提法的；但在农业部部长的要求下，现在又一致反戈，不再支持威利在该定义上的立场。现在“食品检验委员会”三个委员中的两人都同意“糖浆”这一业界青睐的名称，而农业部也正式批准了“玉米糖浆”这一术语。“卡罗玉米糖浆”由此正式进入食品杂货市场。

罗斯福和威尔逊的这种举动开了个先例。食品工业的拥趸们现在既看见了威利严格限制食品化学添加剂的坚决态度，也发现了绕开他的方法。当一些法国罐头公司想绕过新标、用有毒的铜盐给豌豆和其他蔬菜上色，使其看起来鲜嫩碧绿时，这种做法开始奏效了。由于担心美国人觉得看上去不够新鲜而拒绝食用他们的蔬菜，代表罐头厂家和进口商的某代表团把铜盐上色的问题提交给了美国国务院而非农业部。事实证明这一决定是有效的。为了满足法国制造商的要求，国务卿鲁特争取了一项豁免权。对此，罗斯福建议威尔逊将有关铜盐的问题提交新成立的咨询小组——在伊拉·雷姆森担任主席后，“雷姆森委员会”这一名称更为人所知。在委员会启动——无论何时启动——科学审查之前，法国人都可以继续自行“绿化”他187们的罐装蔬菜。

受此鼓舞，其他法国食品制造商和进口商也开始直接找到罗斯福投诉威利，说他干涉他们产品的标签标注方式。1908年5月，一个有关酒醋的事件把问题推向了白热化——事实上，这所谓的酒醋是一种用色素染成金黄色的人造合成醋酸。酒醋由法国“波尔多塞萨特公司”生产，瓶身上贴着彩色的标签，看上去赏心悦目——画着一串串葡萄果实和叶子的图样，意在暗示其产品刚从葡萄园中新鲜采摘出来。但在威利的坚持下，塞萨特公司不得不在标签上添加“蒸馏、焦糖上色”的字样。此外，威利还希望公司在标签上移除所有与葡萄园相关的意象——如葡萄的果实、叶子和藤蔓——因为他认为这些会给消费者们带来错觉，以为产品原料来自葡萄园。这遭到了塞萨特高管的拒绝，他们说，他们会除去葡萄串，但得留下装饰性的藤蔓。

但是威利拒绝妥协，他认为如果对某产品的小细节做出了让步，那么他就得向所有的产品细节让步。当“波尔多塞萨特公司”的另一批醋酸抵达美国港口时，他下令说，因为该货物标签具有欺骗性，不能卸运上岸。受到最近事例的鼓舞，该公司直接找到罗斯福进行申诉。总统立即写信给威尔逊，怒不可遏地命令他放行这批货物，并要求负责的官员（意指威利）解释为何他们“对友邦运输食品横加干涉，这既无用、也违法、更不合适”。在该信仓促潦草的附言中，总统强调他并不想破坏《纯净食品药品法》，因为这是“法典里的最佳法律之一”。但是，他确实不希望在法令的实施中出现“向诚信企业进行挑剔、责难、愚蠢打压或贪污索贿的风气”。

与此同时，除主席伊拉·雷姆森以外，罗斯福与威尔逊联合任命了其他4名科学家担任委员会成员，以便审查威利在食品化学危害方面的工作。他需要声誉良好的科学家担此重任。敲定的名单包括拉塞尔·奇滕登、约翰·H. 杨、克里斯汀·A. 赫特（Christian A. Herter）和阿隆佐·E. 泰勒。

188

奇滕登是耶鲁大学的一位生理学家，专攻食品和营养，极负盛名。奇滕登早些时候对食品添加剂持谨慎态度，但最近，他的观点，尤其是关于防腐剂的观点，与威利截然相反。首席化学家将此归因于行业的影响：奇滕登曾公开支持使用硼砂，并得到了硼砂矿业的资助；他还与玉米糖浆生产商进行过探讨。“卡罗玉米糖浆”的制造商贝德福德曾向总统和威尔逊援引奇滕登的话说，他相信“淀粉制的浓糖溶液可以被命名为糖浆”。

威利对雷姆森和奇滕登在这其中扮演的角色感到失望，但对委员会其他成员并无微词。杨是美国西北大学药理学专业的化学家；赫特是哥伦比亚大学的一位病理学家，以其在消化道疾病方面的研究而闻名；泰勒是宾夕法尼亚大学的生理化学家，研究的是谷物在人类饮食中的作用。

不过大体上看，威利与许多科学界同行的关系也开始恶化，这些人在观念上更为传统。“化工工程师协会”——食品行业的结盟组织——公开发表了一项协会决议，批评威利在二氧化硫等化合物上所持的立场。“美国化学学会”纽约分会的领导者们则表示，威利现在更像是一名倡议者，而非化学家。

可威利拒绝承认自己因为这些言行而觉得沮丧气馁。在纽约的一个实验室里，他对一位忧心忡忡的朋友说："那些带头打这样一场荒唐战役的人最终只会害到他们自己。""这些人微不足道，根本伤不了我，你放心吧。"

然而，"雷姆森委员会"却一直困扰着他，让他如芒在背。委员会似乎在有意削弱和推翻化学局的调查结果。雷姆森本人——用威利的话说——是糖精"所谓的发现者"，却被授权对甜味剂的安全问题做出裁决，这让他无比失望。而奇滕登这么明显的行业拥护者，居然被选为该委员会的一员，这也令他无比沮丧。他对朋友们说：成立该委员会并选取亲善食品行业的人担当其成员，不仅是对他的背叛，也是对美国消费者的背叛。

189

但威利立场坚定、毫不妥协，他认为"成立'雷姆森科学家咨询委员会'几乎是随后降临到《纯净食品药品法》上所有灾难的根源"。对此，出现了一些赞同的声音。《纽约时报》上的一篇社论说道，"'雷姆森委员会'成立于1908年2月20日，成立的目的就是推翻化学局哈维·威利博士有关食品药品纯净度的调查结果。"《纽约时报》与威利在纯净食品战线上的同盟军，以及无数关注华盛顿消息的美国人都已经开始意识到这个问题：尽管1906年的《纯净食品药品法》已成功生效，但在罗斯福政府内部乃至在整个联邦政府内部，存在着各种势力，他们会为了行业利益而调整法律规定，丝毫不顾及公众的权益。

190

➡ 19 岁的哈维·华盛顿·威利（Harvey Washington Wiley），作为印第安纳州汉诺威学院的新生，摄于 1863 年。

⬇ 威利（右三）与农业部的同事们，摄于 1883 年。

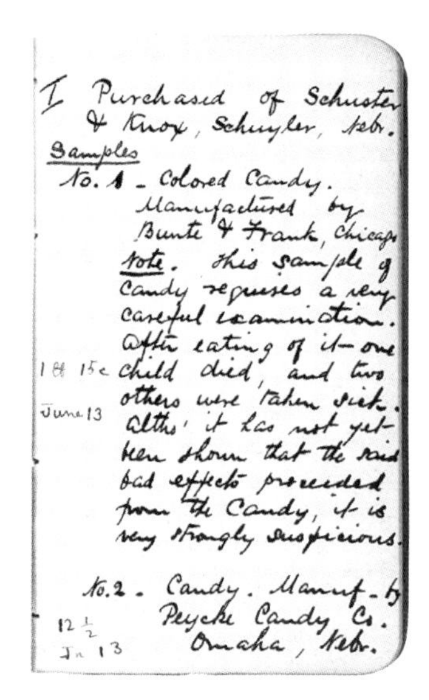

I Purchased of Schuster & Knox, Schuyler, Nebr.

Samples

No. 1 - Colored Candy. Manufactured by Bunte & Frank, Chicago

Note. This sample of candy requires a very careful examination. After eating of it one child died, and two others were taken sick. Altho' it has not yet been shown that the said bad effects proceeded from the Candy, it is very strongly suspicious.

1 lb 15c June 13

No. 2 - Candy. Manuf. by Peyche Candy Co. Omaha, Nebr.

12 1/2 Jn 13

⬆“看清楚再吃”，来自英国讽刺杂志《淘气鬼》（*Puck*）的封面（1884），嘲讽食物的供应状态。

⬈关于有毒糖果的笔记，来自一名为威利工作的调查员（1890）。

⬇美国农业部化学局实验室里的最先进设备（20 世纪初）。

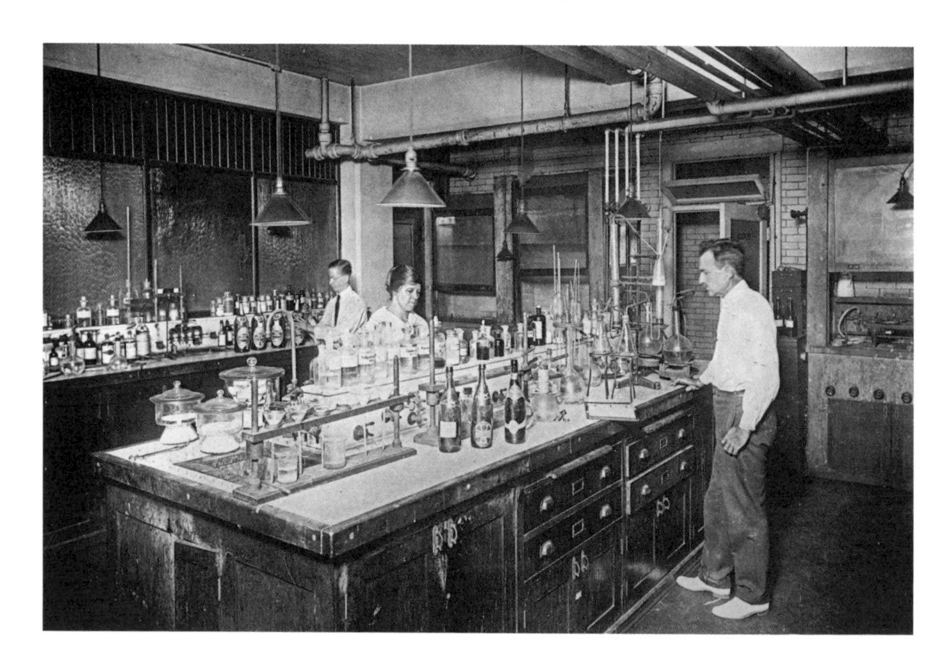

← 耶利米·拉斯克 (Jeremiah Rusk)，1889-1893 年任农业部部长，被同事亲切地称为“杰瑞叔叔”。

→ 朱利叶斯·斯特林·莫顿 (Julius Sterling Morton)，1893-1897 年任农业部部长，任上无情地消减预算。

← 詹姆斯·威尔逊 (James Wilson)，1897-1913 年任农业部部长，一开始支持威利，最后成为其对手。

← 艾拉·雷姆森 (Ira Remsen)，与他人合作发现糖精，又被他人利用，牵头成立由农业部操控的亲工业界科学家委员会。

⬅ 威廉·麦金利 (William McKinley)，第 25 任美国总统，于 1901 年第二任期开始前遭刺杀。

⬅ 格伦维尔·道奇 (Grenville Dodge)，前北方联军将军，在麦金利总统授意下，领导一个委员会调查针对美西战争期间，士兵服用劣质肉类的指控。

← 西奥多·罗斯福 (Theodore Roosevelt)，在麦金利遇刺身亡后，成为第 26 任美国总统。

↓ 罗斯福总统与其内阁成员，照片展示了美国首部食品安全立法，1906 年《纯净食品药品法》的签署现场。

⬆“试毒小组”的志愿者们在威利的餐厅测试食品添加剂的安全性。

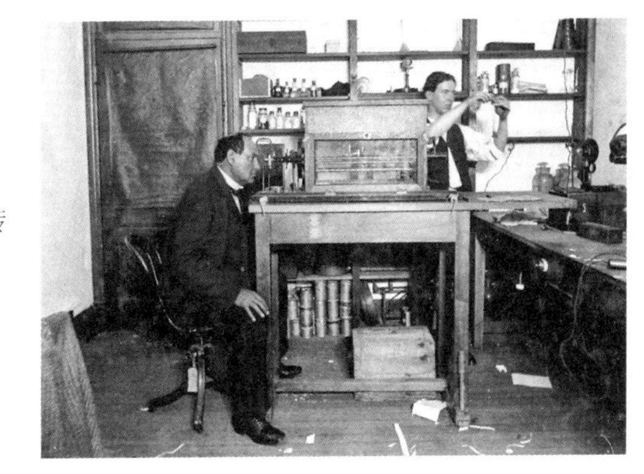

➡ 威利与其麾下一名化学家的宣传照，摄于“试毒小组”试验时期。

⬆ 厄普顿·辛克莱 (Upton Sinclair) 的小说《丛林》(*The Jungle*)（出版于 1906 年）的封面，该书揭露了美国肉类生产过程中的骇人场景。

⬈ 小说家厄普顿·辛克莱，摄于 1906 年。

⬇ 英国明信片，讥讽了芝加哥罐头商生产的肉类，于《丛林》出版后广为流行。

← 雷·斯坦纳德·贝克（Ray Stannard Baker），“扒粪”记者，因调查铁路行业并为辛克莱的小说提供建议而闻名。

→ 沃尔特·海因斯·佩奇（Walter Hines Page），道布尔迪和佩奇出版公司合伙人，主导并支持出版《丛林》一书。

← J. 奥格登·阿默尔（J. Ogden Armour），位于芝加哥的阿默尔肉类加工公司总裁，试图阻止《丛林》一书在欧洲出版。

➡大卫·格雷厄姆·菲利普斯 (David Graham Phillips)，一名改革派记者，因写书揭露美国参议院的腐败而惹怒罗斯福总统。

Are You Sure Your Vinegar is Pure?

In no other article that goes on the table is there so much dangerous adulteration as in ordinary vinegar.

And yet the amount of vinegar used in any one home is so small that every family can afford the finest vinegar made.

HEINZ
Pure Malt Vinegar

—the only vinegar of this kind made in the United States—is without question the purest, most delicious, most healthful vinegar that can be produced. Indeed, it is recognized as the standard by the Government pure-food authorities.

Brewed from selected barley malt by a most exact process, it combines with all the healthful properties of the grain a flavor of rare pungency that makes it invaluable for salads and table uses.

Your grocer sells Heinz Pure Malt Vinegar in sealed bottles. Include a bottle in your next order; if it isn't the finest that ever came to your table the grocer will refund your money.

Others of the 57 Varieties that are sure to captivate you are Baked Beans (three kinds), Preserved Fruits, Sweet Pickles, India Relish, Mandalay Sauce, Pure Imported Olive Oil, etc. Let us send you our interesting booklet entitled "The Spice of Life;" also our booklet on vinegars.

H. J. HEINZ COMPANY,
New York Pittsburgh Chicago London

⬅ 20 世纪初，海因茨公司（即亨氏集团）刊登了无数宣传其公司纯净食品的广告，此为其中一则。

⬅ 随着丑闻爆出，美国肉类加工行业开始成为《机灵鬼》的一个绝佳靶子。

⬋ 美国杂志《科利尔》(*Collier's*) 瞄准了国会对食品安全立法的抵制。

⬇ 芝加哥肉类罐头商被冠以“牛肉托拉斯”的讽刺绰号，来自《机灵鬼》1906 年的封面。

⬅ 在定义“真正”威士忌的漫长立法斗争中，蒸馏酒商特别重视对其产品纯净度的强调。

⬆ 1906 年《纯净食品药品法》的问世，令“纯净食品”的标签深入人心，大为流行。

➡ 一幅向威利致敬的漫画，因其不顾艰难险阻，领导了推动食品安全立法的斗争。

⬇ 美国农业部新成立的一个食品检验小组，摄于 1909 年，印第安纳州。

NEW WINE IN OLD BOTTLES
Cartoon by Darling in the *Des Moines Register and Leader*, reproduced in the *Literary Digest*, December 25, 1909.

⬆ 威廉·霍华德·塔夫脱(William Howard Taft)(左),第27任美国总统,与埃利赫·鲁特(Elihu Root)会面,后者曾担任西奥多·罗斯福政府的国务卿。

⬅《德梅因记录》(*Des Moines Register*)上刊登的一幅漫画,评论了塔夫脱总统由罗斯福派改革分子向国会领袖的转变,而这个国会领袖,已经与工业界结成了紧密联盟。

← 《华盛顿明星报》(*The Washington Star*) 著名的政治漫画家克利福德·贝里曼用这幅画取悦威利，哀叹他的退休，暗示无人能够穿上他的鞋子。

⬇ 20 世纪早期，美国农业部在调查一家糖果工厂时拍下的照片，强调了监管的必要性。

➡ 安娜·凯尔顿·威利(Anna Kelton Wiley)与她的两个儿子哈维（右）和约翰（左），摄于1920年。

⬅ 20世纪20年代，威利有关食品和营养的专栏报头。

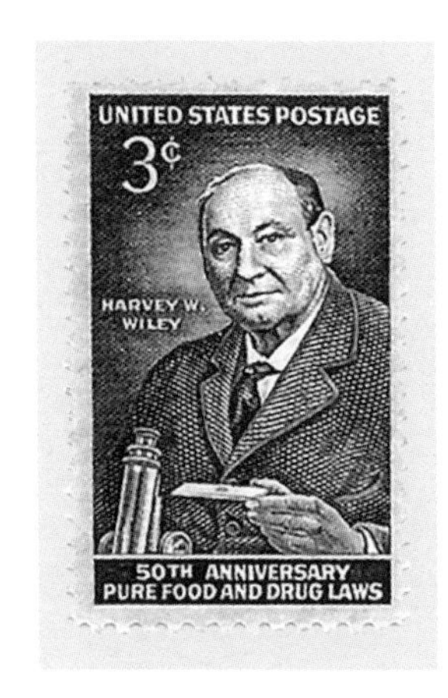

⬆ 1956 年，美国发行庆祝《纯净食品药品法》诞生 50 周年的纪念邮票，哈维 · 华盛顿 · 威利的头像赫然其上。

⬈《世界工作》(*World's Work*) 杂志上刊登的哈维 · 华盛顿 · 威利肖像，此时威利即将从公务员岗位上退休。

第十一章
找尽借口

1908～1909

叶面的细菌千千万，正舞动利钩，

攻击着脾脏与肝脏。

1908年4月，当“试毒小组”的苯甲酸钠和苯甲酸研究成果准备出版的时候，威利在费城举行的一次“美国哲学协会”的会议上发表了一篇具有挑衅意味的演讲。“哲学协会”是本杰明·富兰克林于1743年创立的，在美国民众中享有极高的地位。威利在会上提供了初步调查苯甲酸钠的相关信息，反复敦促严格执行《纯净食品药品法》，并主张对加工者在商业食品中放入的添加物进行更加严格的限制。

“化学防腐剂和人造色素的使用是近些年出现的事，”他告诉他的听众，“我想我可以有把握地说，如果能追溯到三十年——至多四十年前，我们会发现我们的食品中是不含”此类添加剂的。但是化学的快速发展给这方面带来了变化，他继续说，“从而能为食品制造商提供高效的化学防腐剂……其价格低廉，完全可以随意地用于食品中”。

他强调，正是这种制造更廉价而不是更安全或优质产品的能力，令食品行业欣然欢迎工业化的食品化学。他还论证道，其实把食品做好并没有那么昂贵。一个“有良心的”番茄酱制造商（显然说的是海因茨）已经通过生产向大众证明，他们只需每箱额外花费15美分至20美分，就能生产出不含防腐剂的产品。

若预览即将发布的官方报告就会发现，威利将苯甲酸钠描述为“让人完全不能接受”，因为它“造成了非常严重的代谢功能紊乱，并伴有对消化功能以及健康的损害”。正如威利早些时候告诉国会的那样，这项研究里的12名志愿者中只有3人撑到了试验结束。所以他在结束发言之前再次强调，应该“彻底”从美国人的餐桌上去除所有已被证明对健康有害的化合物，或者仅仅“因为制造商们贪图便利、粗枝大叶，或漠然无视（他人生命健康）”而添加进食品中的化合物。

苯甲酸钠试验使这位首席化学家异常焦虑。他曾预测其“试毒小组”志愿者们会有轻微反应甚或没有反应，结果却恰恰相反。正如他跟立法者们所说的那样，“最明显的症状是喉咙和食道有烧灼感、胃痛、有些头晕、味觉差；当受试者达到忍耐极限时，他们会突然感到恶心不适”。12名志愿者中有11人在试验期间体重明显减轻，而且——除了其中2名男性——他们身体复原得异常艰难迟缓。在此前展开的其他探索之外，这次研究令威利更加确信：工业生产的防腐剂对健康的威胁比他先前所意识到的更加严重。他在报告中写道：“我被自己的调查说服了。”

但即便威利越来越警惕加工食品，也越来越急切地想要对其进行监管，其顶头上司还是在与他背道而驰。农业部部长威尔逊已经厌倦了这些调查（他认为是在危言耸听），他甚至开始刻意阻止出版那些他认为对食品行业不利的调查结果。在1907年间，他曾禁止出版一份名为《玉米糖浆作为葡萄糖的代名词》的报告以及一篇由毕格罗撰写的论文——《水果制干时二氧化硫替代物（淡盐水）的研究》。1908年，他又在国会议员谢尔曼及其同侪的劝说下，阻止公布《罐头食品卫生状况》——这是一份言辞凿凿的调研。威尔逊还压住了“试毒小组”的另外两份报告：一份是关于有争议的硫酸铜，另一份则关于旧式防腐剂硝酸钾（硝石）。威利当时刚从费城返回，威尔逊就派人去告诉他，苯甲酸钠的报告也不会如期发表。部长希望将它搁置，至少等到“雷姆森委员会”的相关研究结束之后。

192

农业部的同事们注意到了这个情况，纷纷评论认为威利明显处于劣势。对此，他并不否认，但他坚称：虽然愤怒，但自己并未受怒气驱使而偷偷撤销威尔逊的命令——部长叫停苯甲酸钠报告的命令。他发誓说自己从未做过这种事情。所以当“试毒小组”报告出人意料地于1908年7月20日公开出版时，他申辩道自己的震惊之情不亚于任何一个人。这一定是“政府印刷办公室”的误解造成的，他辩解到。印刷办公室的人也支持其说法；厂方管理人员为这因疏忽而发布的信息做了正式的道歉。可威尔逊并不买账。他知道威利不仅在农业部，还在许多政府部门（包括印刷办公室在内）都有交情匪浅的好朋友。这位农业部部长本来就已经对首席化学家不屈不挠的性格感到厌烦，现在他似乎看到了更糟糕的迹象：一个任情恣性、阳奉阴违的下属很有可能会背叛变节。

1908 年 8 月，“美国国家乳制品和食品部门协会”在密歇193根州麦基诺岛上雅致的大饭店召开年会。始建于 1887 年的饭店富丽堂皇，静静地俯瞰着脚下波光粼粼的水面，尽管环境如此优美静谧，出席年会的人们却在摩拳擦掌地准备战斗，这一点连记者们都清楚地觉察到了。

《纽约时报》在当年 7 月 30 日的文章中就警告称：“现在全国各地都能看到的迹象很可能也会在本次大会上涌现。”“与预期相反的是，降低食品立法的标准并不是一件受到民众欢迎的事……消费者联盟、各种俱乐部和其他组织都在讨论这个问题，并在此向当局宣告他们的想法。”该文称，在这些表达不满的人当中，有化学局的官员和来自西部一些州的代表们，“在这些州，对纯净食品问题引起的骚动的担心尤为强烈”。

北达科他州的激进食品化学家爱德温 · F. 拉德是“美国国家乳制品和食品部门协会”主席，同时也是抗议运动的主要组织者。拉德在 8 月 4 日的会议上做了一番激烈的长篇大论式开场白，旨在批评农业部部长詹姆斯 · 威尔逊：指出他封锁了来之不易的食品安全报告，给严格的食品监管施加阻力，更别提他与食品行业之间明显温馨亲密的关系。拉德说，罗斯福也好不了多少，从“雷姆森委员会”成员的任命中——其实是在打法律的擦边球——可以看出这两人对消费者保护是有多冷漠。他继续说，联邦政府的行为无非是在侮辱所有那些相信优秀科学技术能帮助大众做出正确决定的人。

参加麦基诺会议的有从食品制造业中精挑细选出来的代表，他们在会上作证支持威利食品安全执法的观点。印第安纳波利斯市“哥伦比亚果酱食品公司”的一位经理指出，他起初对新规怀有敌意。他们公司之前一直因为销售一种廉价的“草莓果冻”而获利，这种果冻是由葡萄糖、苹果废料和红色食用色素制成的，由于担心失去客户，他们强烈抵制将该产品称为“仿制品”。但食品新规实施后，该公司却发现可以通过销售标注详细、质量上乘的产品而获得更丰厚的收益。“亨氏公司”的代表也在会上担当了主角。在成功弃用防腐剂制作番茄酱之后，“亨氏公司”又开发了一系列不含防腐剂的产品——从芥末到甜泡菜不等，种类齐全。亨氏的市场总监汇报说，在过去的一年中，让产品暴露在“酷暑严寒四季变化中，把它们运送到国内外四面八方去，”“而产品的腐败率还不到0.25%”，这样的经验是他们公司“取得的佳绩和成就之一”。已是亨氏公司副总裁的塞巴斯蒂安·穆勒对坚持使用防腐剂的竞争厂家进行了猛烈抨击。他十分肯定地说，食品制造商们之所以正在推广苯甲酸钠，是因为他们发现在“批量”制造番茄酱中变废为宝——使用有腐烂迹象的食物废料和残渣（有时竟是政府所提议 0.10% 这一标准线的 4 倍）——是有利可图的。

194

威利补充说，食品质量和安全不仅代表了优秀的科学技术，也代表了决策者的道德品质。他指出，富人可以轻而易举地承担新鲜食物和精制调味品的价格；而那些廉价的、靠化学方式改善（口味）的食品仿制品则面向穷人。如果这个国家能致力于将优良食品标准化，那么它就能真正地促进全民健康。威利指出：“无论何时，为了降价而降低食物品质，那么劳动人民为获得特定营养所付的代价要多于富人因购买纯净食品而付的代价。”

与会者投票表决通过了一系列决议，这其中包括一份对漂白面粉的谴责书——漂白面粉的做法因随之产生的化学副产品而饱受诟病——以及对一项有争议建议的声援，即在每个食品容器上应列出内容物的重量，让消费者知道所购物品的实际分量。但食品制造商和杂货商强烈反对这样一部“容量标重”的法律，从而向代表们暗示了他们关心的是什么。以42票对15票的投票结果，“食品和乳品协会”在防腐剂和其他食品添加剂问题上明确地站在威利阵营中：“决议如下，本协会深信，食品中的所有化学防腐剂均为有害，无论何种食品都将且都能够在没有防腐剂和其他食品添加剂的情况下制备和分销；本协会承诺尽最大努力利用其掌握的一切道德和法律手段，将化学防腐剂隔离在食品生产之外。”他们对联邦政府的不满之情还体现在：与会人员同意制定一个统一的食品纯净法，并提议在全国范围内的州一级政府通过。拉德挑选人员组成了委员会来起草这项法律，成员包括他自己、肯塔基州的罗伯特·艾伦和化学局的威拉德·比格洛。

195

在这次会议上采取的所有行动中，最具争议、最具潜在危险性的——尤其对哈维·威利而言——是对威尔逊的群起而攻之，导火索是拉德对这位农业部部长所做的开场白。威利事先警告过他的朋友拉德，公开批评可能不是一个好主意，因为这会令威尔逊愈加疏远，从而适得其反，损害到他们共同的事业。但是拉德对联邦农业部的转向感到深受背叛，所以拒绝保持平和态度。威利和出席的化学局其他同事对任何决议都慎重地投了弃权票，就更不用说针对这项谴责自己部门负责人的决议了。因此，当某个特别愤怒的与会者提议指控威尔逊玩忽职守时，威利他们就随着农业部的其他雇员一起走出了会议室。

然而，威利并没有公开站出来为威尔逊辩护，一些出席者认为，这显然是首席化学家的职责所系，但是威利将它忽略了。一位与会者沮丧地表示，“那些在麦基诺围观事态发展的人，对‘问责’威尔逊部长时威利博士和华盛顿代表团其他成员的缺席之举感到惊讶。”他认为首席化学家或许本可以缓和剑拔弩张的态势，而威尔逊完全同意这一说法。事后，威尔逊情绪激动地对威利说，他今后再也不会派任何人去参加这样的会议——农业部和部长遭到无端攻击却无人帮忙辩护。然而，正如拉德和威利后来所指出的，有人为部长强烈发声，这是一些来自食品加工业的代表。例如一本有名的行业期刊《美国食品杂志》（*American Food Journal*），就指责威利让部长难堪，还预言这位首席化学家会因为此次“厚颜无耻的攻击”而遭到解雇。包括“陶氏化学”在内的多家公司也紧随其后，敦促换人。

196

麦基诺会议后不久，美国农业部的一名巡视员访问了“陶氏化学公司”位于密歇根州米德兰市的工厂，并与创始人赫伯特·陶会面。后者抱怨说，《纯净食品药品法》的颁布，加之威利的恶意攻击，使他们的苯甲酸钠销量一落千丈。陶氏对威利博士的批评“毫不留情”，将之描绘成专门在那些未受教育又杞人忧天的公众面前进行表演的人。陶氏明确表态，化工业正在策划自己的知识普及运动，以消除威利及其同党们散布错误信息所造成的影响。

到目前为止，农业部部长和化学局局长之间的嫌隙世人皆知，突然之间，他们的每一个举动都会受到公众的详细审视以寻找细微的政见差别。包括《纽约时报》在内的各家报纸都饶有兴趣地指出，即使威尔逊在食品安全执法问题上支持威利，他支持的理由也往往与首席化学家提出的理由不同，最近农业部关于小麦面粉漂白的一个决定就是明证，毕竟将面粉漂白的行为太富争议性。

19 世纪晚期，雪白的烘焙食品已经成为衡量一个家庭社会地位的标尺。传统美白面粉的方法很简单，就是把面粉放在阳光下直接暴晒，或者令其在通风良好的房间里自行老化。但用这些方法需要时间——数小时甚至数天。到了 20 世纪之交，磨坊主们开始使用更为快捷的技术，主要是用过氧化氮或臭氧对面粉进行化学氧化。一份《纯净食品药品法》通过后的行业惯例述评发现，化学漂白面粉几乎成为标准操作。如有例外，则通常是一些小公司，因为不能承担建立氧化工序的费用而不采用此法；他们通常会在杂志上做广告，宣传传统方法的益处："非人工增白……无造假老化效果。"

197

爱德温·拉德是北达科他州的食品专员，应该州多位小磨坊主的要求，他在前一年开始调查漂白技术。他的朋友和盟友詹姆斯·谢泼德是南达科他州的食品专员，也在做着同样的事。拉德通过调查发现，经漂白的面粉，至少是那些用氮氧化物处理过的面粉，被硝酸盐严重污染，而硝酸盐是氮－氧基盐衍生物。拉德认为这些化合物应被视作对健康具有潜在风险，在这方面还需做进一步研究。1907 年，在出版其调查报告前夕，拉德颁布了一份北达科他州禁令，禁止销售任何含有硝酸盐的漂白面粉。

威利的化学局采取的是更加谨慎的做法，起初仅仅是主张将面粉贴上漂白或未漂白的标签，以便消费者自行选择。但同时威利也授权对漂白面粉和任何可能在加工过程中产生的化学残留物（如硝酸盐）进行调查。在他的实验室里，科学家们着手揭示了漂白和硝酸盐之间的直接联系：使用的过氧化氮越多，面粉中硝酸盐的残留量就越高。此外，他们发现，即使烘烤面包，大部分化学残留物也能存留下来；而且没有证据表明生面粉或焙烤食品中硝酸盐的含量会随着时间的推移而降低。农业部食品药品检验实验室的一份报告说："我们的实验结果可总结为：从消费者的角度来看，用过氧化氮漂白的面粉永远不会提高面粉的品质。"

威尔逊表示自己至少愿意考虑漂白面粉的问题。1908 年秋，在化学局出具报告之后，他便就此问题召开了一个正式听证会。听证会期间，拉德、谢泼德和威利在三个主要观点上意见一致：1. 每天食用硝酸盐可能会给人体造成健康危害；2. 这一问题还需做进一步研究；3. 在正式宣布食用安全之前，应禁止漂白面粉的操作，因为该过程会产生此类化合物。 198

毋庸置疑，面粉行业丝毫不赞同听证会上做出的决议。面粉公司随即雇用了一个科学家团队来应付拟议禁令，这群科学家也表示反对。75 名行业人士参加听证会，并整合资源聘请了一批专家，其中包括芝加哥著名的毒理学家沃尔特·S. 海恩斯（Walter S. Haines），他早前曾为食用硼砂做过辩护。海恩斯做证说，漂白面粉中的硝酸盐含量极少，不会造成任何实际的伤害。然而，该年 12 月，威尔逊明显持与威利一致的观点，这让面粉商们都大为吃惊。威尔逊公开发表了声明，说农业部确实会根据新法律宣布漂白面粉为掺假产品。这首先就意味着它不能再跨州运输了。拉德和谢泼德希望这一决定可视作农业部部长及其首席化学家之间裂痕愈合的标志。“漂白面粉注定要鸡飞蛋打”，威利在回应印第安纳州食品专员的质疑时愉快地写道，他为这次出现在自己和部长之间罕见的协调一致而欢欣鼓舞。

然而，从决议的一些详情中却可以看出，威尔逊和威利支持禁令的动机不同。威利反对用化学方法漂白面粉，因为这样会危害健康，但是威尔逊阻止了化学局发表出版针对该问题的毒理学研究结果；而威尔逊否决漂白面粉，是因为他认为这种做法助长了欺骗性营销。有了强大的漂白技术，磨坊主们可以“扮靓”廉价面粉，再高价出售。跟踪报道这一决议的新闻特别强调了其间涉及的政治分歧：“威尔逊部长和威利博士再次发生争执”，纽约的《商业杂志》（*Journal of Commerce*）报道说，而这位化学家“又被他的长官否决了”。

199

针对面粉业的各种担忧，威尔逊也做出了回应。在启动任何起诉或产品没收程序之前，他预留了 6 个月的宽限期来审查该决议并进行回应。事实上，这位部长在执法方面显得过于犹豫不决，面粉商们决定继续随意生产漂白面粉并装船发货，想试试部长的决心到底有多大。

坊间传言四起，说威利步步紧逼自己的上司，就快失业了。“美国国家乳制品和食品部门协会”的成员们忧心忡忡，直接写信给罗斯福，为他们的朋友辩护。10 月，拉德与另外两名州食品专员——威斯康星州的约翰 · G. 埃默里（John G. Emery）和密歇根州的亚瑟 · C. 伯德（Arthur C. Bird）一起，在一封信中指出，“一直有个传闻，说农业部部长要解雇威利博士，或者要求他自己辞职”，这是因为威尔逊部长认为，威利博士作为首席化学家，对在麦基诺会议里发生的对峙负有责任。“他的观点没有任何根据，”信里继续说。拉德是抗议的组织者，应该由他来完全承担功过。拉德几人希望罗斯福能够做点什么来阻止所有针对威利的不公或有害举措。但如果情况变得更糟，伯德在给威利的信中写道，他们就准备亲自去白宫。

他们也认识到，罗斯福总统的任期只剩下几个月。早些时候，他曾宣布不会再寻求连任（这个决定会令他后悔），而即将到来的 11 月大选也使得罗斯福挑选的继任者威廉·霍华德·塔夫脱（William Howard Taft）与当选的民主党候选人威廉·詹宁斯·布莱恩（William Jennings Bryan）对立起来。这些食品化学家们宣称，如果有必要的话，他们将与下任总统一道为《纯净食品药品法》、为威利辩护。甚至在塔夫脱赢得 11 月份总统选举之后，又开始出现新的谣言，说罗斯福将在离任前解雇威利。从新闻报道中可以清楚地看出，美国的新闻从业者——代表他们的读者——将这个想法视作具有背后行业助力的、对美国食品安全的威胁。 200

《纽约世界报》（*New York World*）1908 年 12 月 20 日刊：“威利博士说，‘没有人叫我辞职，但在每个关键时刻，都有食品制假分子找我的麻烦。我已经准备随时离开——如果政府采纳这些人的建议开除我；不然，我就留下继续捍卫《纯净食品药品法》，不管有多少子弹在等着我。’”

《波士顿晚报》（*Boston Evening Record*）1908 年 12 月 29 日刊：“专注纯净食品的威利博士……已经树敌上千，但这些敌人都是他为了公众利益而树。如果那些食品造假商们真的赶跑他，这‘运费’还得消费者来出！”

《纽约晚间邮报》（*New York Evening Mail*）1908年12月31日刊：“诚挚地希望威利先生能对抗他的敌人，无论采用公开斗争还是秘密打击的方式，继续揭露谴责现代行业体系给食物掺假放毒谋求高额利润的行为。”

人心惶惶的公众结成统一战线，齐声应援，迫使罗斯福的行政秘书小威廉·勒伯（William Loeb Jr.）发表声明，宣布“据他了解”，总统和大家喜爱的首席化学家之间“并无摩擦”，他也从未听说有任何换人取代威利的安排。罗斯福同样表示他并无计划要换掉威利，但不久之后他又表示正有此意。他告诉记者，自己曾亲自审阅过威利在玉米糖浆、进口法国醋应否精确标注标签和糖精的安全性等几个问题上发表的意见，但每次都并不赞同。“这些事情都让我异常怀疑威利是否具有良好的判断力。”但另一方面，总统接着说，“他为人正直、对工作满怀热情、值得信任，所以我非常愿意在我力所能及的范围内给予他支持，只要我能确信该做法有利而无害”。

201 罗斯福强调，如果政府的监管变得过于严厉或琐碎，那么，因此产生的强烈反对可能会“扰乱整个《纯净食品药品法》”。他希望理智的人都能认同这样的结果对谁都没有好处。

同年12月，化学局发布了一份关于把甲醛作为食品防腐剂的总结报告。报告中对这种做法进行了直言不讳的谴责：甲醛是一种有毒的添加剂，却仍被大量地使用在牛奶中，尤其是在夏季使用，这“对细胞的生长存有隐患”。每一个“试毒小组”的成员随餐喝下加有甲醛的牛奶都觉得恶心不已；他们的症状是失眠、头痛、头晕、眩晕、恶心和呕吐，全员体重减轻。对他们的血液和尿液进行分析后发现，每个人的尿液都会形成草酸钙结晶，白细胞计数下降，这表明免疫系统遭到了破坏。化学局给出的结论语气平淡：在食品中使用甲醛“绝不正当”。尽管措辞强硬，但这份报告是威利的研究结果中所受争议最少的研究之一。

《纽约州立医学杂志》（*New York State Journal of Medicine*）上刊登的一篇研究述评引用了一连串证据，证明甲醛是一种“剧毒品”：从一名少年之死（他饮用了含量为4%的甲醛溶液，29小时后死亡）到5只猫咪实验（实验中给5只猫饮用含有1/50000比例甲醛的牛奶，其中3只过了几小时后死亡）。尽管分歧很多，但威尔逊、麦凯布和邓拉普都同意威利的观点，即联邦政府应该禁止将甲醛作为食品添加剂。

威利还可以感到欣慰的是，他据理力争，反对将硼砂作为食品添加剂，成功地得到了农业部的支持。在威尔逊的指示下，监管机构开始扣押含有硼砂的产品，使其退出市场。在一火车奶酪被扣押后，“麦克劳伦帝国奶酪公司”（一家加拿大奶酪制造商，后来被J. L. 克拉夫特兄弟公司收购）要求威尔逊将硼砂问题移交给“雷姆森委员会”，但遭到了威尔逊的拒绝。 202

农业部部长还在11月份做出了一项决定，扣押52个工业规格的罐子，里面装满的鸡蛋被浸泡在浓度为2%的硼酸溶液里进行保存。圣路易斯的“海勃莱特鸡蛋公司”将这些巨大的罐子——每罐重约42磅（译者注：1磅=0.4535924公斤）——卖给烘焙行业，其价格远低于新鲜鸡蛋。“海勃莱特鸡蛋公司”专门收购外壳脏污、破裂甚至已经腐臭的鸡蛋，用于制作面包和蛋糕。该公司尤以使用“斑点蛋”（即腐烂的鸡蛋）而“出名”；他们将鸡蛋内容物混合成厚而均匀的团块，使用硼酸（硼砂的副产品）防止团块分解腐烂，然后制成鸡蛋液体灌装出售。威尔逊不仅批准了此次扣押，还对该公司提起了法律诉讼，要求其停止使用硼酸防腐剂。正如甲醛禁令一样，对硼酸的这一处理也是一个极具政治头脑的决定。自威利的第一份“试毒小组”研究报告出炉，以及“太平洋海岸硼砂公司”毫无底线的宣传策略一事真相大白以后，硼砂就突然失宠了。

几年来，全国各地的杂志和报纸一直在刊登 H. H. 兰登（H. H. Langdon）的观点，这个人反对威利，支持防腐剂，自称是一位具有科学背景的公共卫生倡导者。兰登的想法常见于他写给报社编辑的信中，偶尔也会出版在杂志文章中。1907 年，威利出版了一本书，题为《食品与掺假》（*Foods and Their Adulteration*），书中编纂了化学局得到的分析报告，之后，显然精通科学的兰登写了一篇措辞激烈的书评猛烈抨击该书。但事实上，“兰登”不过是“太平洋海岸硼砂公司”首席公关 H. L. 哈里斯虚构出来的人物。哈里斯在大型和小型出版物中植入他化名兰登的信件。如在写给俄亥俄州东部一家报纸《联盟评论》（*Alliance Review*）的信函中，哈里斯就写道：“最近刊登在《联盟评论》上的一个食物中毒案件引发的思考是，自《纯净食品药品法》通过以来，尸碱中毒案例增长迅速，真是骇人听闻。”

203

在写给《纽约时报》的信件里，这个莫须有的兰登把威利描述为一个“观点激进”、不值得信任的科学家。在《科学美国人》杂志上，他强调说，“试毒小组”志愿者们吃了含硼砂的食物变得更健康了。他的文字甚至出现在保罗·皮尔斯的《吃什么》中，在那里他写道，“试毒小组”的试验是不可信的，因为化学局的食堂既简陋又肮脏，让人食欲全无。这些毫无根据的话一版再版，产生巨大的影响，让那些敌视威利的科学家们——比如德国的工业化学家奥斯卡·里布瑞奇（他曾使硼砂获得市场青睐）——时不时地将其纳入自己的证词中。

正是像里布瑞奇这样知名度高的药物化学家采纳了哈里斯或者说兰登的声明，才引起了“美国医学会”（AMA）着手调查。“美国医学会”的医生们审核了伪造信件中所提到的尸碱中毒案例，发现许多病例实际从未发生过；多数病例情况各异，有些是消化不良，还有少数则是为了自杀而“服用砷（砒霜）”。换句话说，并没有出现因为减少硼砂等防腐剂的使用而陡然增加细菌性食物中毒的案例。在一篇题为《新闻媒体与防腐剂》的文章中，《美国医学会杂志》（*JAMA*）的编辑们对当前其他期刊的做法提出了批评，指责他们疏于查证而“理所当然地拿来哈里斯的‘毒文’当事实，又当成自己的东西刊登出来”。他们建议学会的医师会员们向媒体公开兰登的所有来信，报纸也开始在一些兰登的看法中加入编辑的注释——对此，美国医学会指出，这是态度积极的一个措施，“肯定会引起（人们）对‘太平洋海岸硼砂公司’总部的恼恨与厌恶”。

不过，尽管有证据表明食品行业存在欺诈行为，尽管威尔逊支持禁止添加硼砂和甲醛等添加剂，但他仍然对威利及其激

进倾向保持着高度警惕。他再次拒绝考虑对食品中的含硫化合
204 物加以限制；他再次表示会等到“雷姆森委员会”对苯甲酸钠给出建议后再决定其去留。所以，当 1909 年 1 月 26 日该委员会发布报告声称苯甲酸钠不存在安全问题时，威利及其盟友们都毫不惊讶。“你会发现它怎么读都可以，”威利在读完了出版的报告后给朋友写信，指出始终没有收到试印本；（里面）“尽是借口”。

雷姆森委员会中的 3 位成员——朗、赫特和奇腾登——自行开展了研究，他们并未严格地遵循威利的试验设计方案，所以不能再现“试毒小组”研究中所见的重疾迹象。这几个人找了一组年轻男性，给他们试用苯甲酸钠，但是实验时间额外增加了几个月，而且给这些人试用的剂量范围更广。这 3 位研究员在其实验对象身上发现了一些健康受损的迹象，但不予考量，声称“这是一定生理过程中的细微变化，其确切的意义尚不明晰”。他们认为，对于一个男性来说，这种细微变化的原因可能是多样的，例如睡眠不足或是天气变化。比如奇腾登就把他所观察到的恶心呕吐和腹泻归结为“新英格兰炎热干燥的夏季”引发的症状。“雷姆森委员会”宣布，他们可以向政府和公众保证，苯甲酸钠——将其使用剂量限制在行业标准剂量的 0.01% 范围内——是绝对安全无虞的。

防腐剂制造商宣称，“雷姆森委员会”的报告意味着打败了一位“傲慢的政府科学家”。“食品制造业协会”再次要求威利下台，并预言他曾批评的所有食品添加剂——从硫酸铜到糖精——都将被发现是无害的。但正如《纽约时报》报道的那样，这样的公开欢庆几乎立刻产生了事与愿违的效果：纯净

食品的倡导者们当即指责雷姆森的报告带有偏见，又开启了新一轮“高层大战”（据该报称）。

《美国医学会杂志》写道，“雷姆森委员会”似乎决意不想找到防腐剂对健康的影响。“在委员会做出的决定中，苯甲酸钠对群体的生理影响问题几乎未被触及。也就是说，虽然已知苯甲酸钠是一种细菌毒药，但它对于人体器官的损害作用——用苏格兰式判决（译者注：即非最终决定的）语言来说是——‘尚未证实’。”苏格兰式的“尚未证实”在这种语境下意味着，虽然该指控尚未被确定属实，但被告也未能洗脱罪名。“希望威利博士无论如何都不要气馁，继续留任原职，并继续坚持其工作标准。”文章继续说道：“他是一个政府官员。幸运的是，他这种类型的政府官员现在越来越多了——他们代表公众、被寄予照顾公众而非某个阶层利益的期望，并对此心怀感激，而他就是其中一员……难怪那些迄今为止靠着牺牲公众健康和福祉而发迹的人对他深恶痛绝。”

205

各妇女俱乐部，各消费者联盟，报纸社论作者们，甚至“罐头商协会”以及“美国食品批发商协会”都愤怒地为威利发声辩护。在雷姆森报告发表的当天，保罗·皮尔斯宣布成立了一个新的互助团队——“美国纯净食品促进会”，促进会的代表来自食品行业的多个公司，有“小麦麦片公司”、“弗兰高美国食品公司”、“比纳肉类加工公司”，以及“H. J. 亨氏公司”等。亨氏负责支付促进会的新闻宣传费用，他为新闻记者提供了小册子，上面不仅详细说明了防腐剂的风险，还指出了农业部的团体腐败现象。“如果你能看到大量的信件、电报和剪报雪片般向我飞来的景象，”威利给爱德温·拉德写信说，“你就知道，举国上下，无人支持裁决委员会（雷姆森裁决委员会）。”

然而，威尔逊对这种政治闹剧不以为然。他接受了“雷姆森委员会”的报告，丝毫没有攻瑕指失，仅对防腐剂的使用给出了建议——即除非有客观科学提供证明，否则防腐剂只能在安全的低剂量范围内使用。1909年3月，即将离任的罗斯福总统批准了一项法规，允许在食品中使用苯甲酸钠，可使用含量为0.01%。如果威利过去更多的是主动进攻而非被动防守，那么至少他可以庆幸他至少对防腐剂的添加进行了限量。可是，这个决定的出现却使威利本人、他的盟友们，还有新闻媒体认为，作为农业部的首席化学家，威利在此事上彻底败北了。有评论认为，纯净食品的倡导大军已经在相当程度上展示了他们的政治力量，但他们还是输了。

威利再次考虑辞职，但后来又放弃了这个想法。因为在这场战役中他已经走了很远，他觉得应该忠诚于那些志同道合的战友们。正如他写给一位朋友的信里所说，“如果一个将军因为损失了一些士兵而卸甲归田”，那么他就是个懦夫。威利承认自己有诸多缺点，但他可以自豪地说，懦弱不在其中。

第十二章 威士忌与苏打水

1909

千万别开始，哪怕宴会再美妙。

威廉·霍华德·塔夫脱在很大程度上是由于西奥多·罗斯福的支持而赢得总统之位的，一方面，他赞同自己的靠山对农业部那位改革派首席化学家的谨慎态度：“我希望给予威利博士理应享有的合理而公正的支持”，塔夫脱在上任后不久，写信给威利一位倍感焦虑的支持者，“但如果我发现他做了不合理的事情，即使有人质疑我的动机，我也不会同意他的做法”。

另一方面，他期望能和罗斯福保持良好的关系。但实际上，作为现任总统，他还是在接下来的4年里与前任总统分崩离析。对这一分歧的一个广为人知的简单解释是：罗斯福退位后手无实权，变得郁郁寡欢，愈发具有进步意识；而塔夫脱政府却表现出保守主义倾向。当塔夫脱与罗斯福因为保护原生态地区的问题发生公开的争执之后，他于1910年撤销了大获好评的美国林务局局长吉福特·品肖特（Gifford Pinchot）的职位，这使得他们的分歧达到了最高点。塔夫脱此举不仅疏远了罗斯福（因为是罗斯福最初任命品肖特为林务局局长的），也疏远了其他进步的共和党人，在共和党内留下了巨大的裂痕。

然而，追根溯源，塔夫脱和罗斯福之间的派系罅隙远非某一较大争端造成的。从上任之初，塔夫脱就表现出要重新考虑罗斯福政策的意愿，包括《纯净食品药品法》执行时某些有争议的新立场。

例如，哪一种才是真正可以被称为“威士忌”的酒精饮料这一话题卷土重来，对此，罗斯福和司法部部长波拿巴认为他们已经解决了这个问题。而以说客沃里克·霍夫所代表的酒水饮料商们仍在不知疲倦地为此奔波，因为他们永不屈服于解决方案中“混合威士忌”和“仿制威士忌”的改名安排。罗斯福曾试图悄悄地安抚那些愤怒的酒类批发商，他的做法是任命一个非官方的“威士忌委员会”，旨在进行形势评估。委员会成员包括威尔逊、邓拉普和约翰·G.卡珀斯（John G. Capers），卡珀斯时任美国国税局（Department of Internal Revenue）局长。委员会非官方设立，极为保密，所以有记者询问威尔逊和邓拉普相关行动传闻时，他们起初甚至是否认该委员会的存在的。可想而知，在罗斯福和卡珀斯承认该组织的设立以后，这一欺骗行为在政治层面变得多么尴尬。此外，霍夫还得到了一封由委员会写给总统的信函副本，信中表示出了对威士忌酒业的支持，并将其泄露给报纸来推进其事业。该信激怒了威利和他那些志同道合的朋友们，部分内容如下：“不能否认‘威士忌’这一术语应可用于经水稀释成适当浓度，然后用焦糖调色的中性烈酒。”

霍夫对塔夫脱的当选表示欢迎，这主要是因为他记得在审议威士忌最紧张的时候，时任作战部部长的塔夫脱公开表态支持酒类批发商的立场。在 1909 年就职典礼后不久，霍夫便带着“美国酒类批发经销商协会”的会员们和他得到的那份“威士忌委员会”信件副本，与新总统会面。之后，在塔夫脱总统的鼓励下，协会正式提交请愿书，请求再次讨论如何定义威士忌的问题。

209

作为对协会的回应，塔夫脱命令副总检察长（Solicitor General）劳埃德·W. 鲍尔斯（Lloyd W. Bowers）对罗斯福之前的决定做一次正式审查。塔夫脱还在鲍尔斯的建议下，要求司法部从 1909 年 4 月 8 日起重新开展一系列威士忌酒听证会，为期一个月左右。由听证会的证词所产生的卷宗长达 1200 页，追溯了早先在国会委员会的听证会上所涉及的内容。霍夫再次以酒水饮料批发商代表的身份参会。和过去一样，小埃德蒙·海因斯·泰勒——虽然现在已经 70 多岁了，却仍然直言不讳地声称拥护肯塔基波本威士忌陈酿——是纯威士忌酒的代言人。而威利，再次作为酒精分析和纯度的专家证人出席听证会。听证会的主题可能有些枯燥乏味，但过程却精彩有趣。与会者们多次围坐在一张桌子旁，品尝作为证据提交的威士忌样品：纯酒、混合酒、仿制酒等。“华盛顿 & 李大学”（Washington & Lee University）的经济学教授亨利·帕克尔·威利斯（Henry Parker Willis）曾担任过威士忌酒税问题的顾问，他注意到随着听证会的进行，各种声音甚嚣尘上，从而把此次听证会形容成经常“令人回想起的一家德国酒吧”。

威利是一个充满激情的人，所以他再次指责霍夫及其协会那些不诚实的行为：“铁证凿凿，”他说，“来此抗议的人，手上都不干净；半个世纪以来，他们一直不当使用中性烈酒，由这些中性烈酒制出各式各样所谓的威士忌”。威利提醒在座听众说，他们使用色素纯粹是为了让酒呈现出陈年威士忌的品相，且“使其看起来比本身真正的品质要好，因而违反了《纯净食品药品法》的根本原则”。毕竟，该法要求酿造商们或者制造商们在其产品的标签上标识出“仿制”一词：例如，仿制香草精——当所谓的香草提取物主要由其他成分制成时，就是仿制香草精。威利最后的总结是：“因此，给那些仿制真正威士忌陈酿的酒饮加上‘仿制’一词应非苦事。”

5月底，鲍尔斯发表了他的观点，就中性烈酒的问题，他与威利达成一致——经上色、调味，再增添油质感制造而成——其品质不合格，不能被称之为威士忌。他下令给这样的酒贴上“仿制品”的标签。但他也同意精馏酒商们的观点，即如果混合酒精饮料中以纯威士忌为主要内容物，即使它被上成较深的颜色，也可以被称为“混合威士忌”。此外，鲍尔斯说，如果这是一种“无害的着色剂”，比如某种植物色素，那他也不会称这种上色威士忌为掺假酒。毕竟，他指出，“威士忌本身也非完全天然自成的东西，它总是由人制造出来的”。

威利无奈地接受了这个裁决；但是令其盟友们感到宽慰的是，他已经做好准备要把威士忌的仗继续打下去。不仅如此，霍夫和泰勒也都对这个裁决感到不满意，他们还代表各自的利益方对鲍尔斯的决定提出了质疑。塔夫脱随后宣布，他会发布一份总统决议来结束争论，时间有可能是当年晚些时候。泰勒对此态度乐观，他和他那些拥护纯威士忌酒的同仁们早已提交了一份详细的简报，为威士忌酒及其成分的精确标注提供了可靠的法律先例。在这一点上，他们得到了麦卡博参议员的支持，麦卡博是《纯净食品药品法》得以通过的幕后力量之一，他曾经给总统写信说，他认为允许廉价酒精通过添加“药物、香料油和色素……”而摇身“变为威士忌高端品牌进行出售”的行为属于消费者欺诈。

塔夫脱还不动声色地审核了罗斯福的另一决定，即“雷姆森委员会”的成立。上任后不久，这位新总统就要求司法部副部长詹姆斯·福勒（James Fowler）确认一件事，即该委员会是否具有法律地位。福勒的回应是一份让农业部部长和总统感到不快的备忘录，他把这个文件复印了一份给威尔逊。备忘录中警告说，“雷姆森委员会”的成立反映了非法使用农业部资金的现象：“我认为农业部部长未经法律授权从本部门资金中拨款雇用（那些）科学家。”震惊之下，塔夫脱私底下请他的司法部部长乔治·威克沙姆（George Wickersham）复审福勒的调查结果，威克沙姆同意了。事实上，司法部部长办公室对威尔逊到底在这些亲善行业的科学家身上耗费了多少钱极为担忧——从 1908 年到 1909 年，有高达 6 万美元的年薪支出，而且又额外增加了 4 万美元的开支。然而，在威尔逊的力劝下，塔夫脱还是决定保留该委员会。因为两人一致认为，农业部需要一个部门来制衡威利这样的极端纯净食品主义者；两人也一致同意为司法部的裁决保密——这后来证明又是一个在众目睽睽之下陷入窘境的决定。 211

在农业部，邓拉普和麦凯布通常会在每一个决定上都携手反对威利。麦凯布宣布了一项“3 个月规则”，规定如果采集样本后 3 个月以上才向“雷姆森委员会”报告案件，案件将不予起诉处理。威利对这个规定提出了抗议，他指出化学局人手不够，并不总能快速地完成样品分析。他写道："我认为'3个月规则'既不公正，也不合理。""我从未同意过'3个月规则'，也从来没有人征求过我对它的意见。"麦凯布的回应则是要求他在每次样本分析延迟后附上理由。这位律师一直认为，威利起诉违规行为的速度太快，而且过于顽固，无法与企业合作解决问题。他想，放慢速度是有好处的，即便有些违规的人可能会趁此逃脱处罚。

1909年6月，威利建议没收8桶从俄亥俄州运出的标注是"卡托巴甜葡萄酒"的货物并对其公司予以训责。农业部检验人员发现桶中并不是葡萄酒，而是一种含酒精的液体，由发酵的玉米糖添加糖精制成。而麦凯布和邓拉普对此的立场则是：与其说这批葡萄酒诳时惑众，还不如说是在标签上弄巧成拙。所以他们反对将之没收充公，还联同制造商安排了一场听证会，以制定折中方案。威利建议，在问题解决之前，检验部门至少应该将贴错标签——威利可能又会争辩说这不是贴错标签，而是假冒伪劣——的产品堵在市场之外。麦凯布毫不掩饰对威利的敌意，他在回信中说这是个"荒谬的建议"。

他们之间的许多分歧都集中在一个问题上，即一种化合物在没有得到充分研究之前，应当如何界定其风险。在那年的7月份，威利和邓拉普发生了一次争论，堪称典型。争论中，威212 利建议禁止将化合醋酸钠——一种广泛用于纺织业的醋酸盐——用作糖果的添加剂。他说他担心的是孩子们，他们是甜食的主要消耗者，也是最需要额外保护的群体。《纯净食品药品法》中有一个条款禁止在糖果中添加含有矿物质的添加剂，虽然化合醋酸钠涉及法律条款的延伸，但他仍然表示，钠是一种矿物，除非对它了如指掌，否则检验部门从保护的角度出发也应该参照此条法规行事。邓拉普反驳说，若开此类先例会给科学检验带来麻烦：“如果说醋酸钠是一种矿物质，那么蔗糖也是矿物质。因为蔗糖的成分中含有超过40%的碳，而且谁都无法否认碳是矿物质的这个事实。”威利承认，情况的确如此，但这些孩子们是最容易受到伤害的消费者，难道为了保护他们的利益，成年人就不应该冒险过度解读这些法律条款吗？“我没有时间去探究所有可能导致我将醋酸钠排除在糖果之外的原因。”威利在一份案例备忘录中写道：“对我来说，糖果甜点的食用者有孩子们和那些消化系统不健全的人，这就是最充分的理由。”邓拉普再次回答说，他认为这种做法没有说服力，也不会支持以这种随意的方式执法。

他们还就“挪威无骨鳕鱼片”这一标签能否适用于新英格兰产的鳕鱼（含有一些较小的鱼骨）争论不休。“关于‘挪威’一词，我只知道一个意思，那可能就是在这个包装上写着的这个词的词意，”威利写道。于是，委员会的3人小组最终下令将“挪威”字样从包装上去除，但是，又以2∶1的投票结果得出决议，允许小骨鳕鱼作为可接受的原料在“无骨”产品中出现。

在另一场争论中，几个人的分歧在于一种只含有15%竹芋淀粉的饼干是否可以被称为“竹芋饼干”。可想而知，威利的观点是饼干中需要有更高的竹芋淀粉含量才能真正地使用这个名字。而麦凯布则反驳说，如果他们这样机械地应用法律条款，那么法律将成为人们眼中的笑话。他说，这种对竹芋饼干的态度，“会引导人们产生这样的一种观点，即面包师精心烤制的杰作，现在给它命名为‘女士的手指’（即手指饼干），

213

如果不是有意为之，就是贴错了标签”。

与此同时，围绕着苯甲酸钠的争论并未平息。因为对联邦政府的无动于衷感到失望，印第安纳州于是自行禁止了该化合物在食品中的使用。1908年，由于担心印第安纳州此举会引发其他州卫生局官员采取类似行动，两家大型食品加工厂——纽约州罗契斯特市的“柯蒂斯兄弟公司”和底特律市的“威廉姆斯兄弟公司”提起法律诉讼，请求印第安纳波利斯的美国联邦地区法院禁止这部州立法律，它们将之定性为造成严重经济后果。地区法院发布了临时禁令，并计划在1909年春季就这一问题举行一次全面的听证会。

预计到听证会将会举行，厂商们私底下向詹姆斯·威尔逊提了两个于其有利的条件。他们希望“雷姆森委员会”成员出庭作证进行支持，还希望阻止威利和他那帮忠实的化学局同事们出席庭审。威尔逊接受了这两个请求，安排该委员会成员们到印第安纳州作证，并准备好对任何对立观点进行拦截。当印第安纳州的司法部部长詹姆斯·宾厄姆（James Bingham）要求威利和他局里的一些人员作证支持该州的禁令时，威尔逊予以拒绝。其后宾厄姆提出抗议，威尔逊又寻求塔夫脱的支持，他强调农业部的人不应该在防腐剂诉讼中过于公开地采取反对立场。塔夫脱总统欣然同意威尔逊的意见，于是这位农业部部长开始在化学局里设置障碍，准备让外界的所有人都无法接触那些顽固的化学家。

然而，宾厄姆给农业部打电报说他现在就坐火车过来获取他们的证词。哈维·威利也同意提供自己的声明——尽管他知道这种做法违反了农业部的政策，还会再次惹怒他的上司。而这次农业部里的其他人都退缩了，他们告诉印第安纳州司法部部长，他们害怕威尔逊的报复。现在，宾厄姆真的生气了，他向哥伦比亚特区最高法院（现在被称为美国哥伦比亚特区联邦地方法院）提起了诉讼。诉讼的对象是威尔逊和农业部，目的在于强制农业部在印第安纳州禁令案中提供充分全面的证词。联邦法院同意印第安纳州司法部部长的意见，即农业部不能压制专家提供法庭证词。这一招让宾厄姆收集到了所有他要求的证词，威尔逊在法律上陷入了被动，迫于无奈派出威利为印第安纳州的案子作证。 214

可是，联邦政府的专家们之间纷争不断、僵持不下的局面，注定了这部州立法律的失败。哥伦比亚特区最高法院裁定，如果双方不能达成共识，就不能认定防腐剂添加会否影响健康："不是单单因为某些成分或某些加工行为能起到防腐作用就予以禁用，而是因为它们有可能危害健康或者对消费者造成欺骗。"此外，食品制造商们的争辩也让法官们印象深刻，他们完全依赖化学添加剂来维持生意："尽管立法机构可以监管，"他们说，"但是不能毁掉一个行业"。

保罗·皮尔斯的杂志——现在的名字已经从《吃什么》变成了听起来更为严肃的《国家食品杂志》（*National Food Magazine*）——再次抨击苯甲酸钠以回应该案件。来自费城的威廉·威廉姆斯·吉恩（William Williams Keen）被誉为美国首位脑外科医生，他就食品中反复使用低剂量化学制剂的风险问题向人们提出了强烈警告："显然，任何化学药品，若作为食品防腐剂而经常被人食用，必然会严重地影响大众健康，所以是有害的……我已经警告过常去的那家食品杂货店，我不会要这样的食品，如果他卖这样的东西给我，那我以后就直接换店铺了。”

本期杂志还刊登了亨氏公司的整版广告，题为“国家面临的健康问题”，部分文案如下：“你确定，因为现在健康状况良好，所以你就有理由无限期地摄入有毒食品吗？你是否愿意按照食品制造商提供的配方给家人下药？”

“并不是在任何食物中都需要添加苯甲酸钠的。一种食品若保鲜在售，无须添加苯甲酸钠即可以包装。有很多良心厂家，它们不偷着使用罐头厂和蒸发厂加工后剩余的废料，不使用其他废弃原材料，它们也不允许自己的工厂出现不整洁和不卫生的做法，所以他们认为没有必要、更不会使用苯甲酸钠……”

215

“亨氏公司的 57 类产品都是由新鲜、完好、有益健康的水果和蔬菜制成；工人们穿着整洁的工作制服；厨房规范，每天向公众开放，每年接待来自世界各地的数千人参观。”

“我们的产品没有——且不论是否有立法行为或政府规定——也永远不会有苯甲酸钠或任何药物或化学物质。”亨氏公司在广告中说。最后，广告建议消费者们，即使有了新法，仍然要仔细阅读食品标签来保障自身权益。

8 月份“各州以及国家乳制品部门协会”计划在丹佛召开会议，威尔逊知道，去年那些在密歇根州毁坏他声誉的人如拉德、谢泼德和其他批评者们又会趁机向他发难。就在几周前，这位部长还授权农业部的特勤人员开始扣押漂白面粉，并公开宣称他对不诚实的生产行为一直保持警觉。“我坚决不同意有人在大家的食物里做手脚”，他告诉《美国食品杂志》

(*American Food Journal*) 说，“我们希望获知，我们所吃的都是纯净产品”。

在更私人的圈子里，威尔逊承认，他扣押漂白面粉的决定被农业部律师乔治·麦凯布力荐当作一个判例案件，因为麦凯布认为漂白事件有助于人们从法律的角度明辨一些措辞模糊的所指。正如麦凯布准确指出的那样：法律，并没有给出清晰的定义，说明什么是有害添加物，什么是掺假。所以在这一点上，他同意威利的意见，威利长期以来一直在抱怨标准模糊不清。这位律师认为有必要运用司法解释来改善目前的状况。“司法解释只能出自法院”，他写道，“每个与该法相关的管理人员，只要态度严谨，无不同意此观点——要取得进展，必然主要是依靠司法裁决。如果漂白面粉的人让法院审判他们的案件，那么无论输赢，他们都将为公众提供有价值的服务”。 216

尽管出于法律目的同意没收货物，威尔逊却似乎越来越厌恶自己部门在处理公共卫生问题时所扮演的角色。他施展手段拦阻了一份化学局出具的报告，是关于面粉漂白过程中出现的化学风险；另外，威利在6月份提出要再版苯甲酸和苯酸盐的报告，这种对于威尔逊来说挑衅式的要求自然也被他拒绝了；他还喊停了一系列其他已计划出版的报告，涉及：“肉食加工过程中糖醇甘油的使用”，“防止番茄酱变质”，“经冻干处理后鸡蛋中病原菌的生长”，甚至还有一份“糖果虫胶（虫胶是用在巧克力糖表面上的糖釉）的砷含量评估”；此外，威尔逊也阻止了化学局药品司主管莱曼·基布勒的一份报告，该报告涉及日益严重的“软饮料掺药问题”，会招致麻烦。

威尔逊还试图阻止威利把他经办的案例发表在大众刊物

上。“我答应过给你写一篇有关‘最近发生的纯净食品运动’的文章，而且保证过文章内容真实、可读性强、于公众有益，但是很遗憾，我不得不取消这个约定，”威利在给《世纪》（*Century*）杂志一位编辑的信中写道：“正如之前告诉过您的，我把您的请求提交给了农业部部长，而后他通知我说，我写的文章只有得到他的批准，才能发表。虽然在这个问题上，我和部长的观点大相径庭，但可以肯定的是，所有在我心目中能公正反映这个问题的文章，都无法获取他的批准……所以只能在这里无奈地请求您解除我们之间的约定。”

那年夏天，当“各州以及国家乳制品部门协会”在丹佛召开会议时，前一年麦基诺岛会议上生出的怨恨没有一丝消退的迹象。“农业部部长詹姆斯·威尔逊先生与农业部首席化学家 H. W. 威利博士在食品问题上分道扬镳，”《芝加哥论坛报》在一篇预测防腐剂（尤其是苯甲酸钠）“大混战”的报道中如是说。威尔逊带着全体“雷姆森委员会”成员一起来到丹佛，住在市里的布朗皇宫大酒店，也就是会议总部所在地。尽管酒店设施豪华，艾拉·雷姆森后来还是把会议描述为是“一个熊窝”（译者注：熊窝代指令人紧张的环境），他发现自己在不停地为委员会辩护，因为委员会遭受了各类指控，说他们以牺牲公众健康和安全为代价来偏袒食品业。威尔逊部长则采取了以攻为守的策略，在苯甲酸钠的问题上，他要求用公开的无记名投票方式来决定。然后，他私底下向与会者们保证，如果有谁投他的反对票，农业部就撤回提供给谁的资金。

宾夕法尼亚州和密歇根州的食品特派员们都是苯甲酸钠的

批评者。他们愤怒地走出会场，以抗议威尔逊的粗暴做法。然而这次退会事与愿违，因为最终的计票结果在缺少了两位抗议官员的选票和他们可以带来的影响下，刚好让雷姆森委员会及其研究结论险胜——苯甲酸钠是完全安全的添加剂。《洛杉矶先驱报》（*Los Angeles Herald*）的一篇社论谴责了威尔逊使用的手段和由此产生的后果："随着丹佛会议的内幕渐为人知，人们发现，在那里，比起护卫公众健康的专家的清醒思路，更显而易见的是政客们的手腕和花招。"

但威尔逊对此次会议完全满意。他写信给塔夫脱总统说："我们彻底击碎了他们的计划，扭转了局势；我们完全认可'雷姆森委员会'的意见及其调查结果。"至于威利，威尔逊补充道，是个惹是生非的"低级人物"，不过他相信丹佛投票之事应该给了威利一个警告，不会再有人容忍他的挑衅行为了。

威利一面在努力继续某种程度的毒性研究，一面在为提高执法力度和公共意识做斗争，局里的同事们都为他们的上司感到担忧，从威利的讲话声判断，他已经筋疲力尽了。他们还对威尔逊轻视化学局的工作义愤填膺，所以变得愈加抗拒。其中态度最坚决的一位就是莱曼·基布勒，他仍在为威尔逊压制他的软饮料掺药调查而怒气冲冲。 218

基布勒曾经为了农业部离开费城，放弃了"史密斯克兰制药公司"（SKF）提供的一份报酬优厚的工作，因为他相信为医药产品树立诚信的做法至关重要。现年43岁的他负责在化学局监督药品行业，因为工作中的一丝不苟甚至偶尔的冷酷无情而闻名。行业杂志《药学公报》（*Bulletin of Pharmacy*）虽然不是基布勒的追捧者，却也带着敬重的口吻，把他描写成这个国家最杰出的“制假者的大敌”。

基布勒在威利的支持下，决定就报告一事做更深入的调查，以反击威尔逊对他报告的封锁。为此，他检查了市场上一百多个牌子的含药软饮料和瓶装水。从规模较小的公司（如新罕布什尔州生产含锂水的“伦敦德里锂氧公司”）到大型企业（如位于亚特兰大的“可口可乐公司”），各种饮料制造商均牵涉其中。众人皆知，“可口可乐公司”因为一份19世纪的配方而大发横财，该配方中就含有强效兴奋剂可卡因。基布勒告诉威利，农业部隐瞒他的调查报告也就意味着向美国消费者们隐瞒了这些事实及由此带来的风险。他知道威利经常处于对方的攻击之下，他也知道威尔逊对于化学局早已是气急败坏，他还知道他计划出版的报告标题非常具有煽动性：“上瘾剂：这些东西恣意卖，公众安康留风险”。但是，他补充说道，这个标题如实概括出了一个全国性的问题。

基布勒指出，滥用镇静剂仍然是公众健康领域巨大的危险所在。许多儿童用的“止咳糖浆”都掺有吗啡、海洛因和水合氯醛等镇静剂；成人用的止咳糖浆和哮喘药物则有可能混合了各种镇静剂。此外，基布勒认为含药软饮料的问题尤其令人不安，因为消费者往往不知道他们饮用的苏打水中含有兴奋剂和/或致醉剂。基布勒说，已经有医生报告了软饮料成瘾的案例，保险公司也正在制定计划来应对“软饮料成瘾者［原文如此表述］”的现象。威利同意再一次向威尔逊提出这个问题，但是，他伤感地跟基布勒说，不能保证结果。

219

尚未出版的“上瘾剂”一文建议就非处方药中无限制使用镇静剂的情况进行严厉审查。在柜台饮料的问题上，文章同样毫不含糊："在过去的20年中，市场上投放了大量含咖啡因的软饮料，还有或多或少含有古柯叶和可乐果的产品。以前由于没有充分的信息与资料，这类产品的配方制剂一直被认为是无害的，但是现在，我们知道了，它们就是向我们扑过来的恶魔。"基布勒列出了一份危险品的名单，其中大部分商品的命名都在暗示其中含有兴奋成分，比如：Mello-Nip，Dobe，Kola-Kok，Pillsbury's Koke，Kola-Ade，Kos Kola，Café-Coca，and Koke（译者注：大部分品牌的名字都模仿Coco Cola的发音）。再举一个例子，农业部下令没收"美国饮品公司"的两种产品：大美国古柯奶油（译者注：饮料品牌名）和大美国百事特（译者注：饮料品牌名）。而一项分析发现，"古柯奶油"饮料中含有糖精、苯甲酸、可卡因和咖啡因；而宣传自己是以胃蛋白酶为主料的水果味软饮料百事特，除了含有大量的可卡因外，完全不含胃蛋白酶。

农业部挑任何一家公司的毛病，甚或对其中几家公司采取执法行动，这其实是一回事，毕竟它们中的大部分只做区域市场，销售范围有限；而对总部位于亚特兰大的可口可乐公司动手却又是另外一回事了。《美国药剂师》（*The National Druggist*）预测，可口可乐公司仅出售给美国饮料贩卖机的可乐就超过了一千多万加仑，年均消费"相当于3亿杯"。可口可乐公司的财力和势力令詹姆斯·威尔逊部长都心存忌惮，不得不审慎处理。加之该公司总裁阿萨·坎德勒（Asa Candler）极富影响力、又好斗逞胜，这也令威尔逊顾虑畏惧，不想去惹。 220

这位佐治亚州的大亨曾公开表示支持1906年颁布的《纯净食品药品法》，强调可口可乐"纯净卫生"的特性。而且在法律通过之后，坎德勒的公司也停止了暗地用廉价糖精给饮料增甜的行为，转而采用传统的食糖配方。但让他感到既不快又惊讶的是——这些情绪他已在威尔逊和其他人面前有所流露——这些举措并未在公司与政府监管机构之间构筑起完美和谐的关系。

1907年，因为有传言说可口可乐里可能含有一定量的酒精，容易醉人，美国陆军将之从军供饮料名单上划掉了。可口可乐公司对此做出了辩护，并委托化学局做产品分析，以证明该猜测纯属无稽之谈。最后的结果令军方信服，并重新选用可口可乐：威利的化学家们只从苏打汽水使用的油和萃取物中发现了微量的酒精残留，其含量远未达到能令人醉酒的程度。化学局的分析还证实这种软饮料中不含可卡因，唯一值得注意的兴奋剂是咖啡因。一杯饮料贩卖机里供应的这种软饮料，其咖啡因含量略高于半杯咖啡的咖啡因含量，几乎是一杯普通茶水咖啡因含量的两倍。坎德勒认为这些发现不管是对农业部还是对陆军部来说，都是令人欣慰的结果。但随着事情逐步明朗化，这些检测又给威利和基布勒带来了其他麻烦。

正如他的同事们经常抱怨的那样，威利喜欢死抠标签字眼。他认为“古柯”（译者注：即可口可乐的英语Coca-Cola中的coca一词）这个词向消费者暗示了饮料中这种成分的存在；一些标签里甚至出现了古柯果实的形象。而让基布勒更为困扰的则是咖啡因的多少。这是一种直接面向未成年人出售的饮料，却没有标明任何刺激性成分的使用。所以他把自己担忧的问题向威利提了出来，并再次请求首席化学家帮助他把情况反映给农业部部长。“我不是很相信滥用咖啡因的事，”威利

221

在写给威尔逊的一封信件中说到，这封信件详述了他对于“所谓的软饮料”的顾虑。和往常一样，这位首席化学家有许多需要操心的东西，例如人工香料（用工业柠檬酸代替真正的柠檬汁，用胡椒粉代替生姜末）、煤焦油色素，以及作为食用糖替代品且不做标注的廉价糖精等。这些替代品“无论从伦理角度，还是从它们对健康可能造成损害的角度来看，都是非常令人反感的”。但威利也同意基布勒的观点，即他们首先应该解决的是咖啡因未被标注的问题。

有人出乎意料地支持他们。乔治·麦凯布认为可口可乐可以为儿童消费产品中无限制使用刺激类成分的情况提供一个判例案件，并呼吁威尔逊至少要考虑一下。同时，威利也一直在逼着农业部部长做出行动：“可口可乐是国内销售面最广的饮料之一。喝它容易上瘾，而且倘若持续性地过量饮用，此中所含的这类生物碱会对健康造成较大伤害。”在写给威尔逊的备忘录中，威利强调他并不是要刻意挑出软饮料行业说事；对于成年消费者而言，可口可乐是酒类的健康替代品，“可说的好话太多了，没什么可以挑剔的”，他写道。但在公开场合，这位首席化学家的立场又强硬了起来。

1909 年春，威利在华盛顿特区的“圣十字中学”做了一次演讲，他警告学生们说：“只要你们知道了我所掌握的这些相关情况，你们就不会再喝软饮料了。”“也许你们会觉得很惊讶，但大多数软饮料中的咖啡因含量比咖啡中的含量还要高，而咖啡因甚至可以被视为一种更为致命的药物。”新闻报道了这番讲话后，引起“美国瓶装厂商协会”愤怒地抱怨，威利出面澄清并强调自己最关注的问题是咖啡因。“我确实对该校的年轻女孩子们说过：父母通常不允许孩子们喝咖啡或茶，可他们还是可以从饮料贩卖机里接触到咖啡因——这些软饮料中最有害的成分。”

222 威利没有提到的是，在对可口可乐做出分析之后，他已派莱曼·基布勒到南方去认真考察可口可乐公司以及软饮料的消费文化。基布勒参观了公司总部和生产设备，还花了些时间在亚特兰大观察饮料贩卖机。他发现小到四岁的孩子都喝杯装可口可乐，其中富含刺激物，这让他担心不已。正是基布勒的报告，在一定程度上促使威利呼吁一项法律判例案件，因为他认为咖啡因对未成年人的健康构成了真正的威胁，更何况这一添加剂并未在标签上予以明确标识。

威尔逊仍是怒火万丈，他给威利写了一张公务便条，命令他别再继续这个话题——并再次拒绝发表基布勒的调查报告。威利无法证明可口可乐公司是否施展手段影响了这个决策，但他认为可能性很大。“当然，对于威尔逊先生做出的这个决定，我深感惊讶，也心情沉重。但和往常一样，我可以看到，在这决定的背后，是权力之手在拨弄。”他以为，永远不会再出现任何针对可口可乐公司的行动。后来，亚特兰大一位“扒粪”记者采访了威利，改变了这一预测的结局。

1909 年 10 月，威利坐下来接受了弗雷德·L. 希利（Fred L. Seely）——《亚特兰大佐治亚人》（*Atlanta Georgian*）的一位社论撰稿人——的采访，对方的敌意令人意外。希利一直批评可口可乐公司对外的冷漠态度，而且他认为联邦政府与可口可乐公司串通一气做坏事。他要求威利解释为何农业部不对可口可乐公司采取措施，而任由其产品对消费者的健康构成威胁。威利辩解说，实际情况是他曾提议对该公司进行起诉。他手下的化学家们甚至做了研究证明，饮用这种软饮料可能既“容易上瘾又觉得刺激”。然后，他向希利展示了他写给威尔逊的一摞公务便条，内容都是关于可口可乐的——只是所有提议都被威尔逊否决了。

例如，在一张公务便条中，他告诉农业部部长“（可口可乐）这个产品含有一种添加成分（咖啡因），可能会损害健康”。另一份则提到了虚假标签问题，说道“可口可乐这个名字可能会暗示消费者：饮料中含有古柯叶和可乐果的物质及有效成分；但实际上它只有从干的古柯叶中提取到的物质，这种物质是制作可卡因时产生的废料。”威利还在一份公务便条里呼吁“应该尽力阻止危险饮料的流通”。 223

在最后一张便条中，威利告诉他的老板：“可口可乐含有一种生物碱，它是一种具有成瘾性的药物。在美国，生物碱遭到了成千上万父母的抵制，他们甚至禁止自己的孩子喝茶或咖啡——这些饮品含有自然状态的咖啡因——但其有害程度远远低于这一错贴标签的掺假饮料。显然，在这一案例中，我们的职责应该是尽可能地保护美国人民。”

希利仔细翻阅了威利向他挥舞着的这些公务便条。然后，他再次怒火中烧，大步走进了威尔逊的办公室，向他提出要求，希望举行现场会议。获得批准后，他告诉威尔逊说，他打算写一篇报道，报道农业部拒绝保护消费者使其免受有害产品伤害的事。他将对农业部部长下令置之不理的行为进行专题报道。他计划将威尔逊作为典型，来揭露最严重的政府腐败问题。第二天，威尔逊就给威利打电话说，现在是时候正式扣押可口可乐的产品了。“太了不起了，”威利讥讽地说道，“多么害怕曝光！”农业部部长还告诉威利说，他会安排基布勒的“软饮料掺药报告”于明年春天出版。

1909 年 10 月 21 日，希利采访两周之后，美国政府扣押了一批运往可口可乐公司的可乐糖浆，这批糖浆即将运往其位于田纳西州查特怒加市（Chattanooga）的瓶装工厂。这次行动意味着美国政府会安排一次正式的法庭听证会，对该公司利润丰厚的知名产品进行审核。听证会的日期还未确定，但该诉讼的标题就已让它赚足了眼球：“美国诉 40 大桶和 20 小桶可口可乐”。

224

到了 1909 年底，国内开始出现流言，散布塔夫脱总统准备宣布其威士忌决议的消息，流言还预测了总统的立场。报纸文章开始就新的“塔夫脱威士忌”揶揄调侃，说它是“用糖浆和甜菜渣制成的中性酒”。

12 月 26 日，塔夫脱总统宣布了他的决议，对罗斯福时期的条例做了官方的修订，并确立了最终版的威士忌定义。总统规定，“威士忌”一词可以且应当用于一切由发酵谷物酒类制成的烈性酒。政府会要求附带一些“从属性质”描述——产品是不是混合酒及其配方内容（如着色剂、中性酒精）等。但是，规定中也说了，不会要求把能快速无泡且着色良好的产品标识为仿制威士忌，而木桶陈酿的威士忌也不能称为唯一的真品。塔夫脱说，他同意批发商群体的说法，即所有的酒精饮料基本上都是“类似”物质。或正如经济学教授亨利·帕克尔·威利斯提出的，“事实上，威士忌似乎是能让人沉醉的任何东西”。

总检察长劳埃德·鲍尔斯——曾在同年早些时候发布过内容更为微妙的决议——次日一早就给威利打了电话。威利事后对此次对话进行了描述：鲍尔斯，这位总统的老朋友，当时正准备外出度假；但在离开前，他还是想知道威利的想法，“你怎么看塔夫脱先生的决议？”威利无奈地回答说，他感觉自己被扇了一个耳光。“他大笑说：我也是。”

并不是每个人都能坦然地接收塔夫脱的决议。1910 年 1 月，总部位于路易斯维尔市的“格伦莫尔酒厂”负责人阿瑟·斯坦利（Arthur Stanley）写信给威利说，他认为总统算得上是约瑟夫·卡农及其皮奥里亚（Peoria）地区精馏酒商们的好友：“我操心的是，伊利诺伊州的葡萄酒商们将会获准将其产品贴上威士忌的标签，然后把它们运给精馏酒商们以便与真正的威士忌混合到一起，称之为‘调和威士忌’。”对于那些在乎标识真假的人来说，这将开启一个可怕的先例，斯坦利怨恨地说道，而且很有可能“使《纯净食品药品法》真正失去效力”。

225

爱丽丝·莱基也有同感。她所在的组织“美国消费者联盟”发布了一份正式决议，大意是：“塔夫脱总统的声明，即最杰出的食品化学家们已经宣称：中性烈酒是不同于威士忌的物质；把中性烈酒添加到威士忌中，再用焦化糖或焦糖着色，却不在标签上注明着色的事实，注定会让那些掺假食品、药品、酒精饮料和药物死灰复燃，而曾几何时这些万恶之源已被《纯净食品药品法》阻挡住了……我们消费者联盟执行委员会抗议这一行为，我们呼吁政府官员们也站出来。”

爱丽丝·莱基还给各大杂志和报纸写信说：“我们认为塔

夫脱先生的决定是对这个国家的纯净食品立法最为严重的打击。我们认为这是分类立法，它允许在《纯净食品药品法》约束下对某种产品做出特殊裁决，而《纯净食品药品法》本来被设计为将统一法规具体化实施……如果这一决议有效，它就等于为其他所有产品打开了要求同等‘豁免浴’（即申请豁免权）的大门……如果我们遵循这个推理，那么，什么时候黑莓白兰地中应该含有黑莓汁呢？……这个决定剥夺了《纯净食品药品法》原本对消费者和诚信食品制造商们给予的保护。”

莱基私下里给威利写信说，她怀疑这一决议还会有变：“这有力地说明了精馏酒商们多么聪明。”但在农业部中愈加受困的威利把大部分责任归咎到威尔逊身上，还怀疑他暗中破坏法律。在写给莱基的一封信中，威利说道，“只要现任农业部部长还在掌权，我们就无能为力”。

226

第十三章
爱情微生物

1910 ~ 1911

直到想想昨日和明天，叹息感伤。

威利并不打算放弃。这一点威尔逊也再清楚不过了，他的首席化学家从来不曾放弃。威利想在农业部之外推进他那障碍重重的事业，于是到1910年初，他已经安排了几个月的公众会谈。

1月，他承诺与新泽西州的纽瓦克男子俱乐部探讨“商业道德”；到宾夕法尼亚州哈里斯堡市的一场州审现场就发酵粉中的铝含量作证；去蒙哥马利县医学会和纽约医学会谈论食品添加剂问题；2月，去费城的哈佛俱乐部；3月，去的是纽约州卫生署；5月，去“历史与艺术协会”；7月，前往华盛顿特区的“美国制药大会”和丹佛的“全国牙科协会”。此外，他还尝试性地接受了来自俄克拉荷马城、得梅因、马萨诸塞州的劳伦斯，还有纽约布鲁克林、纽堡和布法罗等多地的邀约。

3月，在莱基的敦促下，威利同意再加一场位于辛辛那提的活动，在“美国妇女俱乐部总联盟”召开的全国大会上做报告。他的感触比以往任何时候都要深刻：抱有政治动机的妇女们对纯净食品事业是多么重要。同月，他又接受了来自华盛顿特区的一个邀请，在一个妇女选举权俱乐部讲话。只不过此行政治目的性不强，因为发出邀请的人是安娜·凯尔顿。

凯尔顿时年 32 岁，仍然单身，住在家里，在国会图书馆工作。她还是一如既往地优雅、聪敏博学、坚定地支持进步变革。在那些日子里，她也一直积极地倡导平等的概念。她加入了“全美妇女选举权协会”（NAWSA），该协会是为了在令人有挫败感的漫长斗争中帮助妇女争取投票权。选举权协会与其他诸如“基督教妇女禁酒联盟”（WCTU，当时已具备一个批准委员会）和“美国妇女俱乐部总联盟”等妇女组织均有密切合作。就像这些妇女组织的成员们一样，妇女参政人士也已开始关注消费者问题，如关注举步维艰的《纯净食品药品法》。对食品问题的兴趣鼓舞着安娜·凯尔顿——她的朋友们都叫她“南”——动用旧日交情邀请威利给其团队讲述国家食品法的重要性。他很高兴地答应了——仍令他感到高兴的是，凯尔顿身上依旧带着那股子冲锋陷阵的激情，这一直吸引着他。

1910 年 5 月，威尔逊下达了一项正式指令（“第 140 号命令”），让乔治·麦凯布全权监管食品药品，这其中还包括撤销化学局早期决策的权力。

此时，威利一直处于被边缘化的状态，他告诉朋友们自己的担忧：麦凯布有了这样的权力之后，恐怕会在防腐剂的监管上继续让步。但出乎威利意料之外的是，这位律师处理的是另一个极具争议的问题：针对食品界的抱怨，麦凯布开始放松对食品色素的监管措施——该监管乃 1906 年《食品药品法》通过后较为成功的一次执法行动。

228

在食品法颁布之前，就连食品制造商们都对工业着色剂的毒性感到忧心忡忡。一些人仍然延用之前的植物色素，例如从藏红花或胭脂树中获取黄色色素。但这些色素不仅相对昂贵，而且容易糊掉，它们无法提供令人着迷的各色黄、红和绿等，而这些颜色只要使用诸如砷、汞、铅和铜等金属元素就可以实现了。不过，因为毒理学研究和偶发的中毒事件，人们越来越觉得这些金属添加剂只会带来麻烦，物非所值。早在1899年，“全国糖果协会”就建议，为了不损害顾客的健康，协会的会员商家们都应自发避免在糖果和其他甜食中添加着色剂（有将近20种）。

自从煤焦油中可分馏出合成染料之后，人们对色素的使用又多了新的选择。煤焦油是煤炭加工后留下的致密、化学属性复杂的残留物。说到这些化合物，可以追溯到英国化学家威廉·亨利·珀金爵士（Sir William Henry Perkin），他是德国化学家、煤焦油分析鼻祖奥古斯特·威廉·冯·霍夫曼的学生，威利曾于1878年在德国休公假时听过他的讲座。

在几十年前的1856年，珀金用煤焦油的衍生物苯制造了一种紫色染料，他称之为“紫红色”（后来这个词的拼写从“mauvine”缩短成“mauve”）。苯分子由碳原子和氢原子连接成对称链的结构，这说明由此制成其他合成染料也比较容易，从而为人们奉上了美丽的化学彩虹。这些新型的染料持久耐用、价格低廉、强力有效，很快就受到了行业加工商们的青睐，一时间从面料到食品等各类加工中都用到了它们。化学家们称这些染料为“苯胺”染料，但它们更广为人知的是煤焦油染料这个直接的称呼。到《纯净食品药品法》通过时，已有80多种此类染色剂被用于美国食品和饮料中，且没有任何

229 针对此的安全审查或限制。

1906年《食品药品法》通过之后，美国农业部很快就禁止了以铅、汞、砷和其他有毒金属为原料的食用染料。威利还聘请了一位外部专家，一位受人尊敬的德国食用染料化学家——伯纳德·海瑟来评估煤焦油染料的安全性。海瑟的研究结论是，市场上的80余种此类染料中只有7种可以被认定为安全。于是，随后颁布的《1907年食品检查决定》便只批准了这7种染料——3种红色、1种橙色、1种黄色、1种绿色和1种蓝色——为“经核准（可使用）的色素”。可想而知，那些制造五颜六色食品的商家会想尽办法让这个名单更长些。但是海瑟已经留下了大量的证据，证明这些染料中的其他许多种都可能直接导致健康问题。威利态度坚决地拒绝再往该名单中添加别的色素，并采取行动拦截所有未被明确认定为安全着色剂的染料。

1910年，刚被詹姆斯·威尔逊聘请来对执法进行指导的麦凯布决定重审威利这一以消费者为出发点的决定。他故意吹毛求疵地写道：“根据1906年《食品药品法》，“核准”并不是一项经过严格批准的程序。该法规提供的法律框架是为了禁止那些被认为是有害的食品和添加剂，而不是为了官方制裁其他安全的东西。”

威利回复到，相较于事后的扣押和起诉，前期的核准让制造商所受的惩罚更轻——他认为这应该会令麦凯布感兴趣。此外，核准的程序已从食品供应环节去除了一些非常危险的产品。他警告说，削弱核准的条款力度会让那些不安全的色素重新进入市场。麦凯布不为所动，和邓拉普在3人组“食品检验委员会”一起合力投票去除色素管理相关条例的核准要求。威利拒绝签署文件，而农业部却在没有他签名的情况下批准了该决定，使得首席化学家决意抗争到底。威利要求海瑟为威尔逊部长准备一份有关煤焦油染料安全性的完整报告——也许真实的证据会有说服力。

230

在海瑟撰写这份新报告的同时，麦凯布开始了漂白面粉的法律判例，他有一个主要的执法问题需要澄清：漂白后产生的硝酸盐只是加工的副产品，政府是否有权监管副产品及添加剂？这个问题需要得到快速解决，因为农业部在那个春季截获了 625 袋漂白面粉，当时这些面粉还在从内布拉斯加州的“莱克星顿磨坊粮仓公司”到密苏里州一家大型食品公司的运输途中。“美国磨坊协会”——当时也在寻求一个判例案件——决定在密苏里州的美国联邦地区法院为这批被截获的货物提出反诉。

在法庭上，磨坊主群体辩论说漂白工序不会降低面粉的质量，反而还提高了面粉的品质。所以，这种做法并非法律所描述的掺假行为。制造商们进一步声称，残留的硝酸盐和过氧化氮并不是不安全，或是有害的工业添加剂，它们是自然产生的物质，出现在漂白处理工序中；该方法是无害的，如通电法和自然产生气体法等——仿佛是“一阵来自上帝的纯净、清新的空气”。布鲁斯·艾略特（Bruce Elliott）是磨坊主们的代表律师，他在法庭上指出硝酸盐是自然产生的物质，人体内也会形成硝酸盐，即使它们存在一定危害性，他说，毫无疑问普通美国人也是能接受的。

农业部的专家们反驳说，有证据表明，漂白过的面粉烘焙出的食品中硝酸盐含量过高。在一次法庭演示中，化学局的一位化学家带来了两批饼干，一批是用普通面粉做的，另一批则用被扣押的漂白面粉制作而成。现场加入一种遇硝酸盐将变红色的化合物；然后，他让陪审团成员们自行选择，是愿意吃这盘金黄色的饼干呢，还是那盘亮粉色的。

231 辩方并不否认漂白面粉饼干中含有硝酸盐，而且硝酸盐的含量很高，在化学检测中能让饼干变成玫瑰色。但是，磨坊主的律师们改变了策略，他们争辩说即使硝酸盐对健康的危害确凿无疑，科学上也没有一个安全限值的定论。因此，不可能证明到底多少是“过量”。既然政府方面所坚持的（化合物）低含量和“无害”含量可能不是基于可靠的证据，就不应该被法庭采信。密苏里州法官认为这一最终陈词完全合理。

正如他告诉陪审团的那样，“有毒物质存在于人体内、空气中、饮用水里……这一事实不能成为在食品中（例如面粉）添加相同或其他有毒物质的理由，因为法律明令禁止添加有毒物质的行为”。但是法官说，应该由添加剂的性质而非数量来指导法规的确立，如果硝酸盐没有明确界定的毒性等级，那它们就不符合法律对有毒物质的定义。陪审团成员都是以面包为食的普通市民，他们显然很气恼在其日常饮食中添加硝酸盐的做法，所以并不接受这种法律上的过度推理。陪审团的裁决非常清楚，他们首先希望自己的食物安全无虞。陪审员们驳回了法官的建议，做出了有利于政府方的裁决，并坚决表态说漂白面粉既属于掺假食品，也有错贴标签的问题，政府的没收行为是合法的。

磨坊主方面为判决结果感到目瞪口呆，他们的律师艾略特——令白宫极为尴尬——向新闻记者们抱怨说，原本有人承诺过，判决结果将对他们更有利。事实上，他个人曾与塔夫脱总统见面，得到的保证是这个审判会公平公正，他将之解读为对他有利。他补充说，他还见了威尔逊，也从威尔逊那里得到肯定的答复，面粉相关研究事宜会转交给同情磨坊主的“雷姆森委员会”，而不是威利。在艾略特看来，从这个案子可以看出政府官员并不可靠，所以政府不能支持好的美国商人也就不言而喻了。艾略特做了明确表态，他和他的委托人会就裁决 232 提出上诉，如有必要，还会做好打长期战争的准备。他说，政府的越界行为不会永远有效，并预测美国最高法院会同意他的判断。

伯纳德·海瑟在长达 80 页的报告《食品中使用的煤焦油色素》（*Coal-Tar Colors Used in Food*）中描述了他做的一些实验。在这些不少于 30 天的实验中，他给受试对象——狗和兔子——提供的食物都加入了色素。食物色素的剂量都做了计算，相当于日常饮食中人体可能接触量的上限。实验对动物产生的健康影响包括：体虚、恶心、呕吐、肠道刺激、黏膜损伤、肝脏脂肪变性、肾脏肿胀变色，有时还会在脑部或肺黏膜中发现色素。

实验中最为常见的影响似乎是持续性的恍惚，有时伴随逐渐进入昏迷的症状，在极少数情况下会出现受试动物死亡的情况。海瑟还注意到一些轻微的副作用，如轻度腹泻和低水平蛋白尿或尿蛋白——这是肾脏疾病的症状。

“必须记住”，海瑟指出，“极少量的药物，如此处的煤焦油色素，通常对儿童的影响比起成年人来说更明显”。他认为，一个 3 岁孩子的使用剂量应该是成人剂量的五分之一左右；而一个 12 岁孩子使用的剂量也不能超过成人剂量的一半。“在考量煤焦油色素对人体的危害性时，所有这些因素都应该考虑在内。”因为种类繁多的染色食品——糖果、花式蛋糕和糕点、软饮料——主要面向儿童销售，他担心基于动物所做研究中“减轻”了食物色素对成年人的危害，这可能使人低估问题的严重性。令农业部一些人感到吃惊的是，海瑟用他全面细致、不带情感又科学严谨的工作态度说服了部长威尔逊。威尔逊宣布，核准程序继续实施——这一决定给了威利片刻的时间来品味这愈发稀缺的胜利。

233

到 1910 年，威利已经在美国农业部工作了 27 年。尽管长期以来置身农业部的纷争倾轧中，但他个人却顺风顺水：在华盛顿乃至全国各地，威利都有好朋友。在与华盛顿的那一家人共住了 20 年后，他有了自己的房子——一栋三层楼的褐砂石建筑，距离华盛顿西北部的杜邦环岛不远。那年他 66 岁了，他在信里和日记里吐露心声，说想要退休——尤其是最近在职业方面遭遇不顺时——而且之前他在乡下为自己购置了一块不起眼的地产，这块地位于弗吉尼亚州的劳登县，蓝岭山脉的东部背风处。威利对其波涛起伏的草地赞不绝口，给它命名为“大草原”。他甚至买了一辆流行的蒸汽动力汽车，是华盛顿这类车的首批买家之一，他想自己开车出城去乡间的房子。然而，这部车在与一辆马车发生碰撞后，几乎当场损毁；他自己开玩笑话说，这是一次过去与未来的碰撞。

车子还在修理中，这场车祸令威利重新搭乘公共交通工具。1910 年 10 月底，他在等一辆电车时发现“南”·凯尔顿也在等车，而再见到他时，凯尔顿看上去真的很高兴。临别时，威利冲动地问能否再去拜访她，也许可以带她去看个演出或者出去吃个饭。令他惊讶又幸福的是——他在日记里这样吐露心情——凯尔顿同意了。在接下来的一个月里，威利开始了新一轮的追求，他们之间的关系重新泛起了波澜。在12月的第一周，威利再次向凯尔顿求婚，这一次她毫不犹豫地接受了。234 他们订婚的消息在全国各大报纸上以欢快和有趣的标题公布。

《芝加哥论坛报》的头条标题是："威利博士要娶新娘了"。"纯净食品专家舍弃咖啡馆去寻家常菜"。新闻下面还有一个欢快的副标题："未婚妻不要惊慌"。正如报道接下来所说："哈维·华盛顿·威利博士、纯净食品专家、仿羊排和仿巧克力浆的劲敌、保护全民消化道的人、'我们必须有纯净食品才能幸福'的狂热代表，就要结婚了。"

《洛杉矶考察报》(*Los Angeles Examiner*) 的头条文章标题是："食品细菌之大敌被爱情微生物俘虏"。文章作者推测威利的婚礼蛋糕"不会是由陈年鸡蛋、明矾、用黏土包裹保存的鸡蛋或类黄油制成，而将只含最纯净的面粉、发酵粉和乳制品［原文如此表述］。"《丹佛邮报》(*Denver Post*) 上则刊登了一幅漫画，画里的凯尔顿晕倒被抬走了，而她残忍的丈夫还在厨房里搜寻咖啡里的菊苣（译者注：菊苣可提制代用咖啡）和果酱中的防腐剂。

采访凯尔顿的要求纷至沓来，她都能从容应对。她还利用这个机会倡导妇女的选举权。缅因州班戈市的一家报纸将相关报道加上这样的标题："威利与妇女参政权人士结婚"。凯尔顿兴高采烈地告诉《波士顿日报》(*Boston Journal*) 的记者说，她不会做饭。“我几乎是大学一毕业就在国会图书馆工作了，所以没有什么时间学习家政。”幸运的是，她补充道，她未来的丈夫恰好是一位出色的厨师，这番话让威利笑了。威利很喜欢该报道，因为此文将他的妻子描述成“仰慕他、并以他为傲的女人，而且对此直言不讳”。

威利在工作中也心情大好，让人一望便知。威尔逊甚至有个一厢情愿的想法，觉得他执念太深的首席化学家除了纯净食品，终于找到了另一个兴趣所在。“威利可能会出现转机，”235农业部部长给艾拉·雷姆森写信说道，“他要娶一位妇女参政人士为妻，我相信，这可能会让情况有所好转；至少在这个圣诞节假期里会是如此，让我们拭目以待吧”。

1906 年《食品药品法》颁布后，新闻记者大卫·格雷厄姆·菲利普斯猛烈抨击该法的缺点；他的文章令罗斯福总统雷霆大怒，但他对此却毫不畏惧，他也不觉得被人说成是“扒粪者”有什么不好。菲利普斯一直致力于揭露联邦立法者、各州立法机关和企业利益方（包括食品加工商及其同类人物）之间的幕后交易，起因是很多政府官员拖欠着这些企业巨额的债务。他文中详细阐述了那些资金来往密切的关系，最终将帮助推动“美国宪法第十七条修正案”的通过。该修正案否决了过时又日益腐败的制度——即州议员们举行公共选举选出美国州参议员来代表各州。但是，这个由修正案带来的改革要到 1913 年才会发生，而菲利普斯是看不到了。

菲利普斯在最后一次曝光事关参议员的腐败后，决定从“扒粪行动”中脱离休整一下，回归到相对平静的小说写作中。讽刺地是，这个选择比新闻调查更危险。菲茨休·科伊尔·戈尔兹伯勒（Fitzhugh Coyle Goldsborough）是一位巴尔的摩的名门之后。这个人显然患有精神疾病，因为他误认为菲利普斯的小说《约书亚·克雷格的时尚冒险》（*The Fashionable Adventures of Joshua Craig*）里的一个人物是以其某个姐妹为原型的，于是在纽约的普林斯顿俱乐部门前堵住了菲利普斯并向他连开数枪，紧接着又开枪自杀身亡。菲利普斯被立即送往贝尔维医院，并于第二天——1911 年 1 月 24 日——去世，享年 44 岁。这个事件标志着 1911 年的开端不顺，这一年也是威利职业生涯中某个最感压力的年份。

仅仅两个月后，在田纳西州，《美国诉 40 大桶和 20 小桶可口可乐》案终于上了法庭。威利、麦凯布、威尔逊和整个化学局几个月来一直在商讨如何打这场官司。政府起诉这个案子主要基于三点：首先，对于所谓的公司在生产过程中以次充好，政府方面是持反对意见的；其次，根据威利的建议，政府方面对“可口可乐”这个名字提出了质疑，认为这个名字涉及虚假宣传，因为这几个字暗示饮料配方中含有可卡因和可乐果提取物成分。19 世纪的时候确实这样，但彼时已经不复如此了。化学局对该饮料的最新分析显示，它的主要成分是水、糖、磷酸、咖啡因、焦糖、甘油和酸橙汁。 236

政府方面的第三点——这也将成为庭审的主要焦点——就是可口可乐饮料确实含有另一种强效兴奋剂，即咖啡因。这一点立即引起了一个特别群体的关注，即咖啡和软饮料的饮用者们。可口可乐案令咖啡因——以及 20 世纪早期对咖啡因影响的科学认识——成为焦点。因此不出所料，记者们蜂拥而至，赶到查塔努加来看热闹。

新闻报道是持续更新的，而且报道内容会因为编辑们观点与立场的差异而截然不同。《亚特兰大佐治亚人》（*Atlanta Georgain*）根据审判第一周的证词，将标题命名为，“8瓶可口可乐里含的咖啡因足以致命”，继续着他们对阿萨·坎德勒（Asa Candler）和可口可乐公司的讨伐。《查塔努加新闻报》（*Chattanooga News*）予以反驳，“喝可口可乐的人都说这味道还不错”。威利原本不希望庭审在那座南方城市举行，因为当地的一家大型可口可乐瓶装厂是该市主要的就业基地。他曾力劝麦凯布把地点改到华盛顿特区，但遭到了麦凯布的拒绝。在威利的同盟阵营中，阴谋论之说越发甚嚣尘上：他们认为律师以及农业部部长都希望败诉，以进一步削弱首席化学家的影响力。

起诉一开始，麦凯布就传唤了J. L. 林奇（J. L. Lynch），237 一名农业部食品药品检验员。林奇随即详细描绘了可口可乐的生产方式，内容令人恐慌。在描述含糖浆软饮料主料是如何制作时，他说：“那个负责把配料倒进小桶的黑人操作员几乎衣不蔽体，身穿脏兮兮的汗衫，套着破旧的裤子，趿着一双开裂的烂鞋子，脚丫子从鞋子里露出来，浑身汗如雨下。他嘴里嚼着烟叶，还时不时地随意吐痰，有时吐在地上，有时溅到他倒糖所站的台子上。”没倒进去的糖也掉落在台子上，这个操作员要么用木板、要么用脚把它们扫进小桶。林奇继续说，焦糖色素是在该大楼的另一层添加完成的，该层地板黏糊糊的，布满了工人吐出的烟叶渣和其他东西——“显然从来没有被擦洗过”——这位检查员很害怕滑倒摔跤。

紧跟着林奇出庭作证的是两位科学家——H. C. 富勒（H.

C. Fuller)（一名制药工业化学家）和化学局的 W. O. 埃默里（W. O. Emory）——他们分别对糖浆做了独立分析。两位科学家都证实，糖浆本身不再含有古柯叶或可乐果的提取物——虽然装可口可乐的大桶上还画着这些植物的叶子。两位科学家还证实，现在该饮料中发现的主要兴奋剂就是咖啡因。他们还注意到饮料中含有一些让人意料不到的成分——泥土、稻草和昆虫残肢。

政府在咖啡因方面的主要专家是亨利·赫德·拉斯比（Henry Hurd Rusby），他是哥伦比亚大学药学院的植物学和药物学教授，也是《美国药典》（*U. S. Pharmacopeia*）的长期编辑。《美国药典》是一本给药用化合物制定统一标准的出版物。拉斯比 56 岁，身材瘦小，一头金发，行动敏捷。他以前是一位医生，但对药用植物学有着浓厚的兴趣。在所有研究项目中，他选择用一年多的时间去南美洲研究可卡因和咖啡因的植物来源。当他发现可口可乐中没有可卡因的时候，松了一口气，但还是作证说咖啡因是“容易对人体健康产生危害的物质”。 238

考虑到富勒和埃默里所描述的软饮料中咖啡因的含量，拉斯比作证说，如果“这种被称为可口可乐的产品反复进入机体，那将损害健康”。另外 20 名来自政府部门的证人也支持拉斯比的说法，他们也位于麦凯布所列的专家名单上。尽管有相反的传言，但从这份名单来看，麦凯布是想打赢这场官司的。专家们一位接着一位，都谈到了持续服用生物碱会带来的各种风险。还有一些专家告诉陪审员他们做的动物实验，以及实验造成的可怕后果。

美国农业部化学家 F. P. 摩根（F. P. Morgan）发现，给兔子们定期服用可口可乐似乎会造成胃炎或胃部的病变。麻省总医院的波士顿毒理学家威廉·布斯（William Boos）观察了咖啡因对青蛙的影响，他发现咖啡因会干扰青蛙的心率、影响它们的神经系统，并引起“反射性烦躁”。陪审员们还听到了咖啡因对人类的各种影响，这些影响让人感到不安。“我把咖啡因视为一种容易上瘾的药物”，宾夕法尼亚大学的约翰·马瑟（John Musser）博士说，他的患者们若饮用含有咖啡因的饮料，通常不会只喝一杯：“一旦开始喝了，机体就会产生再次饮用的欲望或渴求。”耶鲁大学医学院的奥利弗·奥斯本（Oliver Osborne）医生证实，每天喝几杯可口可乐，所摄入的咖啡因含量就超过了《美国药典》中规定的咖啡因剂量。哈佛大学的莫里斯·泰罗德（Maurice Tyrode）博士作证说，8 杯可口可乐里的咖啡因含量如此之高，如果快速饮用则可能致命。

法庭还听取了“可口可乐成瘾者”的证词。费城的一位患者报告说，一开始他发现这种软饮料是一种有益的兴奋剂。“当我感觉疲惫时，一两杯可乐就能让我振作起来。但是随着习惯渐成，我一天大约得喝十几杯。”在出现了失眠和持续性紧张不安的症状之后，他开始寻求医生的帮助：“在戒除可口可乐之后，我的健康状况有所好转，且持续好转。”

239 莱曼·基布勒代表化学局的立场。“我去过全国各地，观察到一个情况：任何一个人都可以在饮料贩卖机上购买可口可乐，不限年龄，不管健康与否。我曾见过 4 岁的孩子在饮料机边喝可乐，”他说。基布勒既是一位科学家，又是一位有家室的人，所以他觉得此种现象既不负责任又不安全。他曾陪同富勒一起参观可口可乐公司的工厂，在那里他也被肮脏的环境吓坏了：蜘蛛网在盛放液体的大缸上晃来晃去，工人们身上的汗像雨水一样滴落在地板上，地上到处都是吐出的烟叶渣，这些景象尤其让他感到震惊。“我没有看到一个痰盂。”但是基布勒也注意到，在蒸煮池的旁边立着些容器，里面盛着晶体状的咖啡因，重达200磅。

基布勒作证说，就像厂子里的其他东西一样，咖啡因看起来也不那么干净。它“不像通常看上去的那么白”。基布勒接着说道，可口可乐有两个大众的称呼，是有原因的。一个称呼意为“大麻”，另一个则意为“古柯”，这两种称呼都意指其众所周知的刺激效果。以前可口可乐中含有可卡因的时候，情况就是如此，现在还是如此。“咖啡因是一种具有毒性的药物”，他说。

可口可乐公司愤怒地准备反击这些指控，第一步是公司创始家族的两名成员进行作证辩护。首先是约翰·S. 坎德勒（John S. Candler），他于1892年和他的兄弟阿萨，以及其他投资人一起合作成立了这家软饮料公司。他宣称自己每天至少喝1杯可口可乐，有时是6杯甚至更多——但并不认为那是上瘾的表现——他只是喜欢喝而已。“我从来没有过特别渴求它的经历，也没有发现任何的上瘾倾向。”换句话说，他明确表态，“我很健康”。

阿萨·坎德勒的大儿子查尔斯·霍华德·坎德勒（Charles Howard Candler）是公司的副总裁兼总经理。他直接反驳了政府认为其生产标准类似路边小摊这一指控。“大约有8个人，包括3个白人，还有5名有色人种，负责可口可乐糖浆的制作工序。”他说，“首先由一个黑人把食用糖倒入小桶， 240

他1906年就进厂了，但他不嚼烟叶”。而且这位操作员在干净卫生的操作台工作时会穿戴性能良好的防护服，坎德勒补充道。公司传唤了该名工人，他叫詹姆斯·加斯顿（James Gaston）。后者声称在工厂工作时，身上穿的是连体服，脚上是一双厚鞋子——这是有充分理由的。因为穿有洞的鞋子会很危险，他说，“如果桶里的液体溅出，会烫伤我的脚”。

坎德勒暗示政府并不可信。对于政府报告中说在软饮料糖浆中发现了污垢和昆虫残肢的真实性，他肯定是表示怀疑的。他还驳斥说，基布勒提到的这两种与毒品有关联的别称对公司来说极不公平。可口可乐制造商从未授权、也不接受这些街头暗语。“我公司从未以‘大麻’或‘可卡因’的名义宣传、销售可口可乐。”（当时确实如此；可口可乐公司直到1945年才在其商标上加上了“Coke”一词。）此外，公司还对一个观点提出了质疑，即它销售的是另一种兴奋剂或有毒物质——因为其配方中恰好包括了咖啡因。

可口可乐公司也提供了一组作证的专家名单。鲁道夫·威特豪斯（Rudolph Witthaus）是纽约的一位毒理学家，因其常在高级谋杀案审判中作证而名声在外，他承诺说：“我不知道有咖啡因致死案例，无论其剂量是大是小。”宾夕法尼亚大学的约翰·马歇尔——也是美国毒理学分析的开创者之一——说他测试过咖啡因对于蛋白质代谢作用的影响，发现影响微乎其微。哥伦比亚大学的查尔斯·F. 钱德勒（Charles F. Chandler）是一位65岁的化学家（曾于19世纪80年代在美国参议院人造黄油的听证会上为肉类加工业作过证），作为食品行业的盟友，他说：“我对咖啡因很熟悉，它不是毒性物质，不会引起中毒。”

密歇根大学的化学家维克多·沃恩（Victor Vaughan）早些时候曾质疑过威利的说法（苯甲酸钠有害健康），现在也作为软饮料公司的证人出庭。在证词中，他说他的分析是基于一天6～7次，每次喝一盎司可口可乐糖浆（与一杯碳酸水混合着喝）。“毫无疑问，糖浆会刺激大脑和肌肉。在某种程度上，还可能轻微地刺激肾脏，但这样的刺激是正常范围内的。”沃恩已经给豚鼠喂食可口可乐将近四个月了，他说，暂未看到值得一提的不良影响。

241

可口可乐公司还聘请了哥伦比亚大学的心理学家哈利·L. 霍林沃斯（Harry L. Hollingworth），让他就咖啡因对人类心理过程和身体反应的影响进行测试。在这一后来被誉为“庭审期间令人印象最深刻的研究”中，霍林沃斯找了16名受试对象（其中10名男性、6名女性），年龄在19岁到39岁之间。所有受试者都在四周的时间内每天吞下一些胶囊，胶囊里要么不含咖啡因，要么咖啡因的剂量不同。

这是一项经典的双盲研究；受试者和霍林沃斯都不知道谁吃了何种胶囊。每位受试者都会定期接受运动技能和认知功能测试。每个人还需要记日记，记录自己的睡眠模式，以及保持清醒或感觉疲倦的周期。到研究结束时，霍林沃斯已经积累了6.4万个数据点，在略感震惊的陪审团面前，他用一系列复杂的图表对这些数据进行了展示。

这位心理学家发现，咖啡因确实会在短时间内加速运动反应；而它对认知过程的影响更具渐进性和持久性。他将咖啡因描述为一种温和的兴奋剂，总体来说，它似乎可以提高特定任务范围内人的总体表现，而不会造成可测量到的（即他可鉴别出的）伤害。在报道该实验的记者中，许多人经常喝咖啡，所以他们非常详细地报道了这些结果。

约翰·F. 奎尼（John F. Queeny）是圣路易斯市“孟山都公司”的创始人，也是霍林沃斯的追随者。孟山都公司自豪地表示，自己是软饮料公司所需的糖精和结晶体咖啡因的制造242商。奎尼证实，与其他饮料如咖啡和茶相比，可口可乐中的咖啡因含量并不高。其公司的化学分析表明，一杯浓茶中的咖啡因含量几乎是一杯可口可乐中咖啡因含量的三倍。

随后，可口可乐公司开始聚焦消费者。亚特兰大的几个医生作证说，他们接手治疗的孩子们都没有喝过可口可乐——这与基布勒的说法背道而驰。证人中还包括 10 名经过精心挑选的亚特兰大成年居民，他们的年龄从 24 岁到 57 岁不等。可口可乐公司的律师说，这些正直的市民消费他们公司产品的平均年限是七年，有的人一天喝 15 杯或更多，但都没有上报过不良反应。公司聘请的医生们也确信那些饮用过可口可乐的成年人在饮用后没有出现过副作用。一位医生举了一个旅行推销员的例子——他经常会一天快速地喝下两打饮料。或者，正如《查塔努加日报》的报道所说——令坎德勒家族确实恼火——这位推销员每天喝掉了“20 杯毒品”，却仍然“无比健康”。

麦凯布还没来得及召集他的抗辩证人，可口可乐公司的律师就提出了一项令人惊讶的上诉，要求爱德华·T. 桑福德（Edward T. Sanford）法官驳回此案。他们没有争辩说公司已经证明了咖啡因是无害的，也没有说大量饮用软饮料毫无风险——显然，这仍然是个有待进行科学争论的问题。更确切地讲，公司现在提出了一个全新的观点：科学争辩无关紧要，因为他们对法律进行了新的解读。可口可乐公司认为，咖啡因不是“添加成分”，而是软饮料配方的基本组成部分。法律提及的是添加剂和掺假物。如果咖啡因不是添加剂，就像可口可乐公司现在所澄清的，那么农业部就没有理由和立场对它提起诉讼。

对于一个为期三周的审判来说，“要求驳回”似乎是在当前阶段的一场合法赌博。但令讼诉双方都惊讶的是——虽然说不上震惊——桑福德法官欣然接受了公司提出的观点。法官同意：把咖啡因纳入软饮料的配方中——不管这种化合物是否会对健康构成威胁——从法律层面讲，异于把甲醛添加到牛奶中，或把硫酸铜加在罐装豌豆里。4 月 7 日星期五，也是可口可乐公司提交新论点的第二天，桑福德驳回了陪审团的意见，并做了结案：“我只能得出这个结论，当把‘添加的’这个词语用在有毒、有害的成分时……就肯定不能视之为毫无意义的。”

243

“可口可乐赢了!”《查塔努加每日时报》(*Chattanooga Daily Times*) 在头版头条宣布，带着一丝党派相争的幸灾乐祸，“事实上案子被扔出了法庭”。该报推测，法官是有所偏袒的，不仅是为了保护软饮料公司，也是为了保护整个美国企业。该报称，他们发现“如果政府赢得了可口可乐案，根据计划，该案将成为 2500 项起诉中的第一项”。这个数字带有新闻层面上的夸张，但农业部确实希望有一个明确的法律先例，能更好地支持执法行动，为后面的其他案件做好铺垫。

就这一次，乔治·麦凯布和哈维·威利沮丧地联合行动；在桑福德宣布决定的同一天，麦凯布也宣布了政府对可口可乐判决的上诉决定。

失利的农业部代表才刚刚从查塔努加回到华盛顿工作，就再次出现了愈发存在争议的糖精问题——而这一次的问题让“孟山都化学公司”及其盟友们都无法高兴。“雷姆森委员会”根据行业的要求做了一次审查，在其刚刚完成的一份报告中做出了裁决，即大量食用甜味剂，对于健康确实会有潜在的风险。

由于食品加工者的普遍做法是用比较便宜的糖精代替价格较高的食用糖，却又不告知消费者，这就使得大剂量食用的可244能性更高，从而导致“累积接触”。这是威利在与前任总统交锋失利之前一直警告的事情。它坚定了首席化学家的信念，即糖精有害健康，而且也让他近乎痴迷于标签标注的真实与否。该研究发现来自食品行业的盟友——“雷姆森委员会”（其头头就是糖精的共同发现者艾拉·雷姆森）。这个结果让麦凯布和威尔逊无比震惊——同时也激怒了“孟山都化学公司”的总裁约翰·奎尼。

该报告之所以会出炉，部分是因为雷姆森审慎地回避了这次调查行动。首席调查员是委员会成员克里斯蒂安·赫特（Christian Herter）——哥伦比亚大学的医生兼《生物化学杂志》（*Journal of Biological Chemistry*）共同创始人。1910 年 12 月，赫特意外死于其医生所称的“神经消耗性疾病”，享年 45 岁。他的朋友和同事——哈佛大学的生物化学和分子药理学教授奥托·福林（Otto Folin）当时已经帮他完成了这项研究。

出生在瑞典的福林采用的是“试毒小组”试验的类似方

法，在健康男性志愿者的日常饮食中加入含有糖精的胶囊。四周后的统计结果显示，每天摄入少量的糖精（小于0.3克）对人体没有造成任何明显的伤害。福林报告说，微量的糖精摄取似乎是安全的。

但对于接收更高剂量的受试者来说，无论是在赫特的早期研究还是福林的后续研究中，都记录到了各种消化紊乱的症状，从恶心到胃痛不一。此外，该报告提醒当局说，美国普通消费者确有可能接触到高剂量糖精，因为目前在众多产品中都发现了未在标签上进行标注的糖精，比如罐装水果和蔬菜、果酱、果冻、葡萄酒和其他种类的烈酒等。再次让业界失望的是，“雷姆森委员会”同意威利的观点，即糖精没有天然食用糖的任何营养（如热量）价值，它降低了食品的质量。

245 与罗斯福总统和威尔逊部长一样，麦凯布一直以来都认为糖精是相对无害的化合物，其性质过于温和，无须受到农业部监管。这个理念事实上已经成为联邦政府的政策，比如美国国防部已将糖精片剂列为军需物资。但是，农业部的政策也将把“雷姆森委员会”的审查结果视为定论；所以在4月下旬（可口可乐案刚结束的3周之后），农业部就宣布，从1911年7月开始，所有含糖精的食品都将被视为掺假食品，会受到政府起诉。

奎尼在可口可乐案的鼓舞下，急忙赶到华盛顿发动反击。他为“孟山都化学公司”召来了一个新律师沃里克·霍夫（此前曾代表酒类批发商们在威士忌问题上表现突出）。他们聚集了一批化工和食品业的代表，得到了与威尔逊部长见面的机会，并要求部长重新考虑该决定。起初他们争辩说，政府的行动太快了——他们认为威尔逊是支持“雷姆森委员会”的。但是，现在霍夫说，制造商有权在法规颁布之前看到报告的内容并就其中的问题进行回应；他声称，再者，如果要颁布这一法规，就应对其进行修订以留出时间给业界进行调整，尤其是留出逐步出售消耗糖精现有库存的时间。

在可口可乐案彻底失败后，威尔逊已不愿仓促卷入另外一个行业的战争，所以他接收了霍夫提出的两点意见。会后，在没有咨询威利和艾拉·雷姆森的情况下，威尔逊就宣布糖精禁令将推迟到 1912 年 1 月再开启。他还向企业老板们保证，“雷姆森委员会”并没有被极度“纯净食品人士”威利所左右。“我想坦率地对你们说，先生们”，威尔逊对聚集在一起的糖精工业代表们说，“裁决委员会正是为了制造商的利益而设立并展开行动的”。然后，他补充说，委员会的存在，就是为了给业界一个“正常、健全的听证会”，从而不露声色地给了威利一击。

246

这次谈话内容本应保密，却遭到了泄露，这是让威尔逊感到后悔的事；而且后来还成了全国性新闻，更让他悔不当初。某次，在参议院调查农业部的一桩丑闻时，这次谈话被迅速报道。该丑闻事件不仅把农业部部长及其下属们牵扯进来，最终还涉及了总统——大家节外生枝地对比起这一事件与另一政治风暴，即塔夫脱总统 1910 年解雇林务局局长吉福特·品肖特的政治事件。

这个新的烂摊子——事情公开后，就成了农业部众多的烂摊子中的一个——源于邓拉普一手策划的阴谋，该阴谋得到了麦凯布和威尔逊的支持，其目的是想将威利及其盟友从农业部铲除出去。这场处理不当的阴谋缘于可口可乐案的审判，而瞄准的是政府的杰出专家证人亨利·拉斯比（Henry Rusby）——诉讼案中咖啡因的重要批评者。

起初，拉斯比拒绝作证，因为联邦政府降低了支付给科学顾问的费用。在罗斯福当政时期，这类工作的报酬是每天20美元，然而，塔夫脱那节俭成性的司法部部长乔治·W. 威克沙姆（George W. Wickersham）却将其削减至9美元一天。拉斯比不太情愿地接受了这一低价为政府做药物分析的工作。他解释说，这个事情在他的心目中太重要了，不能拒绝。但是他又说，要在可口可乐的案子中作证的话，这点钱太少了。照每天9美元的价格，他付了从纽约到田纳西州的差旅费（不能报销）之后，还得自己花钱为这段时间里寻找的临时代课老师支付工资，这就是笔亏本的买卖。

威利向麦凯布指出，威克沙姆的政策留出了一些自主空间；几个联邦政府部门都面临着证人不愿作证的情况，却仍然按照每天20美元支付举证费。但麦凯布不同意为化学专家补充额外费用，所以威利的助理威拉德·比格洛悄悄地设计了一个变通方案，化学局以每年1600美元的年薪聘用拉斯比——这笔钱涵盖了接下来一年内需要拉斯比所做的任何专家证词和分析工作所产生的费用。 247

农业部德高望重的医药专家莱曼·基布勒写信给拉斯比，力劝他接受这一职位；并且指出，无论工作量多大，都会保证每月定期发放津贴。“就我个人而言，这一新选择要比旧方案好得多。”拉斯比接收了这个交易，威利也同意了，并明确表示要报送到农业部。威尔逊签了字，不过后来，当丑闻发酵的时候，他就会马上否认自己身上的责任，说他根本不了解详情。

在威利动身前去田纳西州之前，关于安排拉斯比的信件和记录就保留在他办公室里了。趁他不在，弗雷德里克·邓拉普翻遍了威利办公室里的文件，“发现”了这些东西。当威利参加可口可乐案的审判时，邓拉普暂代化学局的局长一职，所以他提出要求并得以进入威利的办公室。在调出拉斯比的相关文件做了一番研究之后，邓拉普——知道威尔逊对这位首席化学家深感不满——意识到他可以拿拉斯比的聘用安排做文章，指控首席化学家及其同党们欺骗政府。

1911年5月，邓拉普准备了一份备忘录，控告威利、基布勒和比格洛非法滥用政府资金，他小心翼翼地暗中布局。邓拉普没有在农业部打印这份备忘录，这样就不会有任何秘书或职员——他发现这些人对威利非常忠诚——知道这件事。然后他把备忘录交给了威尔逊。这位农业部部长的确把邓拉普的材料看作一份政治大礼，一个能帮他解决后患的好机会。

不出所料，对于这个备忘录，威尔逊也决定对威利及其下属保密，而直接将其提交给了麦凯布领导的农业部人事委员会。麦凯布同样厌倦了威利无休无止的争论，所以指示该委员会查明威利、基布勒和比格洛等人“无视”威克沙姆在报酬支付方面制定的政策而自行其是的情况。麦凯布建议：宣布拉斯比的合同无效、基布勒降级处分、威利和比格洛自行辞职。然后威尔逊将此事通报给威克沙姆，并要求他以美国司法部部

248

长的身份支持推动麦凯布的建议。

大家迟早都会意识到，这个建议具有政治风险。威克沙姆因为尴尬的品肖特事件（在该事件上，他是站在建议解雇的那一方，该解雇建议令人议论纷纷），身上还劣迹斑斑；但威克沙姆的批评者们说，他似乎没有从上次的经历中吸取教训。阿奇·巴特少校（Major Archie Butt）是塔夫脱总统的助手，他这样描述司法部部长这个人——“其政治判断力就像是一头牛的判断力”。尽管有着早先惨败的经历，威克沙姆还是在5月中旬写信给塔夫脱，表示他支持麦凯布的决定。

是总统本人犹豫了。他以前曾警告过威尔逊，说他“气性太大，总是极力谴责别人不忠；并过分鼓励新闻上的争议”。塔夫脱清楚地记得针对品肖特的决定所带来的灾难性后果，还意识到威利同样也是在国内广受欢迎和赞誉的人，所以他意识到重复品肖特事件会引发的风险。随着选举年的临近，他不希望再引发一场政治斗争，尤其是该斗争发生在自己的政党内。同时，塔夫脱总统本人也是一名法律学者，他担心威尔逊在这个事件上违反了正当的法律程序。本案中，威尔逊未曾向任何一个被指控的雇员出示该控告，包括允许他们进行回应反驳。此外，塔夫脱最信任的一些心腹，如美国马萨诸塞州参议员W. 默里·克兰（W. Murray Crane）最近提醒他说，议员们开始觉得农业部就是个毒蛇窟。

塔夫脱用了几周时间来考虑麦凯布的建议。最后，他决定继续进行——但要谨慎行事，并注意遵循正常的法律程序。1911年7月11日星期一，总统命令威尔逊将指控和拟定措施

249 通知给其相关下属。等这些被指控的科学家们有机会做出回应后，才能做出处理决定。即便如此，塔夫脱只是预料将遭遇一定的反击，又或许是一些负面的新闻报道。但是，就像早先的品肖特撤职决定一样，他低估了这些涉事对象的群众基础，以及公众对这一消息的愤怒程度，即便也许不如詹姆斯·威尔逊
250 低估的那般多。

第十四章 掺假蛇

1911～1912

我很想……

威尔逊收到总统的指示后，别无选择，只能通知局里的化学家们，相关指控即将到来；他决定让麦凯布来处理这个问题。律师一直等到一周收尾的时候才出现，一方面传递了消息，另一方面又可以逃脱去过周末。7月15日星期五下午，威利没在部门。他和安娜在“大草原”，即其位于弗吉尼亚的农场待了几天。当基布勒和比格洛目瞪口呆地消化麦凯布的消息时，律师表示在任何情况下他都不希望面对威利——也许威利的某个下属想把这些细节告诉给老板听。

次日，比格洛郁闷地开车去了“草原”。他后来回忆，威利的反应再次令他目瞪口呆。首席化学家静静地坐着，仔细阅读那些书面指控。而后，出乎比格洛的意料，威利跳了起来，在头顶挥舞着报纸，并高喊道：“胜利，胜利！”

农场的田野阳光明媚，威利和比格洛漫步其中，威利解释说：多年来，一直谣传有权力阴谋布局在反对他本人和他的工作。现在，他手上终于有一份清晰文件，能够真实记录下这一阴谋，其中包括邓拉普搜查翻找他的办公桌、举行秘密会议、捏造费用。如果他应对得当——长期以来联邦工作的经验足以令他相信——他的敌人们已将武器送到了他手上。因而，等周一回到办公室的时候，威利更加自信了。同时，威利也很感动，因为秘书们、办事员们、局里其他科学家们，以及农业部其他部门的人员纷纷围拢过来，主动提出要帮助他准备辩护。威利微笑着感谢伸出援手的办公室主任弗雷德·林顿，"我们不需要防御，"他说，"我正在筹划一次进攻"。

7 月 20 日星期三，《纽约时报》的报道详细披露了阴谋细节。"纯净食品专家哈维·威利博士的对手们，多次尝试将他拉下化学局局长的位置，都以失败告终。但他们这次似乎终于可以一偿夙愿了。"如果这些反对者们成功了，那么威利将离任，"而全国各地食品、药品奸商们和乱贴商标的那些商人们将欢欣鼓舞"。报道引述了拉斯比（对薪酬安排进行了辩护）和威利（强调威尔逊已经批准了赔偿金）二人的言论。该报纸还声称，部长拒绝回答任何问题。

全国各地的报纸都刊登了这一报道，并进行补充，勾勒出一幅腐败图景——不是由那些专心致志的食品化学家们描绘，而是由威尔逊、麦凯布和邓拉普绘制。华盛顿《明星晚报》(*Evening Star*)（译者注：后来与其他报纸合并为《华盛顿明星报》）报道说，塔夫脱政府的其他内阁部长已经开始躲躲藏藏。"他们……倾向于尖锐地批评威尔逊部长未能解决整件事情，使之超出了农业部的掌控范围。"《明星晚报》的这篇文章还拼命宣扬这样一个事实：联邦政府农业部在威尔逊支持的"雷姆森委员会"上花费了超过 17.5 万美元（换算成今天的币值计超过 400 万美元）；仅艾拉·雷姆森一人就获得了 11631 美元的年薪（是威利的两倍多），并获得 4000 美元的开 252 支费用；委员会成员拉塞尔·奇滕登和约翰·朗都获得了超过 1.3 万美元的薪金和合计 1.5 万美元的开支费用；委员会其他成员每人薪金近 1 万美元，平均开支额度为 4000 美元。《明星晚报》还有点幸灾乐祸地透露，委员会成员们的开支包括猴子、狗、冰淇淋、比利时豌豆和电烤盘，还有高五斗橱（带镜子的五斗橱）和占星图。

艾拉·雷姆森既尴尬又愤怒，他把记者们叫到他在约翰·霍普金斯（Johns Hopkins）的办公室，谴责并声称这是一次毫无根据、毫无理由的攻击。华盛顿的部分报纸进行了冷淡采访。事实上，《明星晚报》还未掀完他们的老底。它接着报道了司法部部长处有备忘录，那是一份警告——雷姆森委员会的薪金制度是非法的——而威尔逊和塔夫脱试图将之保密。一位《明星晚报》记者曾参加威尔逊早期与糖精生产商的会议，现在透露了这一安排对业界人士的友好程度，他引用部长跟商人们的话说，"'雷姆森评审委员会'的成立是为了维护制造商的利益"。某些威尔逊的支持者怀疑这一说法的准确性，但是出席会议的农业部速记员证实部长确实说了这样的话。

媒体揭露的种种事实进一步激起了公众的愤怒。威利获得了无数鼓励和支持：来自其他化学家、国家食品专员和"小麦麦片公司"的宣传主管等人——"您与不纯净食品和药品的制造商们展开了一场艰苦的斗争，我们不会在这个关键时刻抛弃您"——来自妇女团体；"我将尽我所能协助工作"——来自老荷兰磨坊咖啡烘焙商的主管；"我受到鼓舞亲自写信告知您目前这一可耻而有害的展览正在首都进行”——来自医疗协会和保险公司的高管们。

253 塔夫脱总统那里也被众多支持威利的信息淹没；那一周白宫收到的电报都与此相关。美国医学会理事会：“希望化学局局长威利博士能继续在位，作为主要代表人物执行《纯净食品药品法》。若他被解聘，那么制造不纯净食品和药品的那些商家们会特别开心。”美国科学促进会的国民健康委员会：“威利博士和拉斯比博士的工作十分有价值，我们真诚希望不要对他们采取任何不利的行动。我们恭敬力劝，不应利用技术性细节来找理由解雇两名如此忠诚可敬的公仆。”佛罗里达药学委员会会长：“我向您保证，我对威利博士完全信任。我觉得，您本人若进行充分调查，就会发现这些指控是毫无根据的。”南巴尔的摩卫理公会圣公会教堂牧师：“对这个国家的人民来说，威利博士比所有对他进行中伤的人加起来都更有价值。”纽约的一位化学工程师：“我充满敬意和诚意地请求阁下，请不要妨碍威利博士继续从事他为保护这个国家的食品和药品供应所做的出色工作，二十多年以来他一直在为之奋斗。”肯塔基州路易斯维尔市的一家面粉厂“巴拉德公司”表示：“我们认为，如果允许威利博士离职，那将是公众的灾难。”不出众人所料，爱丽丝·莱基向总统发送电报声称，威利若离职，将令“那些希望法律失去效力的制造商们”欢天喜地。

同样的景象也在国会上演。宾夕法尼亚州波茨维尔市的一位咨询工程师写信给该州国会议员罗伯特·迪芬德弗（Robert Difenderfer）说，对威利的指控太幼稚了，也太过分了，他认为应该反过来解雇那些指控者。迪芬德弗回复说：“你所提到的对威利博士的指控，其实再次证明了，过去几年中罪恶已经 254 发展到如此庞大的程度，以至于在我们这样的国家、这样的体系中都可以传播开来，这似乎太可怕了……似乎，当一个人有勇气去对抗不诚实的人或事的那一刻，他就成了一个靶子。”

新泽西的国会议员威廉·休斯（William Hughes）写信给威利：“这只是寥寥数语，好让您知道我对您以及您一直在做的工作表示由衷的支持。如果有什么我能帮您击败‘毒帮’，请告诉我。”纽约的国会议员伯顿·哈里森（Burton Harrison）写道：“我发现您的敌人们正试图给你制造麻烦。您在众议院有很多朋友，也许我们可以把麻烦转到其他人身上。”印第安纳州的国会议员，农业部众议院支出委员会主席拉尔夫·莫斯（Ralph W. Moss）安排了一次听证会。在听证会上，他承诺将彻查现部门内部的钩心斗角，该部门现在已成烫手山芋了。《华尔街日报》（*The Wall Street Journal*）建议，为了开展工作，詹姆斯·威尔逊应该辞职。而且“如果麦凯布先生是农业部所培育作物的一个样本，那么可能要进行拔草除害了”。

震惊之下，乔治·威克沙姆写信给塔夫脱总统，为自己将政府卷入“另一个品肖特事件（译者注：即巴林格-品肖特争端，指的是大约在1909年年底，由前总统罗斯福所任命的林务局局长品肖特与现任总统塔夫脱所任命的内政部部长巴林格之间发生的冲突，品肖特因为巴林格帮助利益集团非法进入某煤田以及重新开放本已关闭的公共用地，对环境造成了一定破坏，从而公开指责巴林格和塔夫脱；怒不可遏的塔夫脱直接解聘了品肖特，从而引发媒体一轮又一轮地谴责。）引发的所有烦恼”而道歉。虽然塔夫脱对其司法部部长倍感气愤，但他对威尔逊更生气。塔夫脱痛苦地写信给其妻子内利，后者正身处马萨诸塞州的“夏季白宫”，信里说威尔逊“像水一样虚弱无力，他作为部长表现得太过糟糕，对自己的部门掌控微弱。我应该踢走他，但我不知道当下该怎么做”。

莫斯委员会关于“农业部开支”的听证会现已成为头版新闻，每天都有戏剧性的细枝末节。在一篇标题为“把姑娘放在烤架上”（不幸取了这个名字）的报道中，《明星晚报》报道了美国农业部速记员们的证词，他们说麦凯布把他们带进自己的办公室，锁上门，并盘问任何与威利、基布勒和比格洛相关的潜在秘密行为。而其他员工也纷纷作证，证实麦凯布采取了“三级手段”——还包括带来一位冒牌特工来威胁他们，雇佣私人侦探来监视他们。基布勒作证说，麦凯布曾告诉他，与任何一位国会议员或美国律师分享信息都是严重的罪行。麦凯布“傲慢自大、武断专横”，基布勒评价道，还故意恐吓他人。

255

《华盛顿明星报》写道：“麦凯布律师一直在领导整个部门。”而《纽约时报》声称：“他（麦凯布）通过巧妙地制定和管控部门规章制度，使自己成为判断食品和药品制造商是否应受到起诉的唯一法官。”

麦凯布承认，他拒绝对首席化学家提议的 500 多起案件进行起诉；但他指出，还有其他数百项提议要么已被起诉，要么通过仲裁或不太正式的讨论予以解决。同时，他也承认自己曾阻止威利出现在涉及防腐剂（尤其是苯甲酸钠）的庭审中，因为他不想让威利反驳或质疑“雷姆森委员会”的调查结果。但他绝对否认自己在农业部拥有“真正的权力”——那是属于威尔逊的。接下来出庭的威尔逊部长向委员会承认，有近20份报告是他禁止化学局发布的。他还在内部进行封锁，阻止威利及其下属了解更多与雷姆森委员会或其调查结果相关的信息。但和麦凯布一样，他也把这些决定归咎于威利——首席化学家已经变得过于严厉、过于僵化，而且动不动就因这些事情而发怒。威尔逊解释说，他期望平和的工作氛围，但这远非威利所容许。

委员会也召唤来弗雷德里克·邓拉普，后者承认自己秘密起草了指控备忘录（该备忘录是听证会的主要议题），并在得知威利将出城的那天将其交给了威尔逊。他还承认，当他和威利在食品安全问题上意见不一致时，他通常会拖延，让麦凯布就任何监管问题做出最后决定。“麦凯布先生并非化学家，是吗?”一位委员尖锐地问道。“我从来没听说过（他是），”邓拉普回答。据报纸报道，本来意见对立的立法者们这次一致认为：无论是在人员上还是政治上，农业部都已糟糕透顶。

256

塔夫脱已在马萨诸塞州与妻子会和，开始休假，因而在决定将之处理得最为完美时，他一边关注日报新闻报道，一边同其下属进行磋商。1911年9月中旬，在返回华盛顿之前，他宣布了针对拉斯比事件相关指控所做的决定。鉴于莫斯听证会的要旨，其调查结果并不令人惊讶。《纽约时报》头条新闻是“拉斯比一案总统支持威利”。

总统在一封写给威尔逊的公开信中宣布，他没有发现任何证据，能够表明在向亨利·拉斯比进行付款的安排中存在对政府进行欺诈的阴谋。事实上，塔夫脱写道，此前便有众多先例，而对雷姆森委员会的付款也是其中之一，这些都表明，从正常的政府程序来看，拉斯比的合同正当合理。

总统下令，免除对拉斯比和威利的所有指控。而出于对威尔逊策略性的让步，塔夫脱建议谴责基布勒和比格洛在招募纽约专家时热情过了头，但他又赞扬了他们为公平地支付专家证人的报酬而做的努力。总统险些下令改组农业部，或者惩罚麦凯布和邓拉普（虽然没有）。总统表现出了自己的不满，他写道："调查所发现的问题（比起这一点，这些问题与部门效率方面的关系要重要得多）越宽泛，可能需要采取的行动（比起我已经考量并决定的）就越激进。"

257 作为回应，威利向美联社发表了一份声明，感谢总统的正义感，感谢美国媒体"在这次磨难中一边倒地支持我"，尤其是感谢许多写信鼓励他的人。詹姆斯·威尔逊和乔治·麦凯布都未回应记者的置评请求，报纸在报道塔夫脱的决定时特别强调了这一点。

"我衷心祝贺您，"扒粪记者塞缪尔·霍普金斯·亚当斯（Samuel Hopkins Adams）（他揭露专利药品的文章——《美国大欺诈》——对写入1906年《食品药品法》的部分规定而言特别重要）写道："我以为塔夫脱没有勇气这样直截了当地站出来。我想，打基布勒（比格洛也是一样）的耳光是不公平的，也是相当懦弱的。但每一个了解塔夫脱的人都能体会隐含之意，并因其中所蕴含的价值而心领神会。这对敌方是稍加安抚之举。"

在公众看来，威利战胜了那些压迫他的人。当然，他也保住了工作；但私下里，他敏锐地意识到，在食品监管方面，他并未真正打破权力的平衡。他对一位记者说，那条"掺假蛇"

仍在部门里盘旋着。他再一次思考自己还能坚持多久。在收到这些鼓励信和祝贺信的同时，他也开始收到工作邀请——其中大部分来自食品饮料行业的企业。例如，新泽西州霍博肯的R. B. 戴维斯公司（磷酸盐食品、发酵粉和淀粉的生产商）提议为他新设立一个职位，薪水与他现在5000美元的政府年薪相当，只要他愿意“远离联邦政府就职的压力”。他断然拒绝了所有这些邀请，在给戴维斯公司的回复中，他说：“我还在做当前的工作，我打算坚持下去，直到被强行开除为止。”但是在家里，当他和安娜讨论时，他非常认真地思考自己是否已经廉颇老矣。

1912年1月，莫斯委员会发布了其报告，进一步赞同总统的决定，支持其撤销对拉斯比等人的指控。委员会对所有“关于化学局化学家们密谋欺骗政府”的暗示均不予理会。它强调了拉斯比在可口可乐一案中证言的重要性，称赞该局的部署让他成为食品饮料监管体系中必不可少的一分子，以便使体系更加强劲有力：“人们无法抑制自己对威利博士所付出真诚努力——以便在执行如此重要的法规时获得合理补偿并保障专家的支援协助——的支持与赞成，当然是在（本事件）甫一开始时，其中浮现的相关问题对公众至关重要。” 258

莫斯委员会还谴责麦凯布和邓拉普的冷酷高压手段。它和总统一样，批评威尔逊支持雷姆森委员会秘密帮助相关行业，还批评他对该部门的领导（不力）——该报告称，该部门经常令该法律无法正常合理地执行。它形容美国农业部的管理糟糕透顶了，这对于威尔逊而言是又一打击，令之非常尴尬。但它并没有发现美国农业部像威利所暗示的那样，完全受制于食品等行业。威尔逊、麦凯布和邓拉普可能不相信威利的“消费者先于一切”的做法，但他们已经起诉了部分企业，努力建立监管体系；事实证明，他们也愿意与可疑操作，如面粉漂白之类的行为斗争到底，直至最高法院。委员会指出，与生产商有合作意愿并不总能证明那是（威利及其盟友所认为的）腐败行为；有时这是务实的表现。

威利公开宣布，塔夫脱的决定和委员会的报告双管齐下，对己方而言是“彻底的胜利”。而面对朋友时，威利稍微谨慎一些，他给他们中的某个人写信说：“虽然不像我希望的那样大获全胜，但这个判决仍然是一个好判决。”

在莫斯报告之后，威尔逊做出了明显努力来弥补过失。他将麦凯布从“食品药物检查委员会”除名，并任命威利的一位盟友罗斯科·杜立特（Roscoe Doolittle）担任主席，罗斯科·杜立特时任农业部位于纽约的食品实验室主任。但他把邓拉普留在董事会，以保留一定的“务实”作风。曾历经3位总统任期的威尔逊仍担任农业部部长（他私下里要求结束自己目前的第四任期，塔夫脱也同意了。）。他平静地向总统和国会保证，农业部的状况有了很大改善。但这种平静是骗人的；他对自身名誉受到如此玷污深感愤怒。在塔夫脱发布决定后的几周内，威利愈发意识到这一点——威尔逊已经变得“充满敌意，十分警觉”。

259

“我发现我向部长提交的建议未获批准”，他说，很显然，“在执行我的命令和政策时，我还得继续与自己在食品药品检查委员会的同事们斗争”。丑闻、莫斯听证会、农业部几乎未变的事实——所有这些都向威利的盟友和他的敌人表明，尽管他在这次攻击中幸存下来，尽管他得到公众无畏的支持，但他在食品监管方面的严格做法使之缺乏内部支持，而这至关重要。

威斯康星州食品和奶制品专员 J. G. 埃默里（J. G. Emery）警告说："一定要站稳守好，那些阴谋家们不会停止设置陷阱。"食品工业现在经常利落地避开威利，直接向威尔逊投诉。首席化学家最近刚刚试图监管州际运输谷物过程中含霉菌和污垢的问题，而威尔逊在面对行业的压力后，再次直接推翻了他的提议。

威利曾宣布，只要农业部需要，自己便将一直待在这个部门；但他已经开始看到，在这样一个敌对的环境中继续待下去将是徒劳无益的。他对去某家小苏打公司工作不感兴趣，但他认为在别的位置上他可能会有所作为。他想知道，如果可以找到一个能让他随心所欲进行战斗的地方，他现在是否应该寻找这种机会。还有某些令人愉悦的家庭原因促使他开始考虑一份待遇更好的工作——令他和妻子"南"感到惊讶和高兴的是，他们的第一个孩子将在春天出生。 260

妇女杂志《好管家》（*Good Housekeeping*）以倾向于改革而闻名，该杂志提出给他 1 万美元年薪——是他目前工资的两倍——让他担任一个新部门（"食品、健康和卫生部门"）的主管。他将拥有最先进的实验室（总部设在华盛顿特区），用以测试市场上的产品、为读者提供产品安全性和优点的相关建议，甚至可能在产品品质不错的情况下为其盖上"好管家"的"通过"印章。该杂志还可以为他开辟专栏，撰写有关食品安全和食品营养的文章。

“雷德帕斯学术社团局”（译者注：Redpath Lyceum Bureau 由詹姆斯·雷德帕斯等人于 1868 年在波士顿创立，主要负责向美国公众推送讲座、作家、演奏者等）也联系了威利，想和他签订一份报酬丰厚的演讲合同。该机构成立于 1868 年，成立时的名称为“波士顿学术社团局”，曾代理过马克·吐温、朱莉娅·沃德·豪、苏珊·B. 安东尼和弗雷德里克·道格拉斯等名人。威利对于有机会跻身这一名单深表荣幸，这是友善提醒：他由于在公众事务上经历的种种成败起伏，已成为一个有影响力的名人。

安娜·威利（Anna Wiley）也正在成为远近闻名的改革倡导者。她担任华盛顿“伊丽莎白·卡迪·斯坦顿选举权俱乐部”（Elizabeth Cady Stanton Suffrage Club）的主席，不仅为妇女的投票权，也为银行改革而四处游说。1911 年 12 月，她还被选入“美国妇女参政协会”的国会委员会。威利的朋友纳撒尼尔·福勒（Nathaniel Fowler）写信给他：“我读到那些报道并根据种种迹象进行判断，发现你无疑正慢慢地成为安娜·威利的丈夫。”福勒是波士顿的一名记者兼作家，他开玩笑地说，威利很快就会在《女性家庭杂志》（*Ladies' Home Journal*）的新系列文章——“伟大女性的无名丈夫”中找到自己的名字。

到 1912 年 3 月，流言再次四起：威利最终可能离开农业部。威尔逊本来应该欢迎这样的消息，却迟迟不敢相信。他告诉朋友们：威利自己制造散播了这样的谣言，可能是想要别人对他继续让步。当《纽约时报》的一位记者问起部长首席化学家辞职的可能性时，威尔逊怒斥道：“此报道还不成熟。”

261

但在3月15日上午，威利给最受他喜爱的新闻记者们发了一则通知，告诉他们他有一个重要的消息要分享。他还准备了一封简单的辞职信送交威尔逊，甚至未留足一天时间提前通知部长："兹申请辞职，辞去年薪为5000美元的农业部化学局局长一职，此辞职申请自1912年3月15日结束时生效。"

他请求与威尔逊会面递交辞呈。两人交谈了将近一个小时。威利说，和以前一样，如果威尔逊清除邓拉普——他把邓拉普描述为一个偷偷摸摸的骗子——和同样狡猾的乔治·麦凯布，他将很乐意留下来。威尔逊以前回应过这个问题，现在他的答案没变：他不会考虑这个问题，他"不愿意"将上述人等解职。讨论结束时，部长在威利的字条上草草写下"接受你的辞呈"，并将其递回给他。

当天晚些时候——主要是为新闻界着想——威利发表了一份辞职的"补充声明"，强调自己对公务的长期奉献，并补充说，"有一件事令我极为欣慰：在本人担任局长的29年中，据我所知，每分钱都花在了刀刃上"。他提醒记者自己是退出政府，而非退出事业："我计划余生（凭借我所掌握的能力和可能出现的机会）将致力于促进公民公义和工业诚信，此乃1906年《食品药品法》的基础。"

威利也感谢威尔逊在"农业部部长任职期间向我展示的个人善意和尊重"。威利感激他最值得信赖的副手之一：威拉德·比格洛——已被任命为化学局代理首席化学家（因威利离职）。但是，他补充说，部门的情况已令他忍无可忍，他别无"正"道可走，唯有离开。 262

面对聚集在农业部参加下午新闻发布会的新闻界人士，

威尔逊赞扬了威利长期以来极具价值的工作，但他表示选择尊重其首席化学家的决定。他说，他已经告诉威利："如果他觉得辞职对自己更好的话，那我这时候就不挡他的道了。""我只能默许并祝愿他成功。"在场记者们持怀疑态度；多篇相关报道描述称，部长看上去像是松了一口气。《药剂师通报》（*Druugist Circular*）描述威尔逊对威利辞职的回应时，使用了一句美国俗语讽刺道："这是你的帽子，你着什么急?"（译者注：这句话常用来在主人希望客人要离开前说的，一面递给客人帽子帮其做好离开的准备，一面假装挽留）

与威尔逊一样，塔夫脱总统在公开声明中态度温和。他赞扬了即将离任的首席化学家，评论说："如果他能继续为政府服务，我会非常高兴。我觉得我很难找到一个人来接替他的位置。"但他随后补充道，他已经开始与大学的校长们磋商，以寻找合适人选。

但在农业部的其他部门，这个消息几乎令每个人都悲伤无比。正如麦凯布和邓拉普经常恼怒地注意到的那样：工作人员中威利的忠实朋友比他们或威尔逊部长所能够想象的要多得多，特别是众多女性职员，因为后者总是获得威利的善待和尊敬。整栋大楼的员工们纷纷冲进威利的办公室，祝他诸事顺利。

《布法罗信使报》（*Buffalo Courier*）的头条标题是"厨房看门狗守门 29 年后离开，妇女们悲泣不已"。"数以百计的女职员们，其中大部分在农业部其他部门工作，她们泪流满面，排着队向威利博士告别。通向威利办公室的电梯拥挤不堪，许多妇女爬了长长的楼梯来到四楼。"《纽约时报》写道，这是

263

非常感人的场面："一些职员与威利共事长达25年以上，他们离开时哭得像个孩子。"

威利的盟友和支持者们都对其决定既感到惊讶又深觉失望。保罗·皮尔斯在《国家食品杂志》（*National Food Magazine*）上撰文，声称担心他的朋友因受到秘密威胁或压力而离职。"众所周知，威利博士意志坚定，勇气非凡；认为他会因遭受攻击而辞职是不合理的……因此，他这一奇怪行为很难解释，除非背后有什么原因，而这些原因目前还暂未被揭露出来。"爱丽丝·莱基把威利的辞职解读为敌人的胜利，指责农业部将威利置于窘境："他一直束手束脚，从而无法严格执行《纯净食品药品法》。"她说，威尔逊部长及其企业朋友们长期联手，努力达成此目的，从而令农业部可"对食物造假者大开绿灯"，而不再强制执行该法律。

《商业杂志》（*Journal of Commerce*）尖锐地把将报道标题定为"威利博士的牺牲"；一份名为《油类、油漆和药物记者》（*Oil, Paint and Drug Reporter*）的消费者宣传刊物在开篇引用《麦克白》（*Macbeth*）的话来表达悲伤遗憾之情："他处理政务，从未有过失，他生前的美德，将要像天使一般发出喇叭一样清澈的声音，向世人昭告我令他离去的重罪。"（译者对这句话有改编，使之更契合这个语境，该作品此处的通用翻译是：这个邓肯秉性仁慈，处理国政从来没有过失，要是把他杀死了，他生前的美德，将要像天使一般发出喇叭一样清澈的声音，向世人昭告我的弑君重罪。）拉尔夫·莫斯曾主持过拉斯比案的调查听证会，他也发出了类似的声音："我认为威利博士从公共服务部门离去是这一代美国人遭受的最大损失，"

莫斯也来自印第安纳州。然而，就像莱基一样，他也承认这可 264 能是威利无奈的选择。“我知道该部门的管理状况是如此（不堪），他不能继续留任……在我看来，他为全人类所做的事，比美国任何其他人所做的都要多。”

威利将这些信件和剪报保存了许多年，但所有这些称颂他的纪念物中，他最爱的是《华盛顿明星报》上刊登的一幅漫画：画中描绘了他的办公室，里面放着几张桌子，桌上摆满了试管和烧杯；地板上放着一双旧鞋；桌子旁边站着山姆大叔，伤心地俯看着鞋子；它们被贴上了哈维·威利的标签；鞋子的 265 尺寸无疑是超大号，显然太大了，除威利之外无人合脚。

第十五章 犯罪史

1912 ~ 1938

我很想知道，里面有什么。

西奥多·罗斯福对塔夫脱总统深感不满，再加上他坚信自己会做得更好，于是重回政坛。同年（1912 年）春天，他竞选成为共和党候选人参加秋季选举。罗斯福看上去胜算极大：他已经在总统初选中大获全胜，包括在塔夫脱的家乡俄亥俄州。

四面楚歌的塔夫脱意识到，只要再出现一次论战，他就会失去总统连任的机会。由于公众对威利辞职的愤怒接近沸腾，他只得推迟任命下一任首席化学家。他和威尔逊悄悄撤掉了比格洛的临时代理首席化学家一职，但继任的是威利的另一个盟友——罗斯科·杜立特，后者最近刚接替麦凯布在食品检验局的职务。

在 5 月份呈送威尔逊的一份报告中，杜立特指出，造假和掺假行为仍在快速涌现。他写道，最常出问题的产品包括："含有人造色素但未加以说明的浸果酒……由于蠕虫和排泄物而不适于食用的无花果……被漂白以掩盖低劣品质的面粉，因腐烂而不应再食用的鸡蛋，含砷的发酵粉（用来令巧克力散发光泽的明胶和虫胶中也含砷），除了人工色素几乎不含或根本没有鸡蛋的所谓‘鸡蛋面’，含有胡椒壳的黑胡椒，掺入蔗糖的枫糖制品，含有滑石粉并非法添加色素的糖果类产品，乱贴标签的橄榄油和棉花籽油调和油”，不一而足。

制造商们似乎再次变得胆大妄为了，杜立特并非唯一一个注意到这一点的人。那个春季，《纽约环球》（*A New York Globe*）上的某系列文章头条标题是：“卖给孩子们的苏打水中满是毒药”。作家阿尔弗雷德·W. 麦卡恩（Alfred W. McCann）为《环球》雇用了一些化学分析师，他们发现许多用来混合汽水的“水果糖浆”除了不含水果，可能啥都有。“树莓”和“野樱桃”的提取物主要是乙醇、甘油、乙酸、琥珀酸、苯甲酸、乙醇和煤焦油色素；汽水饮料中还添加了大量糖精增甜，但其标签上并未明示；（本该添加的）糖因为价格更高，而几乎一粒未加。正如麦卡恩所说：“纽约市的任何一台冷饮售卖机上都没有见过一个上面写明了饮料的人造和化学特性的标牌。”

同年6月，在芝加哥举行的“共和党全国代表大会”上，罗斯福未能取代塔夫脱成为候选人。尽管罗斯福在初选中赢得了多数票，但共和党的保守派头头们还是阻止了他的回归。罗斯福认为那些头头们偷走了他的提名，于是退出了大会。不久之后，他宣布自己“会像公麋一样强壮地”参加竞选，并打着进步党的旗号发起了第三党派总统竞选。可以预见的是，11月份，共和党的选票在塔夫脱和罗斯福之间分散了，使得民主党的伍德罗·威尔逊（Woodrow Wilson）仅以41.8%的支持率就赢得了总统大选。

詹姆斯·威尔逊肯定要离开农业部了，威利党的支持者们开始推动并希望促成这位前首席化学家成为下一任部长。威利 267 的宿敌——比如“全美食品制造商协会”——立刻联合起来反对。《化学贸易杂志》（*Chemical Trade Journal*）近乎恐慌地发表社论，“我们无法想象伍德罗·威尔逊先生要请一位部长加入到他的内阁去制造动乱、骚乱、混乱、骚动、忧虑、烦恼、苦恼、不安、激动、痛苦、灾难、不幸、焦虑、悲伤和悲惨。如果威尔逊先生想要达到这个效果，那么威利博士确实已经装备精良了。”

“我没有进入内阁的抱负”，1912 年 12 月，威利写信给俄勒冈州的一位医生，后者催促他申请该职务。“……我希望能继续留在讲坛上，用我的笔，从多个方面为纯净食品和公众健康发表有力言论。”自从接受了这份杂志的撰稿工作后，已经有数个开价更高的行业职位向他抛出了橄榄枝，其中之一来自他的长期支持者，肯塔基酒商小埃德蒙·海恩斯·泰勒（现已 80 多岁，但仍然是政坛上的一股力量）。但是威利全都回绝了；他说，多年来这是第一次，他又开始享受自己的工作了。

12 月 11 日，威利在《好管家》的秘书写信给威斯康星州的食品专员 J. G. 埃默里说：威利此时正在旅行，但留下了指示，倘若有人要他重返政府服务部门，可这样回复，即“博士并不希望自己担任部长职务或者以任何方式成为候选者；事实上，他正在阻止他的朋友们朝这个目标努力，而他的敌人们正忙着对该目标进行合力反对。‘全美零售药商协会’已经针对此事的相关影响通过决议，大意是博士若被任命为内阁成员，那将是一场全国性的灾难”。

268

零售药商团体特别反对威利，因为博士长期以来一直主张对食品和药品如实贴上详细标签。自《纯净食品药品法》通过以来，“万灵药”制造商们都在反对该要求。1911年，非处方药行业的律师们说服了美国最高法院，即“1906年法律”并未明确禁止“虚假的疗效声明”，而仅仅禁止对个别成分发布误导性声明。该决定引发了公众极大地愤慨，1912年国会修改了该法（这一修改被称为《雪利修正案》），详细规定了“宣称具有虚假疗效以欺骗消费者”的做法违法。然而，该行业也成功地对该法律进行了反击，在法庭的执法工作中反复进行阻拦设卡。威利众多的拥护者都敦促他重返农业部，如果不去做部长，那么就回到他原来的工作岗位，专门处理药品标签问题——这些问题仍然令许多人置身危险之中。威利考虑过，不过担心此举会令薪水大减。正如其秘书在转达威利的信息时所写，“我认为他根本不会考虑回到化学局，因为这在经济上是一个巨大的损失”。

1912年12月下旬，詹姆斯·威尔逊（James Wilson）选择卡尔·卢卡斯·阿斯伯格博士担任化学局的新头领；塔夫脱在其担任总统的最后一个月，立即批准了这一任命。阿斯伯格是一位生物化学家，曾在美国农业部的植物工业局就职开展试验工作，他以细心和低调闻名。人们原本预料他将迅速放弃前首席化学家所设定的工作议程，然而，阿斯伯格令众人大吃一惊。他开始果断地追查威利任期内的一些关键案子——重拾可口可乐中咖啡因含量问题和糖精作为食品添加剂的监管问题。

比起威利，他将更重视对医药产品的调查和监管——甚至威利的长期支持者们也开始钦佩他，因为他的做事风格完全不受政治包袱牵制——或者完全不顾威利的长期反对者们设置的障碍。不出所料，伍德罗·威尔逊总统刚上任没几天，威尔逊部长就下台了（当时他已在四任总统任期内任职）。弗雷德里克·邓拉普也在当年晚些时候离开了农业部。乔治·麦凯布于1913年1月不再担任公职，转而到俄勒冈州的一家律师事务所任职。

269

威尔逊总统选择大卫·休斯顿（David Houston）接任农业部部长，后者此前在位于圣路易斯的华盛顿大学担任校长一职。休斯顿让阿斯伯格继续担任化学局局长——这令食品行业人士深感惊讶和沮丧——事实证明，这位新任部长根本不愿如威尔逊那样应企业方要求而改变规则。1912年4月，一项与糖精有关的联邦新政策正式制定出台了——禁止将糖精作为具有药用特性的非营养性添加剂向食品中添加——从此以后，这一（领导层面的）转变就凸显出来了。

代表孟山都化学公司的沃里克·霍夫再次准备战斗。他直接联系了休斯顿，想迫使后者撤销这一政策。他抱怨说，这一政策是基于威利时代所进行的研究，现在已经过时。霍夫再次宣扬其公司的立场：这种人工甜味剂是无害的，还可能有助于保存食物，而且“从经济角度来看极具价值”。休斯顿只是将他介绍给了新任首席化学家，后者否认了这些观点，认为糖精缺乏真正的价值。阿斯伯格是这样反驳的：软饮料行业现在普遍使用如此高的糖精含量，若再计算其他人工增甜食品（中的含量），那么消费者的每日摄入量很容易超标，甚至超过

“雷姆森委员会”确定的安全标准。1913 年 6 月，在就这一问题再次举行听证会后，休斯顿继续支持其首席化学家。他拒绝解除对糖精的禁令，面对霍夫的警告——孟山都公司将在法庭上进行抗争——他只是鼓励阿斯伯格继续立案反对。

与此同时，正如其所承诺的那样，磨粉厂商组织在密苏里州输掉了漂白面粉官司后，已经向美国最高法院提出了上诉。1914 年 2 月，法院做出了有利于业界的裁决。法官们同意——正如威利此前经常主张的那样——在起草法律条例时应考虑弱

270 势群体。面粉便是一个说明为什么必须考虑最弱势群体的最佳例子，因为这种产品“可以用在诸如面包、蛋糕、肉汁、肉汤等很多食品中，按照规定，如果任何面粉因添加了任一有毒或有害成分，可能将损害群体中任何人的健康，则应依法禁止”。但法院也表示，仅因产品中含有他人认为有毒的化合物，并不意味着该化合物对面包和肉汁消费者有害。必须要证明毒性作用才能适用法律，而政府负有举证责任。因此，硝酸盐虽然大量食用时有毒，但不能认为其在漂白面粉中的残留物有毒，除非政府能够证明它们将直接伤害到消费者。最高法院的结论是，在列克星敦磨坊一案中，政府未能证明这一损害。然而，该裁决忽视了一个事实：即政府没有资源对所有产品进行安全测试，而且法律也未要求企业这样做。因此，它将令现有的监管程序陷入瘫痪。法官们不仅站在磨坊厂主的利益一边，还制定了一个高得可怕的标准（特别是考虑到 20 世纪早期的毒理学状况），用于定义法律禁令中“有毒”的添加物。

震惊之余，威利通过电报发布了一份愤怒的声明，指责最高法院似乎要对《纯净食品药品法》进行“彻底打击”。“允

许在食品中不受限制地添加有毒物质，除非能够明确证明这些有毒物质是有害的，这一做法将使该法律中涉及有害掺假的部分失去效力。”他警告说，“根据这一裁决，一个人可以在食物中添加微量砷或士的宁（译者注：又称马钱子碱或番木鳖碱），而不受惩罚”。此外，法院的裁决将产品安全责任完全交给了监管机构。如果没有法律要求——明确的或隐含的——规定企业在向公众出售产品之前对其产品进行安全测试，那么消费者安全之网只会继续磨损。

在接下来的几年里，磨坊主们和农业部将就法院的裁决应如何具体地适用于面粉这一问题进行角力。他们最终会就三个要点达成一致：（1）漂白面粉必须贴上标注为“漂白面粉”的标签；（2）政府将撤销对这种面粉含有“有害”化合物的指控；（3）磨坊主们会接受原有指控——他们的面粉胡乱贴标签。意识到联邦政府已经基本上取消了对漂白面粉的所有限制，部分州试图自行解决这个问题，但收效甚微。只有少数支持未漂白面粉的怪人——哈维·威利是其中最为引人注目的——在继续支持“天然面粉”。在1914年由《好管家》出版的《纯净食物食谱》中，他一反常态地采用了圆滑的外交辞令解释道：“我不是（漂）白面粉的敌人，但我是全麦面粉的朋友。” 271

《好管家》现在是威利的公共平台——而且是一个有效的平台。在这本赫斯特集团发行的杂志（该杂志拥有大约40万名订阅者）上，他获得了“食品、卫生、健康局局长”的头衔，而且可以自由地在每月专栏里写自己想写的内容。毫不意外，他撰写的文章支持国家食品安全条例和更好的联邦保护措施；他还报告了食品和营养方面的科学进展。有篇文章极为典型，是关于家禽的一切问题，开篇这样写道：在探讨农场和加工厂中食物中毒原因和（良好的）卫生习惯之前，我们要知道，“也许在美国市场上提供的不合格家禽数量比其他任何种类的食物都要多”。

他还详细撰写了关于维生素重要性的系列文章，这是营养科学中一个令人兴奋的新领域。当编辑们抱怨家庭主妇们不可能欣赏如此专业的化学时，他对这一批评置之不理。他说，女性应该被视为聪明人，而不是孩子。他还与杂志社签订合同明确规定：未经他批准，不得刊登食品、药品或化妆品广告。他将所有要登广告的产品样品送到商业实验室进行分析。基于实验结果，广告将收到一星（由威利批准）或无（不表态评级）的评价。如果他发现这些产品具有欺骗性或风险性，他就有权审查广告——他确实这样做了。他很享受这种表达上的自由：“我再也不用因官方规矩而束缚自己了。那些我认为对大家，尤其是对《好管家》的读者有好处的东西，现在可以随心所欲地用自己的方式说出来了。”

272

1915 年，被新任农业部部长无情忽视的“雷姆森委员会”成员们辞去了联邦政府的公职。卡尔·阿斯伯格也忽略了他们。他没有威利那样公开好斗，但和前任一样热衷调查企业的具体操作，因而他几乎也同样不为食品加工业所喜。1916 年，阿斯伯格授权针对“麦考密克公司”的胡椒生产开展精心设计的秘密行动。该局的检查员们发现，除了胡椒之外，麦考密克公司还进口了大量的胡椒壳。该公司拒绝解释原因；而对该公司生产的“纯黑胡椒粉”检测发现，其中含有杂质，但含量太低，无法识别。一直跟踪其进口情况的纽约站首席化学家建议：农业部在这些胡椒壳进港时就应截获它们，并秘密向其喷洒识别剂。该部门向将近200袋胡椒壳喷洒了奎宁药物，然后将之送往位于巴尔的摩的“麦考密克公司”厂房。1916年5月，政府缉获了6桶被奎宁严重污染的黑胡椒，并指控该公司商标造假。

这家公司既尴尬又愤怒，在法庭上反驳了该指控；但最终输了官司。该案的法官命令“麦考密克公司”将其掺假产品准确地标示为“含有10%～28%胡椒壳的黑胡椒粉”，还要求该公司在由美国法警举办的公开拍卖会中提供该产品、并支付所有法律费用以及750美元的罚款。

273

同年，阿斯伯格再次重视“欺骗性使用糖精”的问题。该年春天，首席化学家下令扣押从位于圣路易斯的“孟山都工厂”寄往芝加哥一家软饮料供应店的一罐糖精，重约1磅。他以孟山都化学公司乱贴标签为由，正式起诉该公司标签上的声明造假，这些声明很不诚实地声称该人造甜味剂“绝对无害”且“有益健康”。阿斯伯格的行动为一场围绕甜味剂的法律斗争提供了舞台；对此，他后来承认，自己或许过于乐观了。

但他本人、威利，以及几乎所有参与消费者保护的人，都深受当年美国最高法院一项裁决的鼓舞，即1916年关于可口可乐案的裁决。在由首席大法官查尔斯·埃文斯·休斯（Charles Evans Hughes）撰写的裁决书中，最高法院将下级法院的判决——即软饮料公司对咖啡因的使用只是品牌配方的一部分，因此不能归类为掺假——推翻了。

埃文斯写道，这项裁决造成了一个危险的漏洞，即任何复合型产品都可能被认为超出了联邦政府的监管范围。与任何公式化产品一样，可口可乐也受到法律主要宗旨的制约，即“保护公众免受有毒和有害物质的危害，这些物质可能会对公众健康造成伤害”。此外，埃文斯宣称，“可口可乐”并非某种物质独特的通用名称（像咖啡一样），而是将两个常见词用连字符进行连接的品牌名称。因此，咖啡因不应被认为是产品的组成成分，而应视作一种添加成分；最高法院下令重新审理此案。

这家软饮料公司希望避免再次出现大量负面新闻报道，且不确定这一次是否能获胜，于是着手结案。阿斯伯格拒绝了该提议，而是授权对咖啡因的风险展开新的研究。该公司的律师们注意到这位新的首席化学家主要以思虑周全、细心周到而著称，于是再次警告坎德勒家族，他们很可能会输掉这轮官司。274 这家公司开始偷偷地尝试降低软饮料中的咖啡因含量。1917 年底，令农业部惊讶的是，该公司对最初的掺假指控提出了不抗辩的服罪请求，并提供证据证明已将饮料中的咖啡因含量减半，而后通过谈判最终了结了该案。

这一次，可口可乐的花招几乎没有引起公众的注意。彼时，世界大事已经占据了美国报纸的头版头条。1917 年 4 月，虽然姗姗来迟，美国还是最终加入大战（即后来所称的“第一次世界大战”）。就像阿斯伯格给休斯顿部长的信中所写那样，“各作战机构的迫切要求”意味着其手下大部分科学家已经被重新分配去参与军事任务，监管团队大部分成员被解散，而“与战争起诉没有直接关系”的项目已经被终止。不过，他向头头保证，食品法仍将继续执行。在那一年，该局成功地起诉了800起掺假或冒牌产品案件，令人印象深刻。

即使笼罩在战争的阴影下，威利家族还是“设法”惹恼了一位美国总统。安娜·凯尔顿·威利如今已有两个儿子——小哈维·华盛顿和约翰·普雷斯顿——却因为代表妇女争取选举权在白宫进行抗议而入狱。在1917年的一次示威游行中，她和其他活动人士要求威尔逊总统停止拖延，并支持所有人应享有平等的投票权，而总统极不耐烦地要求“女性吼叫者们”收声，并建议那些支持平等权利的人们采取更有尊严的做法。于1916年连任的威尔逊对要求选举权的活动人士深感失望，断然回绝了那些要求联邦政府对选举权采取行动的呼吁，坚持认为选举权应该由各州自行决定。

为了抗议这种离谱的立场，激进好战的“全国妇女政治联盟”再次举行示威，安娜·凯尔顿·威利自豪地参加了这次示威游行活动。她穿着灰色的马车服，戴着自己最好的帽子，边走边举着一个告示牌：总统先生：妇女们必须等待多久才能获得自由？11月10日，她和其他抗议领袖们一同被捕，她被判处监禁15天。上诉后，她接受了监禁5天的判决。哈维·威利起初鼓励她请求赦免，就不用坐牢了；但她拒绝了，而他支持她的这个决定。他为她的参政活动倍感自豪；在《好管家》就职后不久，威利就促成该杂志对她的妇女选举权工作做了一次专题报道：“她认为选票是提高妇女地位的必要工具。”朋友们疑惑他怎么能让自己的妻子以及孩子的母亲坐牢，威利回答说：“他自己一生都在为某一原则而奋斗，因此他怎么可能剥夺妻子的同一项权利呢？”

275

美国的参战加速了大战的结束，尽管已有5万多名美军在战斗中牺牲。然而，美国的损失伤亡数目在全世界的总伤亡数目中占比甚小；卷入战争的20多个国家的军人死亡人数超过了1100万，平民死亡人数甚至超过了这一数字。1918年11月，《凡尔赛条约》成功签署，在既令人轻松又使人悲痛的气氛中，战争结束了。次年1月，西奥多·罗斯福在他纽约蚝湾的家中于睡梦中去世，享年60岁。许多人认为他之所以生病，是因为他极其宠爱的小儿子在战争中牺牲了。举国震惊，向前总统致敬，《纽约时报》的头条写着："美国国旗在所有海洋和所有陆地都降半旗。"

但是，哈维·威利并未向罗斯福表示哀悼，罗斯福仍然是他对《纯净食品药品法》的命运深感不满的核心因素。"即便……总统赞成食品法案，但很显然他在阻止化学局进行强制执法这一方面发挥了最积极的作用。"罗斯福去世后再过数年，威利将苦涩地写下这样的文字。而令他更为失望的是，伍德罗·威尔逊对食品安全问题漠不关心——尽管总统的忽视同时会减少其干预带来的影响，而这对化学局的工作有利。然而当威尔逊在1916年竞选连任时，威利已经开始为威尔逊的竞争对手，共和党的查尔斯·埃文斯·休斯助选了。

276

相比之下，威利却开始欣赏威尔逊总统的执政方式，至少考虑到是"她（妻子）在领导"这一事业。1918年，在与参政权运动领导者举行了一系列会议之后，总统改变了路线，支持一项有利于妇女投票权的宪法修正案，并公开敦促国会起草以便使得妇女投票成为可能。1919年6月4日，在经历多次激烈论辩和总统施压后，两院通过了一项赋予妇女选举权的修正案，并将其作为美国宪法的《第十九修正案》提交批准。在仅仅一年多的时间里，36 个州应要求批准了该修正案——最后一个州是田纳西州，取决于一位年轻的立法者的一票优势，他的母亲命令他要么投票赞成该修正案，要么就永远别回家——1920 年 8 月 18 日，该修正案成为国家法律。

在战争期间，针对糖精的诉讼已被叫停，部分原因是糖精被充作军用物资糖类的替代品，而阿斯伯格对此公开发表了批评。他仍然致力于规范管理这一充满争议的甜味剂。在 1919 年 12 月，其反对糖精作为食品添加剂的案件终于在圣路易斯法院立案了，这是孟山都的老巢。官方律师在庭审开始时展示了糖精在美国食品供应中的广泛使用：苏打水、冰淇淋、糖果、蛋糕、馅饼、面包、罐装水果、罐装蔬菜、甜酒等，却不贴标签。美国消费者们现在几乎每餐都在食用这一人工甜味剂，而且往往不知情。美国农业部坚称，已经证明“不限量地食用”糖精是危险的，并且提供了大量的相关证据。

在这一轮谈判中，政府方面的首席专家是芝加哥大学生理学教授安东·卡尔森（Anton Carlson）。卡尔森出生在瑞典，拥有斯坦福大学的博士学位，以循证方法研究毒理学而闻名。277 他喜欢讽刺地把那些没有经过研究就提出理论来声明自己观点的科学家们描述为“只会叫唤不会抓挠的小鸡”。

卡尔森指出，糖精（一种很容易辨认的化合物，含有钠、碳、氮、氢和氧等已知元素）“会进入人体的每一个部位，出现在身体的每一种分泌物中；它出现在唾液中；也可能出现在泪水中；它出现在胆汁中；也会出现在尿液中”。如果给山羊食用，它就会出现在山羊的乳汁里。他说，在每个地方，在每一个细胞中，它都会产生生理作用。他自己研究了糖精对消化道的影响，发现其会导致胃酸分泌的增加和蛋白质吸收的减少。他绝对不会把它描述为“肯定无害”（这是化学工业界使用的说法）。孟山都的律师并没有试图反驳他的研究结果，而是采用了某种辩护策略，其灵感来自最高法院的“漂白面粉判决”。他们认为：是的，糖精可能会带来一些风险，但政府并未明确宣布在美国食品供应中加入它会造成主动伤害。因此，农业部不能对其进行限制。

陪审团因为内部意见不一致未能做出裁决，7人支持政府，5人反对。在孟山都的敦促下，法官同意进行新的审判，阿斯伯格再次指示其工作人员开始立案。

对于许多参与纯净食品事业的人而言，这样的斗争似乎永无止境，主要是因为1906年那部《纯净食品药品法》本身的不足。例如，“威利法”（每个人仍然这样称呼它）要求贴上成分标签，但没有提供任何措施来解决欺骗性包装（旨在误导消费者其中所含产品数量）的问题。它也没有要求制造商披露这些包装中所含产品的盎司数。1919年提议的一项旨在便于针对此类花招进行监管的“松散填充法案”（译者注：松散填充，即其中产品是非功能性地松散填充在内，包装令消费者无法完全查看其内容物，这类填充应被视为具有误导性。松散填充是包装容器的实际容量与其中产品体积之间的差异。），与“1906年法律”当初的遭遇一样，这部法案也遭到了食品行业的坚决反对。该法在国会两院均未通过，次年又因同样原因而再次失败。

278

1921年，在共和党人沃伦·甘梅利尔·哈定（Warren G. Harding）就任总统前夕，卡尔·阿斯伯格辞去了首席化学家一职。他前往斯坦福大学担任新成立的“食品研究所”的首任所长。接替其职务的是沃尔特·G. 坎贝尔（Walter G. Campbell），这位来自肯塔基州的律师就是当初威利选来负责指导因“1906 年法律”而产生的食品检验项目。威利很高兴，尽管两人在如何解决旧的食品药品法的不足方面，并不能次次达成一致。例如，坎贝尔就认为，需要修订更新该法律来解决这些缺陷，而威利极力维护这部他签名的立法，坚持认为只是需要更好地去执法。

1923 年夏天，哈定总统在访问旧金山期间突然去世——医生们认为可能是脑出血所导致。其副总统卡尔文·柯立芝接任总统一职，并在 1924 年继任选举中获胜。柯立芝是前马萨诸塞州州长，一名“小政府”保守派，是当之无愧的“商人之友”，并坚定地反对监管。

同年，政府对“孟山都化学公司”和糖精的起诉再次以无效审判（还是 7 人支持政府，5 人反对）而告终。尽管总统以支持行业企业而闻名，但柯立芝的农业部部长亨利·华莱士（Henry Wallace）致信给“孟山都化学公司”的奎尼声称：农业部不会放弃。化学局的声明如出一辙：“无论何种形式的妥协，哪怕是允许食品中部分使用糖精，都是严重错误。”但圣路易斯的法官告诉政府律师这个案子已经结案。他准备把它从备审案件目录中删除，不再重新审议这个问题。此外，他警告说，如果政府继续这样做，那么他就准备直接宣布支持被告。愤怒的农业部官员怀疑，法官所在地的主要企业主孟山都终于对此施加压力，以有利于其企业的方式了结了此案。但是，他们在如何继续推进的问题上遇到了障碍。

279

次年，政府放弃了对该人工甜味剂的监管努力，但发布了一份正式声明，重申其对该产品缺乏热情："政府部门发现，众多科学证据表明糖精有害健康，并认为不应该食用它，除非在医师指导下使用，因为有时会将它作为处方开给部分糖尿病患者，因为这些患者需要一些甜味剂但不能食用糖。作为药物，糖精有其用途。但在我们看来，它并无作为食品的合法用途，因为其对健康有害。"农业部在职权范围内正式要求将糖精作为成分列在产品标签上——事实证明，这一措施出其不意地有效扼制了糖精的使用。许多食品企业不会透露它们在秘密使用糖精，只得将其从产品中去除。另一些企业则从政府对糖精在健康方面相关用途的偏爱中受到启发，开始向糖尿病患者和其他需要或想要限制糖分摄入的群体推销糖精以及糖精增甜产品。

威利对撤诉的决定大发雷霆。他对联邦政府在消费者保护方面的做法越来越不抱幻想。在柯立芝当选后，他给总统写了一封公开信，发表在《好管家》杂志上，敦促其重新积极进行执法监管，并推翻相关判决——那些允许硝酸盐、亚硫酸盐、苯甲酸钠之类的防腐剂，以及糖精和咖啡因等添加剂进入食品供应的决定。这封信的结尾写道："希望在我死之前，能够看到这些束缚住《纯净食品药品法》的非法限制得以废除，使该法律恢复国会在颁布它时所规定的功用——此乃我职业生涯的最大抱负。"

280

威利没有收到柯立芝的回复，却收到了农业部助理部长雷尼克·W. 邓拉普（Renick W. Dunlap）（他与弗雷德里克·邓拉普没有关系）的信。信中圆滑地强调了该部在（消费者）保护问题上提供的重要支持，也同意威利所列举的化合物“从人类健康和营养的普遍观念来看，大部分是不可取的”，消除这些化合物是“众人非常渴求的目标”。但邓拉普也强调，人们愈发达成共识，认为“1906年法律”是不全面的。其主要的执行机制——先扣押货物，然后起诉——被证明是非常累赘的。更重要的是，它没有界定部分关键术语，比如“有害的”，也没有提供进行界定的机制。由于这些问题，法院的裁决——特别是对漂白面粉的裁决——最终阻碍了执法。邓拉普指出，“（政府）提出诉讼却遭遇失败，将令这些［有害］物质的使用愈演愈烈”。

在1906年《食品药品法》通过之前，威利就已经知道它是有缺陷的。对于雷尼克·邓拉普现在所指出的缺失和缺陷，他早在1906年就主张该部法律应该予以完善；但远离化学局之后，他试图保护“他的”这部法律的意识越来越强。这一立场会令他与自己在该机构的一些多年老友关系疏远，但他无法自行改变。

尽管如此，在1926年，81岁的威利还是和以前的同事们一起参加了一场运动：保护该法使其免于被一个宿敌推动改变。曾说服罗斯福允许用“玉米糖浆”代替“葡萄糖”的“玉米产品公司”，现在说服了一位关系良好的爱荷华州参议员，让他提议一项食品法修正案，以便使玉米甜味剂在食品供应中免除监管。新的用语已经渗入一项“农业救济法案”中的部分章节，其中特别豁免葡萄糖——玉米淀粉、特别是干玉米淀粉制糖的另一个名称——允许在任何标签上都无须标注其名字。根据提议的修正案，“葡萄糖”将仅被称作“糖”。　281

当威利、坎贝尔和农业部忧虑不安的监管人员获悉该提案时，它已经顺利走完参议院委员会程序。他们还获悉，孟山都提供游说资金，支持该修正案；该公司希望这一豁免将为其他公司的后续效仿铺平道路。沃尔特·坎贝尔立即组织农业部展开行动反对该修正案，并公开警告，声称该举动旨在误导消费者，令他们相信自己正在购买使用蔗糖或者甜菜糖增甜的产品。

回到战斗状态的威利，取消了和家人去佛罗里达州度假的计划。他在报纸上撰文警示，并接受了合众国际社的采访，采访内容被广为印刷传播。他在采访中表示："我原本希望尽自己的一份力量，保护国家免受食品奸商的恶行侵害，但我担心这场战争将对我们不利。"他警告说，国会正在采取行动，允许食品制造商蓄意欺骗美国消费者，"将此中最恶劣的食品掺假行为合法化"，为无数其他欺诈行为打开大门，基本上令"1906 年法律"所行善事前功尽弃。

同样的话也出现在他的《好管家》专栏中，他还亲自写信给所有参议员和国会议员，并要求与柯立芝进行一次私人会面，敦促后者，倘若该修正案得以通过，那么总统就要行使否决权。他没有得到总统的帮助，但引来了西弗吉尼亚州参议员马修·尼利（Matthew M. Neely）的关注和支持，后者接手了这项事业。当法案到达参议院时，尼利阻挠议案通过，他手里拿着一本《好管家》，并时不时在演讲中穿插威利专栏中的部分段落，其中包括"为何用立法来欺骗公众?"，拟议的修正案很快失败了。第二天，威利给尼利写了一封热情洋溢的信："国家应该感谢您，为您昨天在阻止所谓的'玉米－糖法案'通过时所做出的英勇而成功的努力。"

282

在 1927 年一次提高效率的行动中，农业部把原来的化学局一分为二：设立了一个“食品、药品和杀虫剂管理局”，负责处理消费者保护事务，由坎贝尔担任负责人；一个“化学和土壤局”，聚焦于更基本的农业研究。前首席化学家痛恨这种改变，感觉这一变动摧毁了自己一手培养塑造的机构。正如他在专栏中所写的那样，他担心政府已经分裂并削弱了该部门，下一步只会把纯净食品问题撇到一边。尽管也有积极的迹象——三年后坎贝尔的机构更名为“食品药品监督管理总局”(FDA)，这是一个非常明确的聚焦信号——但威利眼中所见，只有自己的工作成果遭到破坏解散。他时年已经 82 岁了，对这场战争深感厌倦。他离开了《好管家》的全职工作，决定将余下精力全部用于细细地倾诉不满与委屈。

威利将满腔愤怒和失望之情倾注到自行出版的一本书中——《违反食品法的犯罪史》(*The History of a Crime Against the Food Law*)。该书于 1929 年亮相，附上冗长的副标题：《意在保护民众健康，反被用作保护食品药品造假行为的美国食品药品法之惊人故事》。这是一本厚达 400 多页的长篇钜制，书中详细描述了众多针对威利的恶毒攻击，并嘲讽了那些攻击者；还重提该法律执行早期出现的种种腐败行为的细节，而后又快进到 20 世纪 20 年代执行该法时遭遇的失败。

他写道，从有毒食品色素到冒牌威士忌、防腐剂、标签、玉米糖浆和软饮料，再到最近的糖精，政府都搞错了。他谴责“这是伟大的科学工作者们的屈辱和耻辱，他们千辛万苦、不遗余力，却只令这部为保护公共福利而颁布的最伟大的一项法律功亏一篑。”他断言，如果历届政府都不屈从于行业压力，

283

政府就会免遭“来自公众的愤怒舆论”，美国人民就会变得更强大、更健康，而“这部犯罪史就永远不会问世”。

这本书的尖刻语气让威利的老同事们感到沮丧，但他们也意识到，威利的疲惫和愤怒部分源自其健康状况的恶化。他患有心脏病，大部分时间都待在家里。但威利感觉这部愤怒的钜制不该成为自己的遗言。于是，他开始与自由作家奥兰德·“O. K.”·阿姆斯特朗（Orland“O. K.”Armstrong）合作撰写另一本书，那是一本自传，将由位于印第安纳波利斯的博布斯－美林公司出版。

也许是受到阿姆斯特朗（一个社会活动家兼改革派记者，后来成为密苏里州的国会议员）的影响，该作品反映的人物个性更接近威利年轻时期的性格——在印第安纳州出生的化学家，偶尔客串一下蹩脚诗人的角色，活泼而幽默。作品还揭示出他旧日的行善激情和应用科学力量造福社会的坚定信念。“科学的自由应该不受侵犯，”威利在该自传的尾声力劝道。他又重新像往日那样呼吁起科研中的道德标准——科学应该履行其终极使命，那就是“寻找真理，从而提升改善人类（的生活）”。

《哈维·华盛顿·威利：自传》（*Harvey Washington Wiley: An Autobiography*）于 1930 年底出版，但威利再无机会捧起这最后一本书，也无机会了解人们是如何看待它的。那一年 6 月 30 日，他去世了，24 年前西奥多·罗斯福恰好就是在这一天签署了《纯净食品药品法》。他被安葬在阿灵顿国家公墓，葬礼享受了军事荣誉；根据安娜·威利的指示，他的墓碑上刻着“《纯净食品药品法》的传奇之父”。她还要求牧师在布道结束作最后颂词时使用圣保罗在《提摩太后书》中所说的话："那美好的仗我已经打过了；当跑的路我已经跑尽了；所信的道我已经守住了。"

284

沃尔特·坎贝尔在墓地送别时表达了对威利的深深敬意。尽管威利晚年对他心存疑虑，但是坎贝尔仍将继续领导加强食品和药物监管的斗争。在这方面，他将与20世纪30年代成立的激进团体（如"消费者联盟"）以及威利的长期盟友（如"美国医学会"和一如既往强大的各妇女组织）一道工作。新的制假行为也将被曝光，那些行为再次凸显了旧法律的缺陷。在一本措辞尖刻、聚焦美国健康政策的著作《1亿头几内亚猪》（*100000000 Guinea Pigs*）中，"消费者联盟"创始人直截了当地说："《纯净食品药品法》不会保护你"，并提供了大量例子，从伪造的防腐剂、富含铅的睫毛膏，到使用富含砷的农药的苹果，不一而足。该消费者组织直接指责支持商业的美国政府"排挤威利博士及其政策"，这一措施令美国公民每天都置身于危险之中。

消费者保护的倡导者们又一次进行指控，这次是基于以下事实——在1937年底，超过100人（其中许多是儿童）死于使用含有二甘醇（通常存在于防冻剂中）的止咳糖浆引发的中毒，令人震惊。当然，这种致命混合物的制造公司（位于田纳西州）并没有被要求按照"1906年法律"的规定进行安全测试。而事实上，根据该法律，唯一可行的指控是"乱贴标签"；这种糖浆尽管不含酒精，但被贴上了"酏剂"的标签（译者注：1937年，美国某公司的化学家为了让儿童更便于服药，用二甘醇代替乙醇做溶剂配制出一种药品，命名为"磺胺酏剂”，该药品上市后不久，服药人群出现了肾功能衰竭等症状，最终导致 107 人死亡）。

坎贝尔主导的食品药品监督管理局（FDA）已经对这一事件进行了调查，现在开始将其用于政治目的。多年来，他一直在推动富兰克林·德拉诺·罗斯福（Franklin D. Roosevelt）政府解决这一问题，但收效甚微。现在，从儿科医生到家长，每个人都对政府的不作为表达了极大的愤怒，这一止咳糖浆的悲剧演变成了一场全国性的丑闻，很快就推动通过了更全面的法律，即 1938 年的《食品、药品和化妆品法》。该法律取代并大幅扩充了“1906 年法律”，弥补了后者的诸多缺陷，提升了“美国食品药品监督管理局”的权威。虽然威利未能目睹这部新法律（罗斯福总统于 1938 年 6 月 25 日签署）的诞生，但该法律标志着哈维·威利那曾经微小、只有 6 人的化学司实现了其长久以来的一大梦想。“美国食品药品监督管理局”被赋予新的权威，将成为一个独立机构，从而能真正有效保护美国公民免遭危险药品和污染食品的毒手。

285

在这一崭新机构中，威利最终可能会看到一个“更完善的”监管结构——他原本寄希望于“1906 年法律”。他也无疑会继续滔滔不绝地要求该机构去追求对其同胞更完美的保护之道。“我相信”，他曾这样年复一年地游说以便令首部《纯净食品药品法》得以通过，“极具内心和精神高雅的化学。我相信化学能应用于人类福祉”。它能做的会越来越多。

286

后　记

美国消费者保护的故事，往往是一个在国家层面不断防守的故事、一个各政府监管机构——一次又一次醒来——去面对不同的公共健康危机的故事。

1906 年《纯净食品药品法》确立了联邦食品监管机制，但它的颁布在很大程度上就是由一系列食品加工丑闻推动的，其中包括芝加哥肉类加工厂的惊人例子。“1938 年法律”创立了现代的“美国食品药品监督管理局”（FDA），但该法律是在数十名儿童死亡后通过的，他们因服用一种合法添加了防冻剂成分二甘醇的止咳糖浆而中毒死亡。1956 年，FDA 决定禁用部分被长期使用的煤焦油色素，因为有孩子因食用万圣节糖果而患病，这些糖果中添加了危险剂量的橙色和红色着色剂。1976 年颁布了一项授权 FDA 对医疗器械进行监管的法律，这缘于约 20 万名妇女上报声称因子宫内放置了一种名为“达尔康盾”（Dalkon Shield）的宫内节育装置而造成了伤害。

最近，《食品安全现代化法》（Food Safety Modernization Act，FSMA）得以颁布。该法律出台的原因是美国爆发历史上最严重的食物中毒事件之一——从 2008 年底到 2009 年初持续了数月，且源于美国最值得信赖和最为普遍的一大主食。

中毒源头是位于弗吉尼亚的“美国花生公司”生产的一系列花生酱。这家公司利用那些故意未加注册的工厂以逃避政府监管。在极为肮脏环境下生产的花生酱罐和其他容器中，许多都含有致病细菌沙门氏菌。因此而患病的患者遍布 46 个州；“美国疾病控制和预防中心”认为，大约 9 起死亡和多达 2.2 万种疾病与食用该产品相关。令消费者和立法者都极其沮丧的是，污染源头不是由联邦政府确定，而是由明尼苏达州、乔治亚州和康涅狄格州的州立实验室确定的。于是，19 世纪美国消费者保护方面经历的失败又被旧事重提。

两年后，即 2011 年，奥巴马总统签署通过了 FSMA。该法令再次提升了 FDA 预防食品安全问题的权力。其中含有新的要求：食品种植者、食品进口商和食品加工者必须遵守具体的、由该机构确定的安全做法，并按照规定进行记录。2017 年夏天，首个更为严格的“作物管理规则”开始生效，促使一些农民——用瘆人的话语，让人想起 20 世纪初期人们的指责——抗议政府现在期望他们的田地像医院一样啥都不生。多个农业企业集团已要求联邦政府降低监管力度，并对特朗普总统领导下的现任政府充满信心，认为后者将会采取这样的行动。

288

特朗普在 2016 年竞选活动中胜出而入主白宫，竞选期间他承诺让自己的内阁“提交一份清单，列出每一项无用和不必要的规定——这些规定既扼杀了就业机会，也没有改善公共安全——并予以取消。”他的 FDA 局长斯科特·戈特利布（Scott Gottlieb）也遵从该承诺，局长表示：虽然他认识到食品安全立法的重要性，但他希望在实施过程中“达到恰当的平衡”。各消费者团体现在预计，面临大幅预算削减的各政府机构将推迟和削减保护措施。“地球正义研究所”警告称，“特朗普政府愿意接纳来自行业内的反对意见，有的甚至是毫无根据的、较为偏颇的，这将损害全美民众和无数家庭的健康福祉。”

哈维·华盛顿·威利在一个多世纪前就一字一字地写下类似的警告，其中夹杂着夸张的愤怒和真正的沮丧。这种似曾相识的感觉，随着岁月的流逝又再次涌现，这提醒我们：食品安全方面的做法在这个国家已经发生了巨大变化——同时它们又几乎毫无改变。

感谢那些人，如威利及其同事们在20世纪初所做的工作，感谢一代代的消费者保护方面的倡导者、科学家、律师、记者，当然还有忠于职守的公务员，我们已经从过去——充斥着危害美国公民健康的、不受监管且极不安全的食品饮料的环境中——开始，跋涉了很长一段路程。今天，我们因过去一个世纪建立起来的规则和制度而受到缓冲防护，以免遭食品供应中的欺骗和危险。

如果我们稍加留意，就会发现，几乎每天都能看到这些保护迹象，或大或小。例如，食品标签中包含了大量关于成分和营养的信息——虽然不像我们中的一些人想要的那样多，但是我们中的很多人都会花时间去阅读；新产品要经过安全测试；对食物中毒的爆发情况实施监测和追踪；受污染的产品会被召回；对造成伤害的食品和药品制造商展开刑事起诉。2015年，“美国花生公司”的首席执行官因欺诈、共谋和将掺假食品引入州际贸易等罪名而被判处28年监禁。

289

而同样的原则——也是源自历次危机的经验教训——已经被应用到其他方面的保护措施上，环境法规就是其中一个突出例子。在威利为食品药品监管保护而斗争了大约半个世纪之后，美国人对工业和农业污染的状况日益惊恐。雷切尔·卡森（Rachel Carson）在其颇具影响力的著作《寂静的春天》（*Slient Spring*）（1962 年）中，生动地描绘了那些未经测试的农药所带来的破坏性。1969 年国会通过了《国家环境政策法令》，次年美国总统理查德·尼克松（Richard Nixon）成立了“美国国家环境保护署”。多年来，环保署一直是清理土地、空气和水资源的中心力量，但人们对环保局的政策日益偏向企业而再次产生了新的担忧。现署长斯科特·普鲁特（Scott Pruitt）是特朗普总统任命的，人们认为他是石油天然气行业的老朋友。普鲁特已下令，从该机构网站上删除关于此类富碳燃料使用与气候变化之间关系的所有丰富记录。从其任期开始，该部门便开展了多项相关行动，包括关闭一个收集工业场所气体排放信息的项目。普鲁特上任刚刚半年，哈佛大学环境法教授理查德·拉撒路斯（Richard Lazarus）就声称：“这段时间里，环境保护方面倒行逆施的次数简直惊人。”

我们已成功建立了保护体系，为所有人提供最公正无私的护卫。但我们有责任珍视和维护这一体系。我们仍然需要那些为公众而战的人；我们仍然需要我们当代的哈维·华盛顿·威利——或者他们当中的某一官员——为这些保护措施而斗争，这样我们才能长久置身于安全之中。

这也是为何诸如威利的故事在今天仍然重要如斯的原因之一。如果我们的未来要继续朝着最利于这个国家的方向前进，我们就不需要将过去浪漫化，我们必须从本故事所讲述的那些过往的错误中吸取教训。我们依然可以从那些为纠正错误而战斗的人们那里获得经验和启发。哈维·华盛顿·威利的故事，以其尽可能的激烈和无畏，应可提醒我们：这样的斗士在战斗中是不可或缺的。保护消费者的斗争或许永远不会结束。但如果它结束了，如果实现了期待已久的最终胜利，那是因为我们像威利那样，绝不放弃。

291

致 谢

当我写完一本书，首先冒出的念头之一——此前，脑海中曾涌现过各种想法，翻来覆去、如车轮般在房间里旋转——就是感谢我认识的每一个人，感谢他们对我如此宽容。这一性质的书是强迫性的，而且常常是反社会的项目。所以当我从19世纪和20世纪初的时光旅程返回时，我要感谢大家对我这个时间旅行者抱有的耐心。

在这份长长的感谢名单中，首先登场的是我的编辑安·戈多夫（Ann Godoff），我不仅要感谢她的耐心，还要感谢她在我写作过程中表现出的浓厚兴趣和往往闪烁着光芒的睿智建议；感谢苏珊·格卢克（Suzanne Gluck），我出色的经纪人，他既善于鼓舞士气又睿智聪慧；感谢我的丈夫彼得·豪根（Peter Haugen），谢谢他的慷慨无私，也谢谢他施以宝贵的援手，从而令一个非常混乱的故事变得连贯一致；感谢我的儿子们，马库斯（Marcus）和卢卡斯·豪根（Lucas Haugen），两位二十几岁的小伙子针对假冒食品发表了他们极具见识的观点，他们还帮助我将20世纪早期堆积如山的出版物按照重要性进行了排序，特别感谢卢卡斯对《吃什么》杂志的睿智分析；感谢我已毕业的研究生凯特·普伦加曼（Kate Prengaman），她不知疲倦地对食品安全历史进行了调查，如前往国会图书馆查阅资料，并花费几天时间，在多得令人生畏的文件盒中整理出一沓与威利相关的文献；还要感谢国会图书馆的“科学阅览 293 室”和“手稿分部”的图书馆员，他们确实出色，收集并关注着美国最重要的一部分历史。像往常一样，也要感谢我的朋友金·福勒（Kim Fowler）、丹尼斯·艾伦（Denise Allen）和帕姆·鲁埃格（Pam Ruegg），他们对我的这本书和其他书籍一直兴趣盎然且时时予以鼓励。

还要特别感谢我的母亲安·布卢姆（Ann Blum），她总是既优雅又幽默地听我讲述食物相关的恐怖故事，她经常让我注意撰写进度，她说：“我的朋友们想知道什么时候……”

最后，我要感谢的是，“什么时候”根本不是我能下定论的，而是企鹅出版社众多敬业的专业人士的功劳。特别感谢凯西·丹尼斯（Casey Denis）、威尔·海沃德（Will Heyward）、希拉里·罗伯茨（Hilary Roberts）、埃里克·威特（Eric Wechter）、莎拉·赫特森（Sarah Hutson）和马特·博伊德（Matt Boyd）——他们是您所挑选的每一本书中的无名英雄，很高兴在此对他们表达衷心的谢意。 294

尾注

（尾注各部分序号为原著页码——编者注）

哈维·华盛顿·威利的妻子安娜·凯尔顿·威利是一位直言不讳、广受敬仰的华盛顿特区妇女参政论者，她也曾在国会图书馆工作多年。丝毫不令人惊讶的是，她把他精心保管的大量文件（多达7万份，几乎装了250个文件盒）捐给了国会图书馆。它们被保存在“手稿分部”，在线查找指南可参见http：//findingaids. loc. gov。

在撰写这本书的过程中，我数次去国会图书馆研究这些文献；这本书中的大量细节是从信件、备忘录、电报、邀请函、节目、日记、杂志文章以及档案馆中的其他资源中提取的。针对那些对食品、历史和公共健康感兴趣的读者，我也花了不少时间泡在国会图书馆那卓越非凡的“烹饪、营养和食品技术收藏馆”。在那里，我几乎找到了想要的一切资料，从《吃什么》这样的杂志到部分食谱，这些文献本身就是美国的历史：www. loc. gov/acq/devpol/cookery. pdf。

下文描述了所有其他资源——书籍、论文、文件和其他出版物，有时还包括一些附加的背景信息及解释。

引 言

1. 牛奶便是很好的例子：《纽约及周边区域的牛奶贸易》中有许多关于此类骇人听闻事件的描述，参见 John Mullaly, *The Milk Trade in New York and Vicinity*, New York: Fowler & Wells, 1853。《纽约时报》在19世纪50年代发表了一系列曝光这一问题的报道，如“我们如何给我们的孩子下毒”（1858年5月13日）等报道，字里行间可见穆拉利的愤怒之情。19世纪和20世纪早期的牛奶行业存在的众多问题，这在许多其他当时的出版物中也被关注，如 *The Hoosier Health Officer: The History of the Indiana State Board of Health to 1925*（印第安纳波利斯：印第安纳州卫生委员会，1946年）中的章节“牛奶问题”，第161～168页；以及离现在更近的著作，如 James Harvey Young, *Pure Food*, Princeton University Press, 1989 一书里面的“水银、肉、牛奶”章节，第18～39页。

2. 造假和掺假：哈维·威利及其化学团队对这些假货进行了多年的研究。他在自己撰写的 *Foods and Their Adulteration* (Philadelphia: P. Blackiston's Sons, 1907)，以及与 Anne Lewis Pierce 合著的 *1001 Tests of Foods, Beverages and Toilet Accessories, Good and Otherwise* (New York: Hearst's International Library Company, 1914）一书中总结了众多发现。

3. 聪明才智携手：拉福莱特的发言可参见 *Congressional Record*，第49次大会第一场会议，卷17，附录，第223～226页，且在 Young 的 *Pure Food* 一书中有注释，它也聚焦于19世纪后期获得力量的纯净食品运动，特别是第六章，题为“Initiative for a Law Resumed”，第125~146页。

4. 这尤其激怒了：美国无管制酒精饮料与欧洲无管制酒精饮料的比较可参见Charles Albert Crampto和美国农业部所著*Foods and Food Adulterants*（Washington，DC：Government Printing Office，1887），美国农业部《十三号公报》第三部分：“Fermented Alcohol Beverages，Malt Liquors，Wine and Cider”。1887~1893年间，威利创办的《十三号公报》系列报告调查了乳制品、香料和调味品、酒精饮料、猪油、发酵粉、甜味剂、茶、咖啡和可可以及蔬菜罐头。Oscar E. Anderson Jr. 所著的*The Health of a Nation：Harvey W. Wiley and the Fight for Pure Food*（Chicago：University of Chicago Press，1958）一书对之进行了总结，见第73~74页。

4. 这个伟大的国家：本引言引自1898年“全美纯净食品和药物大会”地方召集委员会主席Frank Hume。参见*Pure Food*第125页，完整版见*Journal of Proceedings of the National Pure Food and Drug Congress Held in Columbia University Hall*（华盛顿特区，1898年3月2，3，4~5日）。

更多信息参见Suzanne Rebecca White，“Chemistry and Controversy：Regulating the Use of Chemicals in Foods，1883－1959”（埃默里大学博士学位论文，1994年）。

6. 伟大的食品安全化学家：参见Anderson，*Health of a Nation*，第148页。

第一章 化学荒漠

11. 我并不是跟众人一样怀揣： 该引文可参见 Harvey Washington Wiley 所著的 *An Autobiography*（Indianapolis：Bobbs-Merrill，1930）第 20 页，这本自传为本章节的主要原始材料之一。对于本章中的传记材料，我还借鉴了存档于美国国会图书馆的信件、日记以及大量的传记资料，包括：Oscar E. Anderson Jr. 所著 *The Health of a Nation：Harvey W. Wiley and the Fight for Pure Food*（Chicago：University of Chicago Press，1958）；James Harvey Young 所著 *Pure Food*（Princeton，NJ：Princeton University Press，1989）；以及 Laurine Swainston Goodwin 所著 *The Pure Food，Drink and Drug Crusaders，1879 – 1914*（Jefferson，NC：McFarland，1999）；等等。

12. 不能攀上天堂： 参见 Anderson，*Health of a Nation*，第 10 ~ 11 页。

14. 1820 年，化学家弗雷德里克·阿库姆撰写了一本开拓性的书籍： *A Treatise on Adulterations of Food，and Culinary Poisons* 被众多食品安全历史学家引述为 19 世纪最有影响力的出版物之一。作为公共领域出版物，可在互联网档案中搜寻到它（连同它精彩的封面：一个头骨正从烹饪锅中冒出来窥探）：https：//archive. org/stream/treatiseonadulte00accurich # page/n5/mode/2up。英国医生 Arthur Hill Hassall 以阿库姆的作品为基础，在《柳叶刀》上发表了大量关于有毒食物（如糖果）的报告，并在 *Food and Its Adulterations*（London：

Longman, Brown, Greene and Longmans, 1855）中总结了这些报道。

14. 有数百万儿童每天因此：这句话引自另一本关于砷的书：参见 John Parascandola, *King of Poisons: A History of Arsenic*（Lincoln, NE: Potomac Books, 2012），第128页。还可参见环境历史学家 James C. Whorton 的著作 *The Arsenic Century: How Victorian Britain Was Poisoned at Home, Work and Play*（New York: Oxford University Press, 2010），其中题为"Sugared Death"的章节中对此进行了特别出众的概述，第139~168。

15. 他们毒害和欺骗：安格尔推动保护食品供应的举动，可参见 Young, *Pure Food*, 第45-48页。

16. 不仅低价物品与高价物品：参见 Young, *Pure Food*, 第51页。

16. 1881年，印第安纳州：威利对甜味剂造假的调查，题为"Glucose and Grape Sugar"，并发表在 *Popular Science Monthly* 19（1881年6月）上。文章可在线获取：https://en.wikisource.org/wiki/Popular_Science_Monthly/Volume_19/June_1881/Glucose_and_Grape-Sugar。他对于"威利的谎言"相关争论的评论可参见威利的 *An Autobiography*，第151页。

19. 掺假的危害：参见 Anderson, *Health of a Nation*, 第22页。

21. 这是我初次：参见 Wiley, *An Autobiography*, 第165页。

21. 1883年，农业部：威利决定离开普渡大学、他与彼得·科利尔的斗争（包括文中所引用的"公开攻击"）、他对化学司的印象、他开始在联邦政府任职的政治背景，以及他禁止吸烟的决定可以在 *An Autobiography* 的第 159 – 175 页找到。威利很早就相信吸烟有害健康；他甚至在 1927 年警告说，抽烟可能导致癌症，这一事实在美国食品药品监督管理局的官方传记中有记载：www. fda. gov/aboutfda/whatwedo/history/centennialoffda/harveyw. wiley/default. htm。

23. "年复一年"：参见 John Mullaly, *The Milk Trade in New York and Vicinity* (New York: Fowler and Wells, 1853)。"泔水奶场"使用啤酒厂的廉价废料作为奶牛的食物来源，对这一现象的进一步调查参见"Swill Milk: History of the Agitation of the Subject: The Recent Report of the Committee of the New York Academy of Medicine,"《纽约时报》，1860 年 1 月 27 日。这一问题也在 Bee Wilson 撰写的著作 *Swindled: The Dark History of Food Fraud, from Poisoned Candy to Counterfeit Coffee* (Princeton, NJ: Princeton University Press, 2008) 中进行了探讨。威尔逊特别生动地描述了泔水牛奶场（第 159 ~ 162 页）。

23. 大量的（细菌）液化菌落，难以计数：参见 Albert Leeds, "The Composition of Swill Milk," *Journal of the American Chemical Society* 42 (1890)：第 451 ~ 452 页。

23. 木棍、毛发、昆虫：参见 Thurman B. Rice, *The Hoosier Health Officer* (Indianapolis: Indiana Department of Health, 1946)，第 162 ~ 163 页。

23. 不出所料，从中可见：参见 *Foods and Food Adulterants* (Washington, DC: Government Printing Office, 1887)，美国农业部《十三号公报》，第一部分，"Dairy Products"。

24. 生产商之所以有这种误导的能力："人造黄油"的历

史参见：Ethan Trex，“The Surprisingly Interesting History of Margarine,” *Mental Floss*, 2010年8月1日；以及Rebecca Rupp的“Butter Wars：The Margarine Was Pink,” *The Plate*，2014年8月13日，http：//theplate. nationalgeographic. com/2014/08/13/the - butter - wars - when - margarine - was - pink/；详见Geoffrey P. Miller，“Public Choice at the Dawn of the Special Interest State：The Story of Butter and Margarine,” *California Law Review* 77, no. 1（January 1989）：第81～131页。

25. 我们面临着历史上从未有过的一种新局面：参见Young, *Pure Food*, 第66页。立法者们的其他评论——例如格劳特（Grout）关于“杂种黄油”的评论，参见同一文献，第71～80页。国会关于人造黄油的争论，包括多条相同引述，还可参见这本书的第十章：Douglass Campbell M. D.，*The Raw Truth About Milk*（Rogers，AR：Douglass Family Publishing，2007）.

27. 毋庸置疑：“Dairy Products,”第10页。

27. 化学成分几乎相同：“Dairy Products,”第73页。

27. 矿物类着色剂（如铬酸铅等）的使用：“Dairy Products,”第107页。

27. 同年：参见Jesse P. Battershall所著*Food Adulteration and Its Detection*（New York and London：E. & F. N. Spon，1887），也可在线翻阅：https：//books. google. com/books？id = i - AMAAAAYAAJ& pg = PP11& lpg = PP11& dq = battershall， + food + and + detection&source = bl&ots = EB3hZWz - BN&sig = 9qeRqV _ 92ipt89D1dY27qthifHM&hl = en&sa = X&ved =

0ahUKEwjm27um3q7WAhUHySYKHeFxAtEQ6AEINDAC # v = onepage&q = battershall% 2C% 20food% 20and% 20detection&f = false.

28. 但能否分出哪怕一丝：参见 *Foods and Food Adulterants*，美国农业部《十三号公报》（Washington，DC：Government Printing Office，1887）第二部分，Clifford Richardson 所著，题为“Spices and Condiments”。

第二章　被欺骗、被愚弄、被迷惑

29. 巴特谢尔于 1887 年出版了：Jesse P. Battershall，*Food Adulteration and Its Detection*（New York and London：E. & F. N. Spon，1887）。

30. 理查森在《公报》中进行了计算总结：参见 *Foods and Food Adulterants*，美国农业部《十三号公报》（Washington，DC：Government Printing Office，1887）第二部分，Clifford Richardson 所著，题为“Spices and Condiments”。

32. 第三部分也是最后一部分：参见 *Foods and Food Adulterants*，美国农业部《十三号公报》（Washington，DC：Government Printing Office，1887）第三部分，C. A. Crampton 所著，题为“Fermented Alcoholic Beverages，Malt Liquors，Wine，and Cider”。

32. 这种天然物质存在于诸如：水杨酸背后的故事已大量出版，例如 Daniel R. Goldberg，“Aspirin：Turn-of-the-Century Miracle Drug，” *Distillations*，2009 年夏天，网址为：www.

chemheritage. org/distillations/magazine/aspirin - turn - of - the - century - miracle - drug；以及 T. Hebner 和 B. Everts 所著，"The Early History of Salicylates in Rheumatology and Pain," *Clinical Rheumatology* 17，no. 1（1998）：第17~25页。

33. 在这个国家，似乎很少：参见 Crampton，"Fermented Alcoholic Beverages," 第35页。

34. 本报告最后：参见 Crampton，"Fermented Alcoholic Beverages," 第142~144页。

34. 健康的胃：参见 Crampton，"Fermented Alcoholic Beverages," 中 Harvey Wiley 所写 "Introduction," 第4页。

35. 和威利一样，拉斯克：威利所描述拉斯克的任期参见 Harvey Washington Wiley，*An Autobiography*（Indianapolis：Bobbs-Merrill，1930），"the golden epoch in my service in the Department of Agriculture."，第181~183页。

35. 对猪油的研究再次：参见 *Foods and Food Adulterants*，美国农业部《十三号公报》（Washington，DC：Government Printing Office，1891年）第四部分，H. W. Wiley 所著，题为 "Lard and Lard Adulterations"。

36. 让威利愈加沮丧的是：参见 Harvey Young，*Pure Food*（Princeton，NJ：Princeton University Press，1989），第106页。

36. 极度鲁莽和冷酷无情：参见 Alexander Wedderburn，美国农业部，"A Popular Treatise on the Extent and Character of Food and Drug Adulteration"（Washington，DC：Government Printing Office，1890）。

36. 该司在1892年对咖啡、茶叶和可可的调查中：参见

Foods and Food Adulterants，美国农业部《十三号公报》(Washington，DC：Government Printing Office，1892 年）第七部分，Guilford L. Spencer 和 Ervin Edgar Ewell 所著，题为 "Tea，Coffee and Cocoa Preparations"。

36. 顾名思义，这是茶的仿制品： 参见 Spencer 和 Ewell，"Tea，Coffee and Cocoa Preparations，" 第 886 页。

36. 在英语中可能没有： 参见 Spencer 和 Ewell，"Tea，Coffee and Cocoa Preparations，" 第 933 ~ 945 页。

37. "亲爱的先生，" 一封从： 参见 Spencer 和 Ewell，"Tea，Coffee and Cocoa Preparations，" 第 915 页。

38. 立法者们对化学司： 参见 Oscar E. Anderson Jr. 所著，*The Health of a Nation：Harvey W. Wiley and the Fight for Pure Food*（Chicago：University of Chicago Press，1958），第 77 ~ 79 页；Young，*Pure Food*，第 95 ~ 100 页；Suzanne Rebecca White，"Chemistry and Controversy：Regulating the Use of Chemicals in Foods，1883 – 1959"（博士论文，Emory University，1994），第 1 ~ 15 页。

38. 魔鬼已经控制了： Young，*Pure Food*，第 95 页。

38. 几乎没有党派偏见： Young，*Pure Food*，第 99 页。

39. 被欺骗、被愚弄： 参见 Harvey W. Wiley，"The Adulteration of Food，" *Journal of the Franklin Institute* 137（1894）：第 266 页。

39. 民众不满的愤怒浪潮： Young，*Pure Food*，第 99 页。

39. 新任农业部部长是： 莫顿的背景可以在 https：//en. wikipedia. org/wiki/Julius_ Sterling_ Morton 上找到，包括介

绍其传记及其作为植树节创始人地位的链接。威利的自传，*Health of a Nation*（第86~94页），归档在国会图书馆的农业部内部信件区域，详细描述了莫顿在农业部具有争议的岁月。

40. 在大开其口，全国到处： 参见 Anderson，*Health of a Nation*，第87页。

40. 是否有必要： 莫顿与威利就韦德伯恩和化学司的预算方面的交流日益激烈，可参见：Harvey Washington Wiley Papers，Library of Congress，Manuscript Division，box 29，folders 1892－1893。韦德伯恩的工作可进一步参见：Steven L. Piott，*American Reformers 1870－1920：Progressives in Word and Deed*（Lanham，MD：Rowman and Littlefield，2006），第168~170页，以及 Courtney I. P. Thomas，*In Food We Trust：The Politics of Purity in American Food Regulation*（Lincoln：University of Nebraska Press，2014）。

41. 部长还命令： 参见 Anderson，*Health of a Nation*，第86~94页；Wiley，*An Autobiography*，第183~184页。对试管、打字机色带和其他缩减物品实行进一步预算削减的措施和交流，以及国会议员关于农业预算的说明，可参见 Wiley Papers，box 29，folder 1894。

42. 其中所含的情感和真相： Alexander Wedderburn，美国农业部，*Report on the Extent and Character of Food and Drug Adulteration*（Washington，DC：Government Printing Office，1894）。

42. 美国所有化学学会的主席： 参见 Wiley，*An Autobiography*，第186页。

43. 威利对这笔资金并不满意：参见 Wiley Papers，box 29。1893 年哥伦比亚世界博览会上的化学展品，包括 Wiley 的演讲，均可参见 "The American Chemical Society at the World's Fair 1893 and 1933," *Chemical & Engineering News* 11，no. 12（1933 年 6 月 20 日）：第 185～186 页。

44. 在展览的最后一周：参见 Wiley Papers，box 29，1983 年 10 月 31 日，Helen Louise Johnson 致 Harvey Wiley。

45. 我曾是那家公司的经理：参见 Wiley Papers，box 33，1895 年 7 月 28 日，W. L. Parkinson 致 C. F. Drake。

第三章 牛肉法庭

47. 我被径直从那漫长的少年时代中抛了出来：参见 Harvey Washington Wiley，*An Autobiography*（Indianapolis：BobbsMerrill，1930），第 180 页。

48. "塔马·吉米"的绰号：威利用不那么光彩炫目的话语描述了他早期与詹姆斯·威尔逊共事的时光。"在我所认识的人中，他在回答公众问题时最会乱答了，尤其是那些涉及如何通过饮食保持健康的问题。" Wiley，*An Autobiography*，第 190～191 页。但是网上有很多更客观的威尔逊传记，包括来自爱荷华州立大学的传记：www. public. iastate. edu/ ~ isu150/ history/wilson. html。

48. 也许正是出于：参见 Wiley，*An Autobiography*，第 194～197 页。

49. 这个术语源于：如何定义"真正的"威士忌和如何定

义“好的”威士忌——这些争论始于19世纪90年代末，一直延续贯穿在威利任期内。此方面杂志文章中非常出色的概述，我推荐H. Parker Willis的文章，“What Whiskey Is,” *McClure's*，1910年4月，第687~699页。书的方面，Gerald Carson对这些问题进行过深入探讨，*The Social History of Bourbon*（Lexington：University Press of Kentucky，repr. ed. 2010），书中包括肯塔基州埃德蒙·泰勒（Edmund Taylor）的政治策略。关于保税威士忌法案，Bourbon&Banter网站上有其“简史”：www. bourbonbanter. com/banter/bottled – in – bond – a – brief – history/#. WcEGbJOGM0Q。

49. 那些潦草生产的威士忌：Reid Mitenbuler，*Bourbon Empire*：*The Past and Future of America's Whiskey*（New York：Penguin Books，2016），第163页。

50. 尽管它们再好也无法：调和威士忌制造商（包括希拉姆·沃克公司）认为威利对其怀有敌意。沃克公司保护其品牌的努力，以及它的政治立场和界定威士忌的行动，在Clayton Coppin和Jack High的著作中有概述——*The Politics of Purity*：*Harvey Washington Wiley and the Origins of Federal Food Policy*（Ann Arbor：University of Michigan Press，1999）。二者在另一部著作中给出了更为详尽的描述，“Wiley and the Whiskey Industry：Strategic Behavior in the Passage of the Pure Food and Drug Act,” *Business History Review*，62，第2期（1988年夏季）：第286~309页；以及James Files，“Hiram Walker and Sons and the Pure Food and Drug Act”（硕士论文，温莎大学，1986年），论文的副标题是：“监管决策出错”（“A Regulatory

Decision Gone Awry"）显示作者并不支持威利，而克莱顿和海也对威利的方式抱有类似的敌意。

51. 令总统失望的是：有关军队管理不善的许多问题可参见 Burtin W. Folsom 的 "Russell Alger and the Spanish American War," 麦基诺岛公共政策中心，1998 年 12 月 7 日，www.mackinac.org/V1998 - 39。拉塞尔·阿尔杰是美西冲突期间的战争部部长。

52. "防腐牛肉"丑闻：这是在全国各地报纸上铺天盖地的新闻，1898 年开始出现首篇报道，并一直持续到 1899 年。由于芝加哥是肉类加工业的发源地，《芝加哥论坛报》是第一批报道迈尔斯将军的指控并重复"防腐牛肉"一词的媒体之一。在 1898 年 12 月 22 日报纸第 7 页的顶部，印着简单的标题"迈尔斯讲述防腐牛肉"。这一丑闻被其他许多报纸相继报道了。例如，《纽约时报》的报道如下："军队肉类丑闻"，1899 年 2 月 21 日，第 1 页；"检验牛肉的化学家们"，1899 年 3 月 10 日，第 1 页；"罗斯福关于军队牛肉的评价"，1899 年 3 月 26 日，第 2 页；"军队牛肉调查"，1899 年 4 月 14 日，第 8 页；"军队牛肉报告公布于众"，1899 年 5 月 8 日，第 1 页。

Andrew Amelinckx 在下文对之进行了总结："Old Time Farm Crime: The Embalmed Beef Scandal of 1898," *Modern Farmer*, November 8, 2013, 在线网址为：https://modernfarmer.com/2013/11/old - time - farm - crime - embalmed - beef - scandal - 1898/；而 Edward F. Keuchel 的论著更具学术性："Chemicals and Meat: The Embalmed Beef Scandal of the Span ish American

War," *Bulletin of Medical History* 48，第 2 期（1974 年夏季），第 249～264 页。

52. 不得不退后一段距离：参见 "Inspector Fears Embalmed Beef Men," *Chicago Tribune*, October 29, 1899, 第 3 页。该报道还详细介绍了肉类加工商们对调查人员的威胁。

52. 显然是注射了化学物质保存的：迈尔斯的评论参见 "Eagan and Embalmed Beef,"《纽约时报》，1899 年 2 月 2 日，第 6 页。

53. 他喉咙说谎了：参见维基百科，"Charles P. Eagan," 网址如下：https：//en. wikipedia. org/wiki/Charles _ P. _ Eagan。

53. 道奇听证会既未令迈尔斯满意："Army Beef Report Is Made Public,"《纽约时报》，1899 年 5 月 8 日，第 1 页；Harvey Young，"Trichinous Pork and Embalmed Beef," *Pure Food* (Princeton, NJ：Princeton University Press，1989)，第 135～140 页。

54. 不出所料，总统：关于听证会的通信和具体调查结果的细节参见 Harvey Washington Wiley Papers，Library of Congress，Manuscript Division，box 41，folder 1899。

54. 填满肉块之间的所有空隙：哈维·威利写给詹姆斯·威尔逊的公务便条，1899 年 1 月 18 日，Wiley Papers, box 41。此外，威利的证词及其结果参见：*Report of the Commission Appointed by the President to Investigate the Conduct of the War Department During the War with Spain* (Washington，DC：Government Printing Office，1899)，第 854～862 页。

54. 当地人称它为“肉类加工城”：2012 年 2 月 19 日的《芝加哥论坛报》上刊登了 Ron Grossman 所画的一幅芝加哥老屠宰场画像，名为“Hog Butcher to the World”：http://articles.chicagotribune.com/2012-02-19/site/ct-per-flash-stockyards-0219-2-2012021_1_union-stock-yard-butcher-shop-packingtown。另一回顾性的图片可见 Anne Bramley，“How Chicago's Slaughterhouse Spectacles Paved the Way for Big Meat，”NPR，*The Salt*，2015 年 12 月 3 日，参见：www.npr.org/sections/thesalt/2015/12/03/458314767/how-chicago-s-slaughterhouse-spectacles-paved-the-way-for-big-meat。还可参见维基百科中的概述：https://en.wikipedia.org/wiki/Union_Stock_Yards。

55. 普通家庭主妇：食物价格源自“Prices from the 1899 Sears，Roebuck Grocery Lists，”Choosing Voluntary Simplicity，无日期，www.choosingvoluntarysimplicity.com/prices-from-the-1899-sears-roebuck-grocery-lists/。

55. 牛肉法庭在位于：证词及后面的评论，如卡尔·桑德堡的证词，参见 Young，*Pure Food*，135～139 页，Edward F. Keuchel，“Chemicals and Meat：The Embalmed Beef Scandal of The Spanish American War，”*Bulletin of Medical History* 48，no. 2（1974 年夏季）：第 253～256 页。关于迈尔斯的证词及其悲痛之情，Louise Carroll Wade 在下文中进行了评介，“Hell Hath No Fury Like a General Scorned：Nelson A. Miles，the Pullman Strike，and the Beef Scandal of 1898，”*Illinois Historical Journal* 79（1986）：第 162～184 页。

56. 这是美国之耻：参见 “The Army Meat Scandal,”《纽约时报》, 1899 年 2 月 21 日，第 1 页。

59. 军方还寻求化学司的帮助：对于该士兵死亡的报道可参见 “Poisoned by Army Ration,” David B. McGowan,《纽约时报》, 1898 年 5 月 27 日，第 2 页。

59. 罐头食品引发的金属中毒：K. P. McElroy 和 Willard D. Bigelow Crampto, “Canned Vegetables,” 美国农业部《十三号公报》第八部分，*Foods and Food Adulterants* (Washington, DC: Government Printing Office, 1893)。

60. 刊在《蒙西杂志》的一篇文章中：参见 Frank Munsey 写给 Harvey Wiley 的信，1899 年 7 月 14 日，附上威利的文章副本，位于 Wiley Papers, box 41。

61. 胃病盛行实际上完全是由于防腐牛肉：参见 “Embalmed Milk in Omaha: Many Infant Deaths Believed to Be Due to a Preservative Fluid,”《纽约时报》, 1899 年 5 月 30 日，第一页；及 “Sale of Embalmed Milk Less Frequent,” Preliminary Report of the Dairy and Food Commissioner for the Year 1907, bulletin 168, Commonwealth of Pennsylvania, 25 页；及 A. G. Young, “Formaldehyde as a Milk Preservative,” Report to the Maine Board of Public Health, 1899, 文件可从以下网址获取：www. ncbi. nlm. nih. gov/pmc/articles/PMC2329554/pdf/pubhealthpap00032 - 0152. pdf；以及 “The Use of Borax and Formaldehyde as Preservatives of Food,” *British Medical Journal*, July 7, 1900, 第 2062 ~ 2063 页。

61. 胃病盛行实际上完全是由于防腐牛肉：参见

"Embalmed Beef Troubles in Cincinnati,"《纽约时报》, 1899 年 6 月 16 日，第 4 页。

62. 提请大家注意： 参见 "Embalmed Milk in Omaha: Many Infant Deaths Believed to Be Due to a Preservative Fluid,"《纽约时报》, 1899 年 5 月 30 日，第 1 页。

62. 两滴： 参见 Thurman B. Rice, *The Hoosier Health Officer: The History of the Indiana State Board of Health to 1925* (Indianapolis, Indiana State Board of Health, 1946), 第 162 页。

63. 好吧，你给牛奶加的东西是防腐剂： 参见 Rice, *Hoosier Health Officer*, 第 165 页。

63. 自信地说： 参见 Rice, *Hoosier Health Officer*, 第 163 页。

第四章 里面有什么?

65. 1899 年，伊利诺伊州的美国参议员： 梅森及其在听证会上的角色参见 "Senator Mason, the Champion of Liberty," *San Francisco Call*, January 10, 1899, 第 1 页。听证会的概况参见 Harvey Young, "The Mason Hearings," in *Pure Food* (Princeton, NJ: Princeton University Press, 1989), 第 140 ~ 145 页；及 Oscar E. Anderson Jr., *The Health of a Nation: Harvey W. Wiley and the Fight for Pure Food* (Chicago: University of Chicago Press, 1958), 第 127 ~ 132 页；及 Michael Lesy and Lisa Stoffer, *Repast: Dining Out at the Dawn of the New American Century 1900 – 1904* (New York: W. W. Norton, 2013), 其中第 29 – 31 页包含了威利向委员会提交的最尖锐的证词。对于听证会的完整总结参见

Hearings Before the Committee of Interstate and Commerce of the U. S. House of Representatives, on Food Bills Prohibiting the Adulteration, Misbranding and Imitation of Foods, Candies, Drugs and Condiments in the District of Columbia and the Territories, and for Regulating Interstate Traffic Therein and for Other Purposes (Washington, DC: Government Printing Office, 1902)。

69. 硼酸钠或硼砂：硼砂的基本化学特性可以在 Azo Materials Website 网站上找到，其网址为 www. azom. com/article. aspx? ArticleID = 2588。"太平洋海岸硼砂公司"的历史可在 Santa Clarita Valley history Web 的网站上找到，其网址为 https://scvhistory. com/scvhistory/borax - 20muleteam. htm；还可参见维基百科，https://en. wikipedia. org/wiki/Pacific_Coast_Borax_Company；其最积极的互动时刻可见公司自己的网站：https://www. 20muleteamlaundry. com/about。

69. 在梅森的听证会上：参见 *Hearings Before the Committee*。

70. 1900 年初春：参见 William E. Mason, *Adulteration of Food Products: Report to Accompany S. Res. 447, Fifty-fifth Congress* (Washington, DC: U. S. Government Printing Office, 1900), https://catalog. hathitrust. org/Record/011713494。

70. 这是世界上唯一一个食品消费者未能免遭制造商掺假之害的文明国家：参见 https://books. google. com/books? id = XelP2FtgWxkC&pg = PA17&lpg = PA17&dq = Senator + Mason, + 1900, + adulteration, + speech, + Senate&source = bl&ots = j51zdLIgP8&sig = NU1WBa_7ePzHO6g7spTpiRpgNv8&hl = en&sa = X&ved = 0ahUKEwiDvfmrwqzXAhXB7yYKHaygAfsQ6AEINDAC#v =

onepage&q = Senator% 20Mason% 2C% 201900% 2C% 20adulter ation% 2C% 20speech% 2C% 20Senate&f = false。

71. “在公众面前”：参见 Marriott Brosius to Harvey Wiley, November 23, 1899, Harvey Washing ton Wiley Papers, Library of Congress, Manuscript Division, box 41。

71. 对委员会的行动大加赞赏：参见 Anderson, *Health of a Nation*, 第 127 页。

72. 同年（1990 年）春天：参见 Anna Kelton to Harvey Wiley, May 22 and 25, 1900, Harvey Washington Wiley Papers, Library of Congress, box 43；以及 Harvey Wiley to Anna Kelton, May 19, 1900, Wiley Papers, box 43。

72. 当我去巴黎的时候：参见 Harvey Wiley to William Frear, July 29, 1900, Wiley Papers, box 43。

73. “你说，‘为什么不让’”：参见 Harvey Wiley to Anna Kelton, May 24, 1900, Wiley Papers, box 43。

73. 威尔逊部长写信给：参见 James Wilson to Harvey Wiley, August 7, 1900, Wiley Papers, box 43。

74. 1901 年，麦金利就职后不久：参见 Anheuser-Busch to Harvey Wiley, June 4, 1900, Wiley Papers, box 45。

74. 基督教妇女禁酒联盟：该组织的网站上提供了其历史，网址是：www. wctu. org/history. html ，弗朗西斯威拉德博物馆也提供了其历史：https：//franceswillardhouse. org/frances – wilard/history – wctu/。该组织在纯净食品运动中的作用详见：Laurine Swainston Goodwin, *The Pure Food, Drink and Drug Crusaders, 1879 – 1914* (Jefferson, NC：McFarland, 1999)。弗朗

西斯·威拉德对该组织的展望在该书第31~35页中有概述，而其在各州展开的相关工作贯穿于整本书。

75. 总部位于威斯康星州的“帕布斯特公司”：参见 Pabst to Harvey Wiley, July 13, 1901, Wiley Papers, box 45。

75. 这是我们的秘密：参见 Anheuser-Busch to Harvey Wiley, June 4, 1900, Wiley Papers, box 45。

75. 1901年5月，布法罗泛美博览会开幕：掺假食品展览的相关描述参见 E. E. Ewell, W. D. Bigelow 和 Logan Waller Page, *Exhibit of the Bureau of Chemistry at the Pan-American Exhibition, Buffalo, New York, 1901*, Bulletin 63, 美国农业部，化学局。可从以下网址获取全文：https://archive.org/stream/exhibitofbureauo63ewel/exhibitofbureauo63ewel_djvu.txt。

77. 记者约翰·D. 韦尔斯：参见 John D. Wells, “The Story of an Eye-Witness to the Shooting of the President,” *Collier's Weekly*, September 21, 1901；以及 Lewis L. Gould, *The Presidency of William McKinley* (Lawrence: University Press of Kansas, 1981)；以及 William Seale, *The President's House: A History* (Washington, DC: White House Historical Association, 1986); “The Assassination of President William McKinley, 1901,” EyeWitness to History, 2010, www.eyewitnesstohistory.com/mckinley.htm。

77. 我跟威廉·麦金利说过：参见“1904: Alton Parker vs. Theodore Roosevelt,” The Times Looks Back: Presidential Elections 1896 - 1996,《纽约时报》，2000，电子版见如下网址：http://events.nytimes.com/learning/general/specials/elections/

1904/index. html。

78. 在痛失亲人这个沉重而可怕的时刻： 参见 James Ford Rhodes, *The McKinley and Roosevelt Administrations 1897 - 1909* (New York: Macmillan, 1922), 第 218 页。

78. 威利担心，如果： 参见 Anderson, *Health of a Nation*, 第 100 ~ 102 页。

79. 如果我出现在那里： 这一引言、威利在国会就糖类政策所做的证词和交流的相关摘录、罗斯福的回应、以及威利对这一事件长期持续影响的懊恼之情，均可参见 Harvey Washington Wiley, *An Autobiography* (Indianapolis: Bobbs-Merrill, 1930), 第 221 ~ 223。威利还在自己出版的一本满是愤懑之言的书中讲述了这一事件，该书回顾了食品安全立法的命运：Harvey W. Wiley, *The History of a Crime Against the Food Law* (Washington, DC, 1929), 第 270 ~ 274 页。

79. 我认为这是一项非常不明智的立法： 参见 Wiley, *An Autobiography*, 第 220 ~ 221 页。

79. 这次我放过你： 参见 Wiley, *An Autobiography*, 第 220 ~ 221 页。

第五章 唯有勇者

80. 1901 年，美国化学局： 参见 Suzanne Rebecca White, "Chemistry and Controversy: Regulating the Use of Chemicals in Foods, 1883 - 1959" (博士论文, Emory University, 1994), 第 8 ~ 10 页。

80. 美国化学工业：参见 White，“Chemistry and Controversy，”第20~27页。关于鼎鼎大名的陶氏，更多内容可在以下网址获取：www.encyclopedia.com/history/encyclopedias - almanacs - transcripts - and - maps/dow - herbert - h；而“液态碳酸公司”的鲍尔，名气较小，其相关信息可在以下网址获取：http：//forgottenchicago.com/articles/the - last - days - of - washburne/。

82. “更为好斗的”分析化学家埃德温·拉德：参见北达科他州历史学会（State Historical Society of North Dakota），“Edwin F. Ladd and the Pure Food Movement，”无日期，可从以下网址获取：http：//ndstudies.gov/gr8/content/unit - iii - waves - development - 1861 - 1920/lesson - 4 - alliances - and - conflicts/topic - 6 - progressive - movements/section - 4 - edwin - f - ladd - and - pure - food - movement。

83. 天哪，哪个东部律师：参见 Culver S. Ladd，*Pure Food Crusader*：*Edwin Fremont Ladd*（Pittsburgh：Dorrance Publishing，2009）。

83. 为了向本州居民展示说明这一问题：谢泼德的菜单参见 Mark Sullivan，*Our Times*，vol. 2（1927；重印，New York：Charles Scribner and Sons，1971），第506~507页。

84. 根据这个菜单：参见 Sullivan，*Our Times*，507页。还可参见 James Shepard，“Like Substances，”Association of National Food and Dairy Departments，Eleventh Annual Convention（1907），第165~174页。

85. 威利长期以来担心：威利的卫生餐桌试验——被报纸

记者改名为“试毒小组”——源自他的担忧：食品供应中对化学添加剂缺乏好的 - 或通常是任何的 - 科学研究。他在自己撰写的文章中对相关背景进行了总结：Harvey W. Wiley，“The Influence of Preservatives and Other Substances Added to Foods upon Health and Metabolism,” *Proceedings of the American Philosophical Society* 47, no. 189（May-August 1908）：第 302 ~ 328 页。引言部分中引用了他随后对从硼砂、甲醛到水杨酸等各种化合物进行的后续调查，之前的研究以及在这方面研究的匮乏。“试毒小组”的研究已经被广泛报道，可见于当时的报纸杂志以及最近的食品安全历史学家们的著述。为了简单起见，我在此提供最为全面的概要来源：White，“Chemistry and Controversy,” 第 46 ~ 91 页；Laurine Swainston Goodwin，*The Pure Food, Drink and Drug Crusaders, 1879 – 1914*（Jefferson, NC：McFarland，1999），第 219 ~ 224 页；Harvey Young，*Pure Food*（Princeton, NJ：Princeton University Press, 1989），第 151 ~ 57 页；Oscar E. Anderson Jr.，*The Health of a Nation：Harvey W. Wiley and the Fight for Pure Food*（Chicago：University of Chicago Press, 1958），第 149 ~ 152 页；Michael Lesy and Lisa Stoffer，*Repast：Dining Out at the Dawn of the New American Century 1900 – 1904*（New York：W. W. Norton，2013）第 31 ~ 34 页；Bruce Watson，“The Poison Squad：An Incredible History,” *Esquire*, June 27, 2013；Natalie Zarelli，“Food Testing in 1902 Featured a Bow Tie-Clad ‘Poison Squad’ Eating Plates of Acid,” *Atlas Obscura*, August, 30, 2016，见如下网址：www.atlasobscura.com/articles/food – testing – in – 1902 – featured – a – tuxedoclad –

poison－squad－eating－plates－of－acid。

85. “年轻，健壮的家伙”：参见 Harvey Washington Wiley，U. S. Department of Agriculture，*Influence of Food Preservatives and Artificial Colors on Digestion and Health：Boric Acid and Borax*（Washington，DC：Government Printing Office，1904），第 10 页。

85. “是否应该使用这些防腐剂？”：参见 Wiley，*Influence of Food Preservatives*，第 23 页。

86. “使农业部部长能够”：参见 Wiley，*Influence of Food Preservatives*，第 8 页。

86. “气氛愉悦，伙伴称心”：参见 Wiley，*Influence of Food Preservatives*，第 13～14 页。

87. “首次开设一家科学食堂”：参见 Carol Lewis，“The ‘Poison Squad’ and the Advent of Food and Drug Regulation，” *U. S. Food and Drug Administration Consumer Magazine*，November-December 2002，http：//esq. h－cdn. co/assets/cm/15/06/54d3fdf754244_－_21_PoisonSquadFDA. pdf。

87. “他们是职员”：参见 Lewis，“The ‘Poison Squad’”。

87. “亲爱的先生，”一位申请者写道：参见 Bruce Watson，“The Poison Squad：An Incredible History，” *Esquire*，June 26，2013，http：//www. esquire. com/food－drink/food/a23169/poison－squad/。

87. 您可以从加了点水杨酸的硼砂饮食开始：参见 Harvey Wiley to H. E. Blackburn，August 15，1901，Wiley Papers，box 45。

88. “所以加入我们的这些人品质良好”：参见 Wiley，

Influence of Food Preservatives，第 10 页。

88. “你有没有解释过”：参见 *The Borax Investigation: Hearings Before the Committee of Interstate and Foreign Commerce*, U. S. House of Representatives (Washington, DC: Government Printing Office, February 1906)。

88. 随着该项目的细节逐渐为人所知：报纸对威利开展的毒性研究进行了报道，详情参见 Kevin C. Murphy, “Pure Food, the Press, and the Poison Squad: Evaluating Coverage of Harvey W. Wiley's Hygienic Table,” 2001, www. kevincmurphy. com/harveywiley2. html。

89. “如果他们在两顿饭之间饿了”：参见 Murphy, “Pure Food, the Press, and the Poison Squad。”

89. “日常工作张弛有度”：参见 Wiley, *Influence of Food Preservatives*。

90. 其中一个实验是：参见 John C. Thresh and Arthur Porter, *Preservatives in Food and Food Examination* (London: J & A Churchill, 1906)，第 16 ~ 52 页。

90. 威利仔细地解释了他为何选择强健的受试者，但与之不同的是：参见 F. W. Tunnicliffe 和 Otto Rosenheim, “On the Influence of Boric Acid and Borax upon the General Metabolism of Children,” *Journal of Hygiene* 1, no. 2 (April 1901)：第 168 ~ 201 页。

91. 威利知道他的研究计划绝非完美：参见 H. W. Wiley, “Results of Experiments on the Effect of Borax Administered with Food,” *Analyst*, January 1, 1904，第 357 ~ 370 页。

91. “有人指出”：参见 Wiley，“Results of Experiments on the Effect of Borax。”

92. “那些认为”：参见 Wiley，“Results of Experiments on the Effect of Borax。”

92. 这一实验已经吸引了：布朗寻求“试毒小组”的报道的途径可参见 Murphy，“Pure Food，the Press，and the Poison Squad.”。其报道发表如下：*Washington Post*：“Dr. Wiley and His Boarders，” November 21，1902，第2页；“Borax Ration Scant：Of ficial Chef Falls in Disfavor with Guests，” December 23，1902，第2页；“Dr. Wiley in Despair：One Boarder Becomes Too Fat and Another Too Lean，” December 16，第2页；以及“Borax Begins to Tell—at Least the Six Eaters Are All Losing Flesh，” December 26，1902，第2页。

92. “我什么也不能说”：参见“Borax Begins to Tell”。

93. “当局担心”：参见 Murphy，“Pure Food，the Press，and the Poison Squad”。

93. “甘冒食品防腐剂的危险”：参见“Dr. Wiley and His Boarders”。

94. 圣诞晚餐菜单：参见 Murphy，“Pure Food，the Press，and the Poison Squad，” 第3页。

94. 该年12月，“美国科学促进会”要求他：参见 American Association for the Advancement of Science to Harvey Wiley，November 22，1902，Harvey Washington Wiley Papers，Library of Congress，Manuscript Division，box 48. Harvey Wiley，“Poison Dinner Invitation，” 1902，Wiley Papers，box 48。

95. 莫林纽克斯是：参见 Deborah Blum，*The Poisoner's Handbook：Murder and the Birth of Forensic Medicine in Jazz Age New York*（New York：Penguin Books，2010），第 61 ~ 63 页。

95. “F. B. 林顿在”：参见 “Borax Begins to Tell”。

96. “威利博士陷入了绝望”：布朗的本条以及其他极富喜剧色彩的报道参见 Murphy，“Pure Food，the Press，and the Poison Squad”。

96. 肤色变化：参见 “The Chemical Food Eaters，” *Summary*（Elmira，NY），April 18，1903，电子文档可从以下网址获取：https：//books. google. com/books？ id = OgFLAAAAYAAJ&pg = PR116&lpg = PR116&dq = borax + turns + boarders + pink， + wiley&source = bl&ots = wCg8DwtqXr&sig = U1hq – ozDBsBsC2rQaX5IcnkNgew&hl = en&sa = X&ved = 0ahUKEwiy97LB2azXAhWE7iYKHeD2B00Q6AEISDAI#v = onepage&q = borax% 20turns% 20boarders% 20pink% 2C% 20wiley&f = false。

96. 此时，本来平静无波的：多克斯塔德的歌曲参见 “Pure Food，the Press，and the Poison Squad，” 第 4 页；以及本研究的众多叙述。

97. 报纸编辑不得不承认：参见 Scott C. Bone（editor of the *Washington Post*）to Harvey Wiley，December 24，1902，Wiley Papers，box 48。

第六章　食品毒物课程

98. 1903 年，范妮 · 法默：其基本传记在下面网址中可见：www. notablebiographies. com/Du - Fi/Farmer - Fannie. html。

98. “食物，”这本书开场白：参见 Fannie Merritt Farmer, “Food,” in *The Boston Cooking-School Cook book*（1896；重印，Boston：Little, Brown, 1911），全文在下面网址中可以找到：https：//archive. org/stream/bostoncookingsch00farmrich # page/n21/mode/2up。

100. 法默可能是：参见 Fanny Farmer, *Food and Cookery for the Sick and Convalescent*（Boston：Little, Brown, 1904），全文可通过 Historic American Cookbook Project 这一项目获得，具体网址如下：http：//digital. lib. msu. edu/projects/cookbooks/html/books/book_ 56. cfm。

100. “令人食欲大减、不健康的”：参见 Farmer, *Food and Cookery for the Sick and Convalescent*, 第 50 ~ 58 页。

100. “牛奶中的致病病菌”：参见 Farmer, *Food and Cookery for the Sick and Convalescent*, 第 50 ~ 58 页。

100. “硼砂、硼酸、水杨酸”：参见 Farmer, *Food and Cookery for the Sick and Convalescent*, 第 50 ~ 58 页。

100. 此前，有食谱作者：举几个例子：Mary Johnson Bailey Lincoln, *Mrs. Lincoln's Boston Cookbook*（Boston：Roberts Brothers, 1884），该作品讨论酒石与发酵粉的掺假（第 49 ~ 55 页）和用化学品来掩饰鸡肉变质（251 页）；以及 Sarah Tyson Rorer, *Mrs. Rorer's New Cookbook*（Philadelphia：Arnold, 1902），具体网址为 http：//digital. lib. msu. edu/projects/cookbooks/html/books/book_ 54. cfm。

100. “在农业部的指导下吃毒药”：参见 “Borax

Preservatives Found Injurious," *New York Times*, June 23, 1904, 第9页。

101. 但《纽约时报》自行预测了: 参见 "Borax Preservatives Found Injurious,"《纽约时报》, 1904年6月23日, 第9页; 以及 Wiley, *Influence of Food Preservatives and Artificial Colors on Digestion and Health*, vol. 1, *Boric Acid and Borax* (Washington, DC: Government Printing Office, 1904)。

101. 6月份, 农业部: 参见 Wiley, *Influence of Food Preservatives*。

103. 国会再次权衡了: 赫伯恩、麦卡博, 以及他们为推动食品和药品立法做出的努力参见 Harvey Young, *Pure Food* (Princeton, NJ: Princeton University Press, 1989), 第164~182页; Oscar E. Anderson Jr., *The Health of a Nation: Harvey W. Wiley and the Fight for Pure Food* (Chicago: University of Chicago Press, 1958), 第158~182页; 以及 Mark Sullivan, *Our Times*, vol. 2 (1927; repr. New York: Charles Scribner's Sons, 1971), 第268~270页。

104. 首席游说者, 华威克·霍夫: 参见 Young, *Pure Food*, 165~168页; 以及 James Files, "Hiram Walker and Sons and the Pure Food and Drug Act" (硕士论文, University of Windsor, 1986)。

105. "这将严重损害你": 参见 Warwick Hough to Harvey Wiley, 在"Hiram Walker and Sons," 文件中进行了引用, 第120页。

105. 药品造假问题: 参见 Harvey Washington Wiley, *An*

Autobiography（Indianapolis：Bobbs Merrill，1930），第 203～209 页。威利在其中探讨了自己对这一问题的担忧。聘用基布勒，表明了他将更加重视这一问题，参见 Anderson，*Health of a Nation*，第 103 页；以及 Young，*Pure Food*，第 118～119 页。基布勒的细心研究及其大胆探讨参见 D. B. Worthen，“Lyman B. Kebler：Foe to Fakers，” *Journal of the American Pharmaceutical Association* 50，no. 10（May-June 2010）：第 429～432 页。

106. “专利协会”：参见 James Harvey Young，*The Toadstool Millionaires：A Social History of Patent Medicines Before Federal Regulation*（Princeton，NJ：Princeton University Press，2015），第 227～235 页。

106. “如果联邦政府”：参见 Young，*Toadstool Millionaires*，第 229 页。

106. “光我的推荐还是不够”：参见 Sullivan，*Our Times*，第 270 页。

107. 他还开始向其他妇女团体示好：女性以及妇女团体在法规之战中的重要性为该书的一个主要焦点，可参见 Laurine Swainston Goodwin，*The Pure Food，Drink and Drug Crusaders，1879－1914*（Jefferson，NC：McFarland，1999）；还可参见 “Women Join the Pure Food War，” *What to Eat* 18，no. 10（October 1905）：第 158～159 页；以及 “Women's Clubs Name Special Food Committee，” *What to Eat* 18，no. 12（December 1905）：第 191～192 页。

107. 在汉诺威学院读书时：参见 Wiley，*An Autobiography*，第 55～65 页。还可参见其对美国农业部研究人员发表的演讲，

1904, Harvey Washington Wiley Papers, Library of Congress, box 189 ("we regard women as human beings")。

108. "男人的最大抱负": 参见 Harvey Wiley, speech to USDA researchers, 1904, transcript in Harvey Washington Wiley Papers, Library of Congress, Manuscript Division, box 189。

108. 我知道，她并非出于: 参见 H. M. Wiley, "Men's Views of Women's Clubs: A Symposium by Men Who Are Recognized Leaders in the Philanthropic and Reform Movements in America," *Annals of the American Academy of Political and Social Science* 28 (July-December 1906): 第291页。

108. 莱基生于1856年: 参见 Nina Redman and Michele Morrone, *Food Safety: A Reference Handbook*, 3rd ed. (Santa Barbara, CA: ABC-Clio, 2017), 第130～165页；以及 Sullivan, *Our Times*, 第521～522页。

109. 亚当斯就开始公开发言支持: 参见 Goodwin, *Pure Food, Drink and Drug Crusaders*, 第258～275页。

109. "我认为本国的各个妇女俱乐部": 参见 Wiley, "Men's Views of Women's Clubs"。

110. 莱基敦促威利: 参见 Alice Lakey, "Adulterations We Have to Eat," *What to Eat* 18, no. 6 (June 1905): 第9～10页。

110. "为了增加自我保护的方法": 参见 Thomas H. Hoskins, M. D., *What We Eat: An Account of the Most Common Adulterations of Food and Drink* (Boston: T. O. H. P. Burnham, 1861), 第4页，文本可从以下网址获取: https://archive.org/details/whatweeatanacco00hoskgoog。

111. “如果含有玉米淀粉或面粉”： 参见 John Peterson, “How to Detect Food Adulterations,” *What to Eat* 16, no. 2 (February 1903)：第 11 ~ 12 页。

111. 《食品掺假的某些形式》： 参见 Willard D. Bigelow 和 Burton James Howard, U. S. Department of Agriculture, *Some Forms of Food Adulteration and Simple Methods for Their Detection* (Washington, DC：Government Printing Office, 1906)，文本可从以下网址获取：https：//archive. org/details/someformsoffooda10bige。

111. “部长先生，” 威利写信： 参见 Bigelow and Howard, *Some Forms of Food Adulteration*，第 1 页。

111. “都不符合他们的利益”： 参见 Bigelow and Howard, *Some Forms of Food Adulteration*，第 34 页。

113. 1904 年 4 月 30 日： 圣路易斯世界博览会上的纯净食品展览详情参见：“Novel Exhibit of Food Adulteration,” *What to Eat* 17, no. 4 (April 1904)：第 131 ~ 132 页；及 Mark Bennett, “Lessons in Food Poisoning,” *What to Eat* 17, no. 7 (July 1904)：第 161 ~ 162 页；Sullivan, *Our Times*，第 522 ~ 525 页；Goodwin, *Pure Food, Drink and Drug Crusaders*，第 229 ~ 232 页；及 Marsha E. Ackermann, “Promoting Pure Food at the 1904 St. Louis World's Fair,” *Repast, Quarterly Newsletter of the Culinary Historians of Ann Arbor* 20, no. 3 (Summer 2004)：第 1 ~ 3 页。博览会上展出的食品详情参见 Kate Godfrey-Demay, “The Fair's Fare,” *Sauce*, April 9, 2004, 第 1 ~ 4 页。

114. “现在让食品掺假者们战栗吧”： 参见 Paul Pierce,

"Our Allies in the Pure Food," *What to Eat* 16, no. 5 (May 1903): 第 1 页。

115. "增加公众对展览的兴趣": 参见 Robert Allen to Harvey Wiley, January 24, 1902, Wiley Papers, box 48。

115. "虽然罐装鸡肉": 参见 E. F. Ladd, "Some Food Products and Food Adulteration," bulletin 57, North Dakota Agricultural College, Fargo, ND, 1903。

115. "如果你想": 参见 Bennett, "Lessons in Food Poisoning"。

116. "最有效宣传手段之一": 参见 Sullivan, *Our Times*, 第 522 页。

117. "的确，有时": 参见 Harvey Wiley, speech given at City College of New York, November 7, 1904, Wiley Papers, box 197。

117. "生活中总有些时候": 参见 *Journal of Proceedings of the Eighth Annual Convention of the National Association of State Dairy and Food Departments*, September 26 – October 1, 1904, St. Louis, Missouri, 第 64 页。

118. 霍夫也参加了圣路易斯博览会: 参见 Warwick M. Hough, "The Pure Food Bill and Bottled in Bond Whiskey," *What to Eat* 18, no. 2 (February 1905): 第 74 ~ 75 页; Anderson, *Health of a Nation*, 159 ~ 162 页。

118. "我同意你的观点": 参见 Warwick Hough to Harvey Wiley, 引自 Anderson, *Health of a Nation*, 第 159 ~ 162 页。

第七章　危言耸听的化学家

119. 1904 年 11 月初：厄普顿·辛克莱对芝加哥屠宰场的研究和《丛林》的创作背景——首先是作为系列文章在 *Appeal to Research* 上连载，而后作为图书出版——是基于大量的资料。本章整个内容都与此相关，这些段落的资料来源包括：Anthony Arthur, *Radical Innocent*: *Upton Sinclair* (New York: Random House, 2006)，第 43 ~ 85 页；Doris Kearns Goodwin, *The Bully Pulpit*: *Theodore Roosevelt*, *William Howard Taft and the Golden Age of Journalism* (New York: Simon & Schuster, 2013)，第 459 ~ 555 页；Michael Lesy and Lisa Stoffer, *Repast*: *Dining Out at the Dawn of the New American Century 1900 - 1904* (New York: W. W. Norton, 2013)，第 37 ~ 61 页；Mark Sullivan, *Our Times*, vol. 2 (1927；重印，New York: Charles Scribner and Sons, 1971) 第 471 ~ 480 页；Harvey Young, *Pure Food* (Princeton, NJ: Princeton University Press, 1989)，第 221 ~ 240 页；以及《纽约时报》，2016 年 6 月 30 日，"Upton Sinclair, Whose Muckraking Changed the Meat Industry"，可从以下网址获取：www. nytimes. com/interactive/projects/cp/obituaries/archives。

120. 小说的主人公：参见 Upton Sinclair, *The Jungle* (1906)，全文可从以下网址获取：www. online - literature. com/upton_ sinclair/jungle/。

121. 一位新参议员：参见 Sullivan, *Our Times*，第 525 ~ 527 页。在爱达荷大学可以找到海本的生平，及其所有论文的指南，网址如下：www. lib. uidaho. edu/special - collections/Manuscripts/mg006. htm。

121. “我赞成”：参见 Lorine Swainston Goodwin, *The Pure Food, Drink and Drug Crusaders 1879 - 1914* (Jefferson, NC: McFarland, 1999)，第 227 页。

121. 咄咄逼人的海本：参见 Oscar E. Anderson Jr. , *The Health of a Nation: Harvey W. Wiley and the Fight for Pure Food* (Chicago: University of Chicago Press, 1958)，第 173 ~ 178 页。

122. 与此同时，调和威士忌：参见 Clayton Coppin 和 Jack High, "Wiley and the Whiskey Industry: Strategic Behavior in the Passage of the Pure Food and Drug Act," *Business History Review* 62, no. 2 (Summer 1988)：第 297 ~ 300 页。

122. “遭受前所未有的”：参见 "Labeling Ruinous to Liquor Trade," *New York Journal of Commerce* 131, no. 30 (December 1, 1904)：第 3 页。

123. “美国参议院有一项法案”：参见 Goodwin, *Pure Food, Drink and Drug Crusaders*，第 242 页。

123. “是谁呢”：参见 Gerald Carson, *The Social History of Bourbon* (Lexington: University Press of Kentucky, repr. ed. 2010)，第 164 页。

123. “现在怎么办?”：参见 Goodwin, *Pure Food, Drink and Drug Crusaders*，第 243 页。

123. “哪个去堵住”：参见 "Chemistry on the Rampage," *California Fruit Grower* 15, no. 2 (February 1905)：第 3 页。

123. “威利博士大部分时间”：参见 "Grocers Stand

Against Food Bill Excesses," *Grocery World* 39, no. 12 (March 5, 1905)：第41页。

124. "我相信化学"：参见 Harvey Wiley, "Food Adulteration and Its Effects" (lecture, Sanitary Science class, Cornell University, 1905)。

124. "在讲台上"：参见 Sullivan, *Our Times*, 第520页。

124. 这是一场"伟大的战役"：参见 Harvey Washington Wiley, *An Autobiography* (Indianapolis: Bobbs Merrill, 1930), 第231页。

126. "说出来是没有用的"：参见 Carl Jensen, *Stories That Changed America: Muckrackers of the Early Twentieth Century* (New York: Seven Stories Press, 2002), 第55页。

126. "我必须说出"：参见 Jensen, *Stories That Changed America*, 第57页。

127. 与此同时，陆续有其他作家：参见 Charles Edward Russell, *The Greatest Trust in the World* (New York: Ridgeway-Thayer, 1905)，全文可在以下网址获取：https://archive.org/details/greatesttrustin01russgoog；以及 Henry Irving Dodge, "The Truth About Food Adulterations," *Woman's Home Companion* 48 (March 1905)：第6~7页；Henry Irving Dodge, "How the Baby Pays the Tax," *Woman's Home Companion* 49 (April 1905)：第5~8页。

128. "参议院不会总是"：参见 Henry Irving Dodge, "How the Baby Pays the Tax," *Woman's Home Companion* 49 (April 1905)：第8页。

129. 也是在1905年，皮尔斯的杂志：参见系列文章，“The Slaughter of Americans,” *What to Eat*中出现了五期：*What to Eat* 18, no. 2（February 1905）：第1～4页；*What to Eat* 18, no. 3（March 1905）：第1～3页；*What to Eat* 18, no. 4（April 1905）：1～5页；*What to Eat* 18, no. 5（May 1905）：第1～3页；以及*What to Eat* 18, no. 6（June 1905）：第1～5页。

132. 我建议颁布一项法律：参见Theodore Roosevelt, “Fifth Annual Message,” December 5, 1905，副本可从以下网址获取：www. presidency. ucsb. edu/ws/index. php? pid = 29546。

132. “我们是不是要讨论这样一个问题”：参见Horace Samuel Merrill and Marion Galbraith Merrill, *The Republican Command 1897－1913*（Lexington：University Press of Kentucky, 2015），第27页。

132. “相反”：参见Young, *Pure Food*，第182～183页。

133. “海本说他无法”：参见Sullivan, *Our Times*，第533～534页。

134. 回到化学局：参见Carol Lewis, “The ‘Poison Squad’ and the Advent of Food Regulation,” *U. S. Food and Drug Administration Consumer Magazine*, November-December 2002，第1～15页，参见以下网址：http：//esq. h－cdn. co/assets/cm/15/06/54d3fdf754244_－_21_PoisonSquadFDA. pdf。

134. “几乎没有必要”：参见Harvey W. Wiley, *Influence of Food Preservatives and Artificial Colors on Digestion and Health*, vol. 2, *Salicylic Acid and Salicylates*（Washington, DC：Government Printing Office, 1906），第5页，文本可从下面网址

获取：https：//archive. org/details/influenceoffoodp84wile_ 0。

135. “产生令人沮丧的有害影响”： 参见 Wiley, *Influence of Food Preservatives*, 第8页。对威利结论的批判性反驳发表在行业杂志 *American Food Journal* 上，标题为 “Salicylic Acid and Health,” November 1906, 第6~15页。

第八章 《丛林》

137. 他在1906年初给《华盛顿明星报》写到： 参见 Harvey Wiley to the *Washington Star*, January 30, 1906, Harvey Washington Wiley Papers, Library of Congress, box 60。

138. 《人人杂志》： 参见 Harvey Wiley to *Everybody's Magazine*, February 12, 1906, Wiley Papers, box 60。

138. 我注意到： 参见 Arthur H. Bailey to Harvey Wiley, February 26, 1906, Wiley Papers, box 60。

139. “正对您展开卑劣的攻击”： 参见 H. C. Adams (27th district, Wisconsin) to Harvey Wiley, February 5, 1906, Wiley Papers, box 60; Harvey Wiley to H. C. Adams, February 12, 1906, Wiley Papers, box 60。

139. 2月末，威利： 参见 Harvey Washington Wiley, *An Autobiography* (Indianapolis: Bobbs-Merrill, 1930), 第212~215页。

141. “从报纸上我们注意到”： 参见 F. H. Madden (director, Reid, Murdoch & Co., Chicago) to Harvey Wiley, February 12, 1906, Wiley Papers, box 60。

141. “您的坚韧不拔”： 参见 J. E. Blackburn（National Bond and Securities Company）to Harvey Wiley，March 5，1906，Wiley Papers，box 60。

141. “美国医学会”的查尔斯·里德： 参见 Charles Reed to Harvey Wiley，March 6，1906，Wiley Papers，box 60。

141. 在 3 月初： 参见 Anthony Arthur，*Radical Innocent*：*Upton Sinclair*（New York：Random House，2006），第 43～85 页。

142. “并不介意”： 参见 Arthur，*Radical Innocent*，第 71 页。

143. “世界各地正在发生的事情”： 参见 George Bernard Shaw，*John Bull's Other Island*（New York：Brentano's，1910），第 179 页。

143. 深怀敌意的《芝加哥论坛报》： 参见 Arthur，*Radical Innocent*，第 57 页。

143. “我瞄准了公众的心”： 参见 Eric Schlosser，*Chicago Tribune*，“ ‘I Aimed for the Public's Heart，and…… Hit It in the Stomach，’ ” May 21，2006，全文获取网址如下：http：//articles. chicagotribune. com/2006 - 05 - 21/features/0605210414_1_ upton - sinclair - trust - free。

143. “发现了提迪正与”： 参见 Mark Sullivan，*Our Times*，vol. 2（1927；重印，New York：Charles Scribner and Sons，1971），第 535 页。

144. 这一问题使威尔逊陷入： 参见 Sullivan，*Our Times*，第 547 页。该冲突参见该书第 536～551 页的内容。相关记述还可参见 Doris Kearns Goodwin，*The Bully Pulpit*：*Theodore Roosevelt*，*William Howard Taft and the Golden Age of Journalism*

（New York：Simon & Schuster，2013），第 459 ~ 465 页；以及 Michael Lesy 和 Lisa Stoffer，*Repast*：*Dining Out at the Dawn of the New American Century 1900 – 1904*（New York：W. W. Norton，2013），第 37 ~ 61 页。

145. “忽视了世界上同时”：参见 Theodore Roosevelt，“The Man with the Muck-rake，”该演讲于 1906 年 4 月 14 日做出，文本可从下列网址获取：www. americanrhetoric. com/speeches/teddyrooseveltmuckrake. htm。

145. 总统的攻击：参见 David Graham Phillips，*The Treason of the Senate*，ed. George E. Mowry and Judson A. Grenier（Chicago：Quadrangle Books，1964），第 9 ~ 46 页。

146. “拿着粪耙的人”：参见 Roosevelt，“Man with the Muck-rake”。

146. “真的，辛克莱先生”：参见 Maureen Ogle，*In Meat We Trust*：*An Unexpected History of Carnivore America*（Boston：Houghton Mifflin，2013），第 78 页。

146. “叫辛克莱回家”：参见 Gary Younge，“Blood，Sweat and Fears，”*Guardian*，August 4，2006，文本网址如下：www. theguardian. com/books/2006/aug/05/featuresreviews. guardianreview24。

146. “许多食品准备间”：参见“Conditions in Stockyard Described in the Neill-Reynolds Report，”*Chicago Tribune*，June 5，1906，第 1 页。

148. “干净卫生”：参见“Conditions in Stockyard Described”。

148. “假如是由智力中等的人所组成的委员会”：参见“Discuss New Meat Bill，”*Chicago Tribune*，June 4，1906，第 4 页。

148. “很抱歉，我不得不说”： 参见 Sullivan, *Our Times*, 第 548 页。

149. “在阿默尔自己的企业里”： 参见 Lesy and Stoffer, *Repast*, 第 54 页。

149. 他在 6 月初： 参见 David Moss 和 Marc Campasano, “*The Jungle* and the Debate over Federal Meat Inspection in 1906,” Harvard Business School case no. N9 - 716 - 045, February 10, 2016, 全文网址如下：https://advancedleadership.harvard.edu/files/ali/files/the_jungle_and_the_debate_over_federal_meat_inspection_in_1906_716045.pdf。

149. “罗斯福对芝加哥的加工商们怀有强烈的个人敌意”： 参见 Lesy and Stoffer, *Repast*, 第 57 页。

150. “借着《肉类检查修正案》的势头”： 参见 Sullivan, *Our Times*, 第 552 页。

150. 仍然有人认为： 参见 Phillips, *Treason of the Senate*, 第 204 ~ 207 页。

151. 罗斯福的秘书回答说： 参见 William Loeb Jr. to Thomas Ship (clerk, Committee on Territories, U. S. Senate), July 12, 1906, Wiley Papers, box 60。

151. 罗斯福有不同的看法： 参见 Daniel Ruddy, ed., *Theodore Roosevelt's History of the United States (in His Own Words)* (New York: Smithsonian Books, 2010), 第 211 ~ 212 页；Oscar E. Anderson Jr., *The Health of a Nation: Harvey W. Wiley and the Fight for Pure Food* (Chicago: University of Chicago Press, 1958), 第 190 页。

第九章 毒物托拉斯

155. “若一位将军赢得了战役并结束了争端，他感觉如何呢？”：参见 Harvey Washington Wiley, *An Autobiography* (Indianapolis: Bobbs-Merrill, 1930)，第231页。

155. “我一直想给您写信”：参见 L. D. Waterman, MD, to Harvey Wiley, March 15, 1906, Harvey Washington Wiley Papers, Library of Congress, Manuscript Division, box 60。

155. “你正高兴着吧？”：参见 James Shepard to Harvey Wiley, April 27, 1906, Wiley Papers, box 60。

156. 7月24日，威尔逊：参见 Memo, James Wilson to Harvey Wiley, July 24, 1906, Wiley Papers, box 60。

156. “并不如我们所想的那么完美”：参见 Oscar E. Anderson Jr., *The Health of a Nation: Harvey W. Wiley and the Fight for Pure Food* (Chicago: University of Chicago Press, 1958)，第228页。

156. 该法律至少包含了一条定义：参见《1906年美国联邦食品药品法》（美国食品药品监督管理局网站上特别将之注明为“威利法”）公法编号59-384, 34 stat, 786 (1906)，网址如下：www.fda.gov/regulatoryinformation/lawsenforcedbyfda/ucm148690.htm；以及 Robert McD. Allen, "Pure Food Legislation," *Popular Science Monthly* 29 (July 1906)：第1~14页。

157. “没有一个权威”：参见 Anderson, *Health of a*

Nation，第 198 页。

157. “任何部门都无法公正不倚地执行食品法”： 参见 Anderson，*Health of a Nation*，第 198 页。

158. “17 年来”： 参见 David Graham Phillips，*The Treason of the Senate*，eds. George E. Mowry and Judson A. Grenier (Chicago：Quadrangle Books，1964)，第 204～206 页。

159. “自然，只要有争论发生”： 参见 Wiley，*An Autobiography*，第 223 页。

159. “食品一词并未包括”： 参见 Warwick Hough to James Wilson，November 26，1906，Wiley Papers，box 60。

160. “歧视某个等级或类别的威士忌”： 参见 Warwick Hough to James Wilson，December 3，1906，Wiley Papers，box 60。

160. 他告诉霍夫： 参见 James Wilson to Warwick Hough，December 22，1906，Wiley Papers，box 60。

160. “既然您反对我写信”： 参见 Warwick Hough to James Wilson，December 23，1906，Wiley Papers，box 60。

160. 12 月中旬在： 参见 Harvey Wiley，lecture at the Atlas Club，Chicago，December 14，1906，Wiley Papers，box 60。

160. 1907 年，化学局： 参见 Harvey W. Wiley，*Influence of Food Preservatives and Artificial Colors on Digestion and Health*，vol. 3，*Sulphurous Acid and Sulphites* (Washington，DC：Government Printing Office，1907)，参见如下网址：https：//archive. org/details/preservafood00wilerich。

161. “显微镜检查”： 参见 Wiley，*Influence of Food Preservatives*，第iii页。

161. “亚硫酸与健康的关系”：参见 Wiley, *Influence of Food Preservatives*, 第761～766页。

162. “完全并快速制止”：参见 Wiley, *Influence of Food Preservatives*, 第761～766页。

162. “食物中放入亚硫酸和亚硫酸盐”：参见 Wiley, *Influence of Food Preservatives*, 第761～766页。

163. 1907年1月：詹姆斯·陶尼限制食品管制的策略和纯净食品倡导者的反应参见 Anderson, *Health of a Nation*, 第200～218页；以及 Laurine Swainston Goodwin, *The Pure Food, Drink and Drug Crusaders, 1879 – 1914* (Jefferson, NC: McFarland, 1999), 第275～277页。

163. “削弱《纯净食品药品法》的管理效能”：参见 Alice Lakey to Harvey Wiley, February 14, 1907, Wiley Papers, box 63。

164. “这一阴谋败落了”：参见 Goodwin, *Pure Food, Drink and Drug Crusaders*, 第276页。

164. 托尼修正案的另一个反对者：参见 Samuel Merwin, “The People's Lobby,” *Success Magazine* 10 (January 1907): 第17～18页; People's Lobby to Harvey Wiley, December 13, 1906, Wiley Papers, box 60。

164. “如果有人要在国会捣乱”：参见“A People's Lobby to Watch,” *New York Times*, September 18, 1906, 第6页。

165. “威尔逊部长完全”：参见 Robert Allen to Henry Needham, March 3, 1907, Wiley Papers box 63。

165. 艾伦本人成功地：参见 Anderson, *Health of a Nation*, 第211～212页。

165. “我无条件地把坎贝尔推荐给您”：参见 Robert Allen to Harvey Wiley, May 14, 1907, Wiley Papers, box 63。

165. 然而艾伦对威尔逊的疑虑：参见 Robert Allen to Henry Needham, April 20, 1907, Wiley Papers, box 63。

166. 不断激化的矛盾：参见 Harvey Washington Wiley, “1908 Report of the Bureau of Chemistry (from June 1907 to June 1908),” Bureau of Chemistry, U. S. Department of Agriculture, September 14, 1908, Washington, DC。

166. 新法生效后不到一个月：参见 Harvey Young, *Pure Food* (Princeton, NJ: Princeton University Press, 1989), 第 206 ~ 218 页。

166. “不纯就是”：参见 Anderson, *Health of a Nation*, 第 202 页。

167. 在写给威尔逊的一封信中：参见 Warwick Hough to James Wilson, October 4, 1906, Wiley Papers, box 60。

168. 在 3 月 30 日写给罗伯特·艾伦的一封信中：参见 Harvey Wiley to Robert Allen, March 30, 1907, Wiley Papers, box 63; Wiley, *An Autobiography*, 第 257 ~ 259 页。

168. 但就内部权术而言：参见 Young, *Pure Food*, 第 206 ~ 218; H. Parker Willis, “What Whiskey Is,” *McClure's*, April 1910, 第 687 ~ 699 页; Mark Sullivan, *Our Times*, vol. 2 (1927; 重印 New York: Charles Scribner and Sons, 1971), 第 509 ~ 510 页。

168. 看了成堆有关威士忌酒的文件后：参见 William Wheeler Thomas, *The Law of Pure Food and Drugs* (Cincinnati: W. H. Anderson, 1912), 第 450 ~ 455 页; Clayton Coppin and

Jack High, *The Politics of Purity: Harvey Washington Wiley and the Origins of Federal Food Policy* (Ann Arbor: University of Michigan Press, 1999)，第 100 ~ 110 页。

169. 1907 年 4 月 10 日：参见 Theodore Roosevelt to James Wilson, April 10, 1907, Wiley Papers, box 63。

169. "我写信来祝贺你"：参见 James Hurty to Harvey Wiley, April 18, 1907, Wiley Papers, box 63。

169. "让我祝贺您的胜利"：参见 M. A. Scovell to Harvey Wiley, April 20, 1907, Wiley Papers, box 63。

170. 他需要一个"头脑冷静的人"，他说：参见 Anderson, *Health of a Nation*，第 204 页。

170. 似乎要着重：参见 James Wilson to George McCabe, March 23, 1907, Wiley Papers, box 63。

170. "我觉得把"：参见 Wilson to McCabe, March 23, 1907。

170. 威尔逊还告诉总统：参见 Wiley, *An Autobiography*，第 237 ~ 39 页；以及 memo, James Wilson to Harvey Wiley, April 24, 1907, Wiley Papers, box 63。

171. "走进我的办公室"：参见 Wiley, *An Autobiography*，第 238 页。

172. "是公平与否的问题"：参见 James Wilson to Harvey Wiley, memo, April 24, 1907, Wiley Papers, box 63。

172. "剥夺该局依（食品）法所拥有的一切"：参见 Wiley, *An Autobiography*，第 239 页。

172. 6 月 19 日，威尔逊：参见 Department of State to James

Wilson, June 8, 1907, Wiley Papers, box 63。

172. “没过多久”：参见 Wiley, *An Autobiography*, 第 319 页。

173. 然而，在访法期间：威利离开一周后，邓拉普开始接手他的工作。化学局代理局长威拉德·比格洛竭力阻止此事发生，最终坚持与威尔逊部长会面。比格洛还发现自己要与乔治·麦凯布角力，因为这个律师正试图破坏食品安全的执法活动。1907 年 7 月 26 日，当首席化学家还在法国的时候，比格洛写信给威利，警告他说，部门的立场正转为支持商业。这些行动参见：1907 年 6 月 27 日邓拉普给比格洛的一份备忘录，其中要求授权他处理局内所有信函；同一天，比格洛在回复中断然拒绝；1907 年 6 月 29 日比格洛给威利的警告信；1907 年 7 月 1 日威尔逊给比格洛的一份再次确认的备忘录；1907 年 7 月 26 日，比格洛给威利的一封信（上文引用了）。所有这些都参见 Wiley Papers, box 63。

173. 人称“食品检验决策（简称 FID）76”：参见 Anderson, *Health of a Nation*, 第 206 ~ 207 页。

175. “电报开始纷纷向我涌来”：参见 “Question of Sulfur in Dried Fruit at Rest for the Present,” letter from James Wilson, *California Fruit Grower*, March 21, 1908, 第 1 页。

175. “在听这些循规守矩的人”：参见 *Pacific Rural Press*, August 17, 1907, 第 1 页；Suzanne Rebecca White, “Chemistry and Controversy: Regulating the Use of Chemicals in Foods”（博士论文, Emory University, 1994）, 第 57 页。

175. 威尔逊提醒威利：参见 Memo, James Wilson to Harvey Wiley, August 24, 1907, Wiley Papers, box 63。

176. 毫不奇怪：参见 Harvey Wiley, "What Pure Food Laws Are Doing for Our People," speech at Vernon Avenue Christian Church, Washington, DC, September 5, 1907，文字版可从 Wiley Papers, box 63 中查阅。

第十章　番茄酱和玉米糖浆

177. 番茄酱是最为常见的：参见 Jasmine Wiggins, "How Was Ketchup Invented?" *The Plate* (blog), *National Geographic*, April 21, 2014，网址如下：http://theplate.nationalgeographic.com/2014/04/21/how-was-ketchup-invented/；以及 Dan Jurafsky, "The Cosmopolitan Condiment," *Slate*, May 30, 2012, www.slate.com/articles/life/food/2012/05/ketchup_s_chinese_origins_how_it_evolved_from_fish_sauce_to_today_s_tomato_condiment.html。

177. "把黄花鱼、鲨鱼"：参见 John Brownlee, "How 500 Years of Weird Condiment History Designed the Heinz Ketchup Bottle," *Co. Design*, December 21, 2013，网址如下：www.fastcodesign.com/1673352/how-500-years-of-weird-condiment-history-designed-the-heinz-ketchup-bottle。

179. 苯甲酸钠是：参见 James Harvey Young, "The Science and Morals of Metabolism: Catsup and Benzoate of Soda," *Journal of the History of Medicine and Allied Sciences* 23, no. 1 (January 1968)：第86～104页；Floyd Robinson, "Antiseptics in Tomato Catsup," *American Food Journal*, August 1907，第39～41页。

179. 印第安纳州的“哥伦比亚果酱公司”：参见 Harvey Washington Wiley, *An Autobiography* (Indianapolis: Bobbs-Merrill, 1930), 第 234 ~ 236 页。

179. 海因茨和威利同龄：参见 Anna Slivka, “H. J. Heinz: Concerned Citizen or Clever Capitalist?” no date, The Ellis School, www. theellisschool. org/page/default? pk = 29093。

181. 在《纯净食品药品法》开始生效时：参见 Heinz Co. Food Products to Harvey Wiley, May 7, 1907, Harvey Washington Wiley Papers, Library of Congress, Manuscript Division, box 63。

181. 由于成本低廉：参见 “Saccharin from Coal Tar,” *New York Times*, February 16, 1897, 第 3 页; Jesse Hicks, “The Pursuit of Sweet,” *Distillations*, Spring 2010, www. chemheritage. org/distillations/magazine/the – pursuit – of – sweet。

182. “全美食品制造商协会”：代表食品制造商们的 *American Food Journal* 中的 “Benzoate of Soda in Food Products,” (1908 年 1 月 15 日第 7 ~ 9 页) 一文概述了业界的愤怒，其中威利被描述为“完全不考虑所涉及的经济利益”的人。其与罗斯福的会面已被广泛报道，参见 Young, “Science and Morals of Metabolism,” 第 89 ~ 92 页；以及 Harvey Washington Wiley, *The History of a Crime Against the Food Law* (Washington, DC: self-published, 1929), 第 160 ~ 168 页。

182. “除非否决化学局的结论，不然根本避免不了这场灾难”：威利在其自传中详细描述了与总统会面的细节，充满了懊恼之情，参见 *An Autobiography*, 第 239 ~ 241 页。

183. “为了健康起见”：参见 Harvey W. Wiley, *Influence*

of Food Preservatives and Artificial Colors on Digestion and Health: *Benzoic Acids and Benzoates* (Washington, DC: Government Printing Office, 1908)。

183. "听到这里"：参见 Wiley, *An Autobiography*, 第239~241页。

183. "节省了4000美元"：参见 Wiley, *An Autobiography*, 第239~241页。

184. "每个吃甜玉米的人"：该引述及其随后的讨论参见 Wiley, *An Autobiography*, 第240~243页。

185. 第二天，罗斯福宣布：参见 Wiley, *An Autobiography*, 第242~243页；James C. Whorton, *Before Silent Spring*: *Pesticides and Public Health in Pre-DDT America* (Princeton, NJ: Princeton University Press, 1974), 第105~110页。

185. "根据针对委员的相关共识"：参见 Wiley, *History of a Crime Against the Food Law*, 第160~165页。

185. 威利手下的化学家们一直奋斗在：参见 Harvey Wiley to Charles Bonaparte, October 3, 1907, Wiley Papers, box 63；及 Harvey Wiley to James Wilson, October 7, 1907, Wiley Papers, box 63；Charles Bonaparte to Warwick Hough, October 21, 1907, Wiley Papers, box 63；以及 summary of Wilson's memo to Bonaparte, October 25, 1907, Wiley Papers, box 63。

186. 然而，威利还有：参见 "Effect of the Food Law on the Glucose Interests," *American Food Journal*, December 1906, 第10页；以及 Anthony Gaughan and Peter Barton Hutt, "Harvey Wiley, Theodore Roosevelt, and the Federal Regulation of Food and

Drugs"（third-year paper, Harvard Law School, Winter 2004），参见如下网址：https：//dash. harvard. edu/bitstream/handle/1/8852144/Gaughan. html? sequence = 2。

186. 众所周知，贝德福德曾尝试过：参见 E. T. Bedford to James Wilson, December 16, 1907, Wiley Papers, box 63; memo, James Wilson to Harvey Wiley, December 20, 1907, Wiley Papers, box 63; Harvey Wiley to William Frear, December 27, 1907, Wiley Papers, box 63。

186. 后者听起来很像"胶水"：参见 E. T. Bedford to Frederick Dunlap, January 9, 1908, Wiley Papers, box 65。

187. "你肯定得让制造商们把"：参见 Oscar E. Anderson Jr. , *The Health of a Nation*：*Harvey W. Wiley and the Fight for Pure Food*（Chicago：University of Chicago Press, 1958），第 205 ~ 206 页。

187. 当一些法国罐头公司想绕过新标：参见 Anderson, *Health of a Nation*, 第 207 ~ 208 页。

187. 对此，罗斯福建议威尔逊将有关铜盐的问题提交：参见 Whorton, *Before Silent Spring*, 第 107 ~ 109 页。

188. "总统立即写信给威尔逊"：参见 Theodore Roosevelt to Harvey Wilson, July 30, 1908, Wiley Papers, box 64。

188. 与此同时，除主席伊拉·雷姆森以外，罗斯福与：参见 Charity Dye, *Some Torch Bearers in Indiana*（Indianapolis：Hellenbeck Press, 1917），第 210 ~ 215 页，引述了威利的说法，"该委员会由罗斯福总统创立，直接违反了《纯净食品药品法》"；及 Samuel F. Hopkins, "What Has Become of Our Pure

Food Law?" *Hampton's Magazine* 24, no. 1 (January 1910)：第232～242页；"The Referee Board," Expenditures in the U. S. Department of Agriculture, Report No. 249 (Moss Hearings), 62nd Cong., Government Printing Office, Washington, DC, January 22, 1912, 第2～17页；"The United States Referee Board: How It Came to Be Appointed," *American Food Journal* 6, no. 9 (September 15, 1911)：第48～50页。

189. "淀粉制的浓糖溶液"： 参见E. T. Bedford to James Wilson, December 19, 1907, Wiley Papers, box 63。

189. 不过大体上看，威利与许多科学界同行的关系也开始恶化： 参见 *Proceedings of the American Chemical Society*, Easton, Pennsylvania, 1907, 第83页。

189. "那些带头打这样一场荒唐战役的人"： 参见Harvey Wiley to C. A. Brown, New York Sugar Trade Laboratory, November 20, 1907, Wiley Papers, box 63。

190. "成立该委员会并选取亲善食品行业的人担当其成员"： 参见Wiley, *History of a Crime Against the Food Law*, 第160页。

190. "然而，'雷姆森委员会'"： 参见"Getting Results in the Fight for Pure Food," *New York Times*, May 10, 1908, 第33页。

190. 《纽约时报》与威利在纯净食品战线上的同盟军： 比如布鲁克林药剂师Thomas McElhenie于1908年1月25日写给罗斯福的这封信："食品制造商为了一己私利在围堵您，他们希望您任命一个化学家委员会，作为威利博士办公室的上级……我希望他们不会占上风。就像在使用猎枪打猎时，其他鸟类肯定会被击中，就让它们拼命扇动翅膀飞吧……《纯净食品药品法》是一部正确的法律，因此应让它持续生效。”

第十一章 找尽借口

191. “化学防腐剂和人造色素的使用”：参见 Harvey Wiley，“Influence of Preservatives and Other Substances Added to Foods upon Health and Metabolism”（1908 年 4 月 25 日，费城，美国哲学学会年度会议，讲座），Harvey Washington Wiley Papers，Library of Congress，Manuscript Division，box 190。

192. 苯甲酸钠试验：参见 Harvey W. Wiley，*Influence of Food Preservatives and Artificial Colors on Digestion and Health; Benzoic Acids and Benzoates*（Washington，DC：Government Printing Office，1908）。雷姆森委员会的报告，“The Influence of Sodium Benzoate on the Nutrition and Health of Man”，其原始版本于 1908 年夏季发布，而最终在 1909 年由美国农业部通过华盛顿特区政府印刷办公室印制出版。毫不令人意外的是，在威利发现会引发健康问题的地方，该委员会却发现没有问题。

192. 在 1907 年间：威利在其自己出版的书籍 *The History of a Crime Against the Food Law*（Washington，DC，1929），第 62 ~ 64 中，名为“Data Refused Publication”的章节中列出了威尔逊禁止的出版物。

193. 1908 年 8 月：参见“Report of the Proceedings of the Twelfth Annual Convention of the Association of State and National Food and Dairy Departments,” *American Food Journal* 3，no. 8

(August 15, 1908)：第 1～12 页；Ronak Desai, "James Wilson, Harvey Wiley, and the Bureau of Chemistry: Examining the 'Political' Dimensions of the Administration and Enforcement of the Pure Food and Drugs Act 1906－1912"（学生论文，Harvard Law School, May 2011），具体网址如下：https://dash.harvard.edu/handle/1/8592146。

194. "在本次大会上涌现"：参见 "Food and Drug Disagreements Become Public," *New York Times*, August 5, 1908，第 7 页。

195. "酷暑严寒四季变化中"：参见 "Report of the Proceedings of the Twelfth Annual Convention," 第 8 页。

195. "无论何时，为了降价而降低食物品质"：参见 "Report of the Proceedings of the Twelfth Annual Convention," 第 10 页。

195. "决议：本协会深信"：参见 "Report of the Proceedings of the Twelfth Annual Convention," 第 11～12 页。

196. "那些在麦基诺围观事态发展的人"：参见 Desai, "James Wilson, Harvey Wiley, and the Bureau of Chemistry"。

197. 此次"厚颜无耻的攻击"：参见 Clayton Coppin and Jack High, *The Politics of Purity: Harvey Washington Wiley and the Origins of Federal Food Policy*（Ann Arbor: University of Michigan Press, 1999），第 123～126 页。

197. "陶氏对威利博士的批评'毫不留情'"：参见 Suzanne Rebecca White, "Chemistry and Controversy: Regulating the Use of Chemicals in Foods, 1883－1959"（博士论文，Emory

University, 1994), 第108~110页。

197. 雪白的烘焙食品: 参见 White, "Chemistry and Controversy," 第112~134页。

198. 爱德温·拉德是北达科他州的食品专员: 参见 E. F. Ladd 和 R. E. Stallings, *Bleaching of Flour*, bulletin 72 (Fargo, ND: Government Agricultural Experiment Station of North Dakota, November 1906), 第219~235页; 以及 James Shepard, "Nitrous Acid as an Antiseptic," *Monthly Bulletin of the Pennsylvania Department of Agriculture* 10 (November 1919): 第4~12页。Shepard 在本文中将亚硝酸描述为一种"危险的"添加剂。

198. 威利的化学局: 参见 Aaron Bobrow-Strain, *White Bread: A Social History of the StoreBought Loaf* (Boston: Beacon Press, 2012), 第51~72页。

198. "我们的实验结果可总结为": 参见 *Annual Reports of the Department of Agriculture, Bureau of Chemistry* (Washington, DC: Government Printing Office, 1908), 第402~408页。

198. 威尔逊表示自己至少愿意考虑: 参见 "Hearings of the Food and Drug Inspection Board," Preliminary Hearing #155, September 1908, National Archives, U. S. Food and Drug Administration, boxes 3 and 4。

199. "漂白面粉注定要鸡飞蛋打": 参见 Harvey Wiley to H. E. Barnard (Indiana food and drug commissioner), May 5, 1909, Wiley Papers, box 71。

199. 然而,从决议中的一些详情却可以看出: 参见

White, "Chemistry and Controversy," 第125~127页。

199~200. "威尔逊部长和威利博士再次发生争执"： 参见 "Food Inspection Decision 100: Bleached Flour," *American Food Journal* 4, no. 1 (January 15, 1909)：第26页。

200. 坊间传言四起： 参见 Michigan Dairy and Food Department to Theodore Roosevelt, October 22, 1908, Wiley Papers, box 65。大会果然十分戏剧化，这些事件及其影响参见：Clayton Coppin and Jack High, *The Politics of Purity: Harvey Washington Wiley and the Origins of Federal Food Policy* (University of Michigan Press, 1999), 第125~127页；Andrew E. Smith, *Pure Ketchup: A History of America's National Condiment* (University of South Carolina Press, 2011), 第77~118页，在题为"苯甲酸盐战争"（The Benzoate Wars）这一绝佳章节中，不仅涵盖了大会，还涵盖了威利、"雷姆森委员会"、亨氏和其他制造商之间扣人心弦的斗争；还可参见 Ronak Desai, "James Wilson, Harvey Wiley, and the Bureau of Chemistry: Examining the 'Political' Dimensions of the Administration and Enforcement of the Pure Food and Drugs Act, 1906-1912"（学生论文，Harvard Law School, May 2011），可从以下网址获取：https://dash.harvard.edu/bitstream/handle/1/8592146/Desai%2C%20Ronak.pdf?sequence=1；以及 Oscar E. Anderson Jr., The Health of a Nation: Harvey W. Wiley and the Fight for Pure Food (Chicago: University of Chicago Press, 1958), 第230~231页。

201. 从新闻报道可以清楚地看出： 引用的所有报纸都来自剪报文件，参见 Wiley Papers, box 229, folder 1908。

201. 人心惶惶的公众战线一致：参见 James Harvey Young, “Two Hoosiers and the Food Laws of 1906,” *Indiana Magazine of History* 88, no. 4 (1992): 303 – 319。

202. 同年 12 月：参见 Harvey W. Wiley, *The Influence of Preservatives and Artificial Colors on Digestion and Health*, vol. 5, *Formaldehyde* (Washington, DC: Government Printing Office, 1908), 网址如下：https://archive.org/details/influenceoffoodp84wile_3。

202. “剧毒品”：参见 Wiley, *Influence of Preservatives and Artificial Colors*, 第 30 页。

202. 威利还可以感到欣慰的是：参见 Anderson, *Health of a Nation*, 第 234 ~ 235 页。

203. 几年来，全国各地的杂志和报纸：参见 “Booming the Borax Business,” *Journal of the American Medical As sociation* 49, no. 14 (October 5, 1907): 1191 – 1192; “Preservatives and Press Agents,” *Journal of the American Medical Association* 303, no. 1 (January 6, 2010): 第 81 页 (1910 年 1 月 1 日重印，文章)。

205. 威利及其盟友们都毫不惊讶：参见 James C. Whorton, *Before Silent Spring: Pesticides and Public Health in Pre DDT America* (Princeton, NJ: Princeton University Press, 1974), 第 106 ~ 108 页。

205. “你会发现它怎么读都可以”：James Harvey Young, “The Science and Morals of Metabolism,” *Journal of the History of Medicine and Allied Sciences* 23, no. 1 (January 1968): 第 97 页。

205. “这是一定生理过程中的细微变化”：参见 U. S. Department of Agriculture, Referee Board of Consulting Experts, *The*

Influence of Sodium Benzoate on the Nutrition and Health of Man (Washington, DC: Government Printing Office, 1909), 第9~13页。

205. “新英格兰炎热干燥”：参见 U. S. Department of Agriculture, *Influence of Sodium Benzoate*, 第88~90页。

205. 防腐剂制造商宣称：参见 Smith, *Pure Ketchup*, 第97~103页。

205. “又开启了新一轮‘高层大战’”：参见 Young, “Science and Morals of Metabolism,” 第100页。

206. “委员会得出的决定中”：参见 E. E. Smith, MD, “Benzoate of Soda in Foods,” *Journal of the American Medical Association* 52, no. 11 (March 13, 1909): 第905页。

206. “如果你能看到大量的”：参见 Anderson, *Health of a Nation*, 第218页。

206. 然而，威尔逊对这种政治闹剧不以为然：参见 *Literary Digest* 38 (March 20, 1909): 463~464页；以及 J. F. Snell, “Chemistry in Its Relation to Food,” *Journal of the Chemical Industry* 28 (January 30, 1909): 第52~53页。

207. 威利再次考虑辞职：参见 Harvey Washington Wiley, *An Autobiography* (Indianapolis: Bobbs Merrill, 1930), 第241~243页。

第十二章　威士忌与苏打水

208. “我希望给予威利博士理应享有的合理而公正的支持”：参见 Oscar E. Anderson Jr., *The Health of a Nation: Harvey*

W. Wiley and the Fight for Pure Food (Chicago: University of Chicago Press, 1958), 第 224 页。

208. 但实际上作为现任总统: 参见 Nicholas Lemann, "Progress's Pilgrims: Doris Kearns Goodwin on T. R. and Taft," *New Yorker*, November 18, 2013, www. newyorker. com/magazine/2013/11/18/progresss - pilgrims; Doris Kearns Goodwin, *The Bully Pulpit: Theodore Roosevelt, William Howard Taft and the Golden Age of Journalism* (New York: Simon & Schuster, 2013), 第 605 ~621 页。

209. 罗斯福曾试图悄悄地安抚那些愤怒的酒类批发商: 参见 H. Parker Willis, "What Whiskey Is," *McClure's*, April 1910, 第 687 ~699 页。

209. "不能否认'威士忌'这一术语": 参见 Willis, "What Whiskey Is," 第 696 页。

210. 作为对协会的回应,塔夫脱: 参见 James Files, "Hiram Walker and Sons and the Pure Food and Drug Act" (硕士论文, University of Windsor, 1986), 第 84 ~89 页。

210. "令人容易回想起一家德国酒吧": 参见 Willis, "What Whiskey Is," 第 697 页。

210. "铁证凿凿": 参见 Willis, "What Whiskey Is," 第 693 ~695 页。

210. 五月底,鲍尔斯: 参见 Harvey Washington Wiley, *An Autobiography* (Indianapolis: Bobbs-Merrill, 1930), 第 257 ~259 页; 以及备忘录, Harvey Wiley to Frederick Dunlap, October 2, 1909, Harvey Washington Wiley Papers, Library of Congress,

Manuscript Division, box 71（“对于霍夫先生致美国国税局局长的信，我的看法是霍夫先生将尽一切努力保护制假者和精馏酒掺假者们免受法律制裁。”）。

211. “通过添加‘药物、香料油和色素’”： 参见 Willis, “What Whiskey Is,” 第698页。

211. 塔夫脱还不动声色地审核了： 塔夫脱对“雷姆森委员会”合法性的调查以及对调查结果的封锁这一背景信息，来自1911年8月美国印第安纳州参议员拉尔夫·莫斯在国会听证会上的证词。对该听证会的全部报道参见美国参议院的一份报告，“The Referee Board,” Expenditures in the U.S. Department of Agriculture, Report No. 249（Moss Hearings），62nd Cong.，Government Printing Office，Washington，DC，January 22，1912。

211. “我认为农业部部长未经法律”： 参见“The Remsen Board's Opinion,” *New York Times*, August 6, 1911, 第8页。

212. “我认为‘3个月规则’既”： 参见 Harvey Wiley to George McCabe and Frederick Dunlap, memo, July 2, 1909, Wiley Papers, box 71。

212. “荒谬的建议”： 参见 George McCabe to Harvey Wiley and Frederick Dunlap, 备忘录, July 6, 1909, Wiley Papers, box 71。

212. 他们之间的许多分歧都集中在一个问题上： 到了1909年秋天，威利、邓拉普和麦凯布之间的部门内部战争还未终止，至少从国会图书馆的备忘录来看是这样的。威利也从最初的愤怒变成了最终的辞职。两个例子：1909年10月30日，邓拉普驳斥了威利认为磷酸会影响健康的担忧，并要求后者提供证据。1909年11月9日，威利开始回应，“我没有时间去搜集证据来说服你这些物品对健康有害。因为这是一项艰巨的任务。” 1909 年 12 月 21 日，威利写信给邓拉普，“很遗憾，我没有时间来阐述全部理由，这些理由令我认为，就在食品中添加一种非食品且无营养的物质而言，不需要在依法排除它之前证明其绝对有害。” 参见 Wiley Papers，box 71。

213. “如果说醋酸钠是一种矿物质”： 参见 Frederick Dunlap to Harvey Wiley，备忘录，July 15，1909，Wiley Papers，box 71。

213. “我没有时间去探究”： 参见 Harvey Wiley to Frederick Dunlap，memo，August 2，1909，Wiley Papers，box 71。

213. 在另一场争论中： 参见 C. D. Regier，“The Struggle for Federal Food and Drug Regulation，” *Law and Contemporary Problems* 1 (1933)：第 11 ~ 12 页。

214. 与此同时，围绕着苯甲酸钠的争论并未平息： 参见 Andrew E. Smith，*Pure Ketchup：A History of America's National Condiment* (Columbia：University of South Carolina Press，2011)，第 105 ~ 113 页；Samuel F. Hopkins，“What Has Become of Our Pure Food Law?” *Hampton's Magazine* 24，no. 1 (January 1910)：第 232 ~ 242 页。

214. 预计到该听证会： 参见 Anderson，*Health of a Nation*，第 228 ~ 232 页。

215. 可是，联邦政府的专家们之间： 参见 “Injunction Granted in Favor of Benzoate of Soda，” *American Food Journal* 4，no. 4 (April 15，1909)：第 15 ~ 16 页；法律裁决的记录中概述了该决定，参见 *Curtice Brothers v. Harry E. Barnard et al.*，

United States Circuit Court of Appeals, 4: 2987 - 3043, National Archives Great Lakes Region, Chicago。

215. “显然，任何化学药品”： 参见 William Williams Keen, “The New Pure Food Catsup,” *National Food Magazine* 28, no. 1 (July 1910): 第 108 ~ 109 页。

216. 威尔逊知道，去年那些在： 参见 Smith, *Pure Ketchup*, 第 105 ~ 113 页; Clayton Coppin 和 Jack High, *The Politics of Purity: Harvey Washington Wiley and the Origins of Federal Food Policy* (Ann Arbor: University of Michigan Press, 1999), 第 128 ~ 132 页。

218. 就在几周前： 参见 Suzanne Rebecca White, “Chemistry and Controversy: Regulating the Use of Chemicals in Foods, 1883 - 1959” (博士论文, Emory University, 1994), 第 127 ~ 134 页。

216. “我坚决不同意”： 参见 “Bleached Flour Men Try to Get Wilson Reversed,” *American Food Journal* 4, no. 3 (March 15, 1909): 第 25 页。

216. “司法解释只能出自法院”： 参见 Anderson, *Health of a Nation*, 第 220 ~ 222 页。

217. 尽管出于法律目的同意： 参见 Anderson, *Health of a Nation*, 第 220 ~ 222 页。

217. 他施展手段拦阻了一份化学局出具的报告： 参见 Suppressed documents are listed in Harvey W. Wiley, *The History of a Crime Against the Food Law* (Washington, DC: self-published, 1929), 第 62 ~ 64 页。

217. “但是很遗憾，我不得不”： 参见 Harvey Wiley to R.

U. Johnson, September 13, 1909, Wiley Papers, box 71。

217. “农业部部长詹姆斯·威尔逊先生”：参见 “Pure Food Feud Nearing a Climax,” *Chicago Tribune*, August 26, 1909, 第4页。

218. “一个熊窝”：参见 Anderson, *Health of a Nation*, 第230页。

218. “随着丹佛会议的内幕渐为人知”：参见 “Politics Reign at the Agriculture Department,” *Los Angeles Herald*, September 3, 1909, 第3页。

218. “我们彻底击碎了”：参见 Ronak Desai, “James Wilson, Harvey Wiley and the Bureau of Chemistry: Examining the ‘Political’ Dimensions of the Administration and Enforcement of the Pure Food and Drugs Act 1906 - 1912”（学生论文，Harvard Law School, May 2011），第29页。参见网址：https://dash.harvard.edu/handle/1/8592146。

218. “低级人物”：参见 Desai, “James Wilson, Harvey Wiley and the Bureau of Chemistry。”

219. “制假者的大敌”：参见 Dennis B. Worthen, “Lyman Frederick Kebler (1863 - 1955): Foe to Fakers,” *Journal of the American Pharmacists Association* 50, no. 3 (May-June 2010): 第429~432页，参见如下网址：www.japha.org/article/S1544 - 3191 (15) 30834 - 7/abstract。

219. 滥用镇静剂：参见 Lyman F. Kebler, U. S. Department of Agriculture, *Habit-Forming Agents: Their Indiscriminate Sale and Use a Menace to Public Welfare* (Washington, DC: Government

Printing Office, 1910)，网址如下：https：//archive. org/details/CAT87202997；"Medicated Soft Drinks," 1910 Report of the Bureau of Chemistry, U. S. Department of Agriculture, 第 156 页；哈维·威利为詹姆斯·威尔逊就"所谓软饮料"所撰写的背景介绍文档，Wiley Papers, box 208。该问题也得到了一些公共卫生领域的关注，参见"Drugged 'Soft' Drinks: The Food Law Has Partly Revealed Their Character," *New York Times*, July 7, 1909, 第 8 页。

220. "相当于 3 亿杯"：参见"All Doubts About Coca-Cola Settled," *National Druggist*, August 1908, 第 274 页。

221. 不想去惹：参见 Coca-Cola Company, "The Chronicle of Coca-Cola: The Candler Era," January 1, 2012, 参见如下网址：www. coca - colacompany. com/stories/the - chronicle - of - coca - cola - the - candlerera；Mark Pendergrast, *For God, Country & Coca-Cola* (New York: Basic Books, 2013), 第 45 ~ 66 页。

221. 美国陆军将之：参见 Stephen B. Karch, *A Brief History of Cocaine* (Boca Raton, FL: CRC Press, 2005), 第 126 页。

221. 威利，正如他的同事们：参见 White, "Chemistry and Controversy," 第 134 ~ 139 页。

221. "我不是很相信"：参见 Harvey Wiley to James Wilson, October 28, 1909, Wiley Papers, box 71。

222. "无论从伦理角度"：参见 Harvey Wiley to George McCabe, November 2, 1909, Wiley Papers, box 71（备忘录还认为"应努力阻止这种危险饮料的流通"）。

222. 有人出乎意料地支持他们：参见 White, "Chemistry

and Controversy," 第 139 页。

222. "可口可乐是国内": 参见 Harvey Wiley to James Wilson, November 13, 1909, Wiley Papers, box 71。

222. "可说的好话太多了": 参见 Wiley to Wilson, November 13, 1909。

222. "我确实对该校的年轻女孩子们": 参见 "Dr. Wiley Throws a Stone at Our Industry and Then Runs," *American Bottler*, December 1909, 第 182 页。

222. 威利没有提到的是: 参见 Pendergrast, *For God, Country & Coca-Cola*, 第 107 ~ 109 页。

223. "当然, 对于威尔逊先生": 参见 Wiley, *An Autobiography*, 第 261 ~ 263 页。

224. "含有一种生物碱": 参见 Pendergrast, *For God, Country & Coca-Cola*, 第 109 ~ 110 页。

224. "太了不起了": 参见 Wiley, *An Autobiography*, 第 261 ~ 263 页。

224. 1909 年 10 月 21 日: 参见 *United States v. Forty Barrels and Twenty Kegs of Coca-Cola*, 241 U. S. 265 (1916), 参见网址如下: http: //caselaw. findlaw. com/us – supreme – court/241/265. html。

225. 新的"塔夫脱威士忌": 参见 Bob Eidson, "The Taft Decision," *Bourbon Review*, February 17, 2014, www. gobourbon. com/the – taft – decision/。

225. 12 月 26 日, 塔夫脱总统: 参见 Wiley, *An Autobiography*, 第 257 ~ 259 页; Michael Veach, "20th Century Distilling Papers at the Filson," *Filson Newsmagazine* 7, no. 4（无日期），参见网址：www. filsonhistorical. org/archive/news_ v7n4_ distilling. html。

225. "事实上，威士忌似乎是能"：参见 H. Parker Willis, "What Whiskey Is," *McClure's*, April 1910，第 698~699 页。

225. "你怎么看"：参见 Wiley, *An Autobiography*，第 258 页。

225. "我操心的是"：参见 A. O. Stanley（Glenmore Distilleries）to Harvey Wiley, January 14, 1910, Wiley Papers, box 81。

226. "中性烈酒是"：参见 Alice Lakey to Harvey Wiley, January 12, 1910, Wiley Papers, box 81。威利也十分不快。他准备这样反驳，如果再次发生这种情况，就强烈支持旧的威士忌分类标准：参见 whiskey folder, 1908 - 1910, Wiley Papers, box 209。

226. "我们认为"：参见 Alice Lakey 写给 *Detroit News* 的信，January 12, 1910, Wiley Papers, box 81。这封信也可参见 "Pure Food Progress," *Collier's*, March 12, 1912，第 3 页。

226. "这有力地说明了"：参见 Alice Lakey to Harvey Wiley, January 12, 1910, Wiley Papers, box 81。

226. "我们就无能为力"：参见 Harvey Wiley to Alice Lakey, January 22, 1910, Wiley Papers, box 81。

第十三章　爱情微生物

227. 1 月，他承诺与：参见 Wiley's schedule, Harvey Washington Wiley Papers, Library of Congress, Manuscript Division, box 81。

228. 对食品问题的兴趣鼓舞着： 参见 Oscar E. Anderson Jr.，*The Health of a Nation：Harvey W. Wiley and the Fight for Pure Food*（Chicago：University of Chicago Press，1958），第 242 页。

229. 在食品法颁布之前，就连： 参见 Adam Burrows，"A Palette of Our Palates：A Brief History of Food Coloring and Its Regulation"（paper submitted as a Food and Drug Law course requirement，Harvard Law School，May 2006）；H. T. McKone，"The Unadulterated History of Food Dyes，" *ChemMatters*，December 1999，第 6～7 页。

230. 于是，随后颁布的《1907 年食品检查决定》： 参见 Dale Blumenthal，"Red Dye No. 3 and Other Colorful Controversies，" *FDA Consumer* 24（May 1990）：第 18～21 页。

230. 麦凯布决定重审： 参见 Daniel Marmion，*Handbook of U. S. Colorants*（New York：John Wiley and Sons，1991），第 11～12 页。

231. 在海瑟撰写这份新报告的同时： 对"莱克星顿"磨坊案及其诉讼的早期阶段的描述参见 Suzanne Rebecca White，"Chemistry and Controversy：Regulating the Use of Chemicals in Foods，1883－1959"（博士论文，Emory University，1994），第 127～133 页；参见 William G. Panschar，*Baking in America：Economic Development*，vol. 1（Evanston，IL：Northwestern University Press，1956），第 235～239 页。对公众首次庆祝胜利的文献参见新闻报道，比如："Bleached Flour Is Adulterated：Government Wins Important Test Case，" *Sacramento Union*，July

7, 1910, 第2页；并在下文中强烈反对："Government Wins Bleached Flour Case," *American Food Journal* 5, no.7 (July 15, 1910)：第1~11页。

231. "一阵来自上帝的纯净、清新的空气"：参见"Flour Bleachers to Be Prosecuted Pending Appeal," *American Food Journal* 5, no.8 (August 15, 1910)：第8~12页。

233. 伯纳德·海瑟长达80页的报告：参见Bernhard C. Hesse, U.S. Department of Agriculture, Bureau of Chemistry, *Coal-Tar Colors Used in Food Products*, (Washington, DC: Government Printing Office, 1912), 网址如下：https://archive.org/details/coaltarcolorsuse14hess。(该报告首次在1910年发布传播)

234. 给它命名为"大草原"：参见Eldsley Mour, "Dr. Wiley and His Farm," *Country Life in America* 28, no.4 (August 1915)：第19~21页。

234. 他甚至买了一辆新流行的：参见Harvey Washington Wiley, *An Autobiography* (Indianapolis: Bobbs Merrill, 1930), 第279~280页。

234. 1910年10月底：参见Anderson, *Health of a Nation*, 第242页。

235. 威利博士要娶新娘了：参见The *Tribune* story and other newspaper clippings regarding the engagement can be found in Anna Wiley's scrapbook, Wiley Papers, box 227; Wiley, *An Autobiography*, 第281~283页。

235. "威利可能会出现转机"：参见James Wilson to Ira

Remsen, December 11, 1910, Wiley Papers, box 189。

236. 1906 年《食品药品法》颁布后：参见 Peter Duffy, "The Deadliest Book Review," *New York Times*, January 14, 2011, www.nytimes.com/2011/01/16/books/review/Duffy-t.html。

236. 仅仅两个月后：参见 The Coca-Cola trial appears in Mark Pendergrast, *For God, Country & Coca-Cola* (New York: Basic Books, 2013), 第 110 ~ 115 页; White, "Chemistry and Controversy," 第 139 ~ 147 页；还有无数的新闻报道，包括下一条注释以及其他，可参见可口可乐剪报文件，Wiley Papers, box 200。还可参见 *American Food Journal* 对该审判的新闻报道，"Coca-Cola Litigation Ends with Defeat for the Government," April 15, 1911, 第 10 ~ 17 页，中间提供了每个证人对该案件的评论，十分珍贵。

237. 起诉一开始：参见 "Candler Cursed Me, Says the Inspector," *Atlanta Georgian*, March 4, 1911, 第 1 页。

242. 可口可乐公司还聘请了：参见 Ludy T. Benjamin, "Pop Psychology: The Man Who Saved Coca-Cola," *Monitor on Psychology* 40, no. 2 (2009): 第 18 页, www.apa.org/monitor/2009/02/coca-cola.aspx。关于 Hollingworth 和审判的更多相关信息，Anne M. Rogers 和 Angela Rosenbaum 的作品值得一看，"Coca-Cola, Caffeine, and Mental Deficiency: Harry Hollingworth and the Chattanooga Trial of 1911," *Journal of the History of the Behavioral Sciences* 27 (1991): 第 42 ~ 55 页，参见如下网址：www.researchgate.net/publication/229960591_Coca-Cola_caffeine_and_mental_deficiency_Harry_Hollingworth_and_ the_ Chattanooga_ Trial_ of_ 1911。

243. “20 杯毒品”：参见“Coca-Cola Drinkers Suffer No Harm,” *Chattanooga Daily Times*, March 16, 1911, archived in Wiley Papers, Coca-Cola files, box 200。

244. “如果政府赢得了”：参见“Coca-Cola Trial Was Only the Start,” *Chattanooga Daily Times*, April 30, 1911, Wiley Papers 中有存档, Coca-Cola files, box 200。

244. 失利的农业部代表：参见 Referee Board of Consulting Scientific Experts, U. S. Department of Agriculture, *Influence of Saccharine on the Nutrition and Health of Man*, report 94 (Washington, DC: Government Printing Office, 1911)。

245. 该报告之所以会出炉部分原因：参见 James Harvey Young, “Saccharin: A Bitter Regulatory Decision,” in *Research in the Administration of Public Policy*, ed. Frank B. Evans and Harold T. Pinkett (Washington, DC: Howard University Press, 1974), 第 40 ~ 50 页。

245. 麦凯布一直以来都认为：参见 Board of Food and Drug Inspection, U. S. Department of Agriculture, Food Inspection Decision (FID) 35, April 29, 1911。

246. 奎尼在可口可乐案的鼓舞下：参见“Saccharin Makers at Washington,” *Oil, Paint, and Drug Reporter* 79, no. 22 (May 1911): 第 28 页。

246. “我想坦率地对你们说”：印第安纳州参议员拉尔夫·莫斯在美国参议院举行的听证会上（1911 年 8 月）的证词记录参见“The Referee Board,” 美国农业部支出, Report

No. 249 （Moss Hearings），62nd Cong.，Government Printing Office，Washington，DC，January 22，1912。该说法还可参见“The Remsen Board's Opinion，” *New York Times*，August 6，1911，第 8 页。

246. 这个新的烂摊子：参见 Anderson，*Health of a Nation*，第 244 ~ 245；Harvey W. Wiley，*The History of a Crime Against the Food Law*（Washington，DC，self-published，1929），第 174 ~ 182 页。

248. “就我个人而言，这一新选择”：参见 Anderson，*Health of a Nation*，第 244 页。

249. “其政治判断力就像一头牛的”：参见 L. F. Abbott，ed.，*Taft and Roosevelt*：*The Intimate Letters of Archie Butt*，vol. 2（New York：Doubleday，Doran，1930），第 696 页。

249. “气性太大”：参见 Ronak Desai，“James Wilson，Harvey Wiley，and the Bureau of Chemistry：Examining the ‘Political’ Dimensions of the Administration and Enforcement of the Pure Food and Drugs Act 1906 – 1912”（学生论文，Harvard Law School，May 2011），参见如下网址：https：//dash. harvard. edu/handle/1/8592146，第 29 页。

第十四章 掺假蛇

251. 而后，出乎比格洛的意料：参见 Oscar E. Anderson Jr.，The *Health of a Nation*：*Harvey W. Wiley and the Fight for Pure Food*（Chicago：University of Chicago Press，1958），第 246 页。

252. “我们不需要防御”：参见 Anderson, *Health of a Nation*。

252. “都以失败告终”：参见 Harvey W. Wiley, *The History of a Crime Against the Food Law* (Washington, DC: self-published, 1929)，第258页。

252. “他们……倾向于”：参见 “Row over Wilson,” *Evening Star* (Washington, DC), August 1, 1911，第1页。

253. “‘雷姆森评审委员会’的成立”：参见 “Row over Wilson”。

252. 媒体揭露的这种种事实：与拉斯比事件相关的电报与信件，1911年7月13日至8月18日，参见 Harvey Washington Wiley Papers, Library of Congress, Manuscript Division, box 88。在此我就不全部引用了，文件中有几十封。其中未加引用的文献中，我最喜欢的是1911年8月18日，罐头食品公司“亨特兄弟”的J. H. 亨特写给威利的。它的结尾是：“给他们H—l博士！”

255. 震惊之下，乔治·威克舍姆写信给：参见 Anderson, *Health of a Nation*，第247页。

255. “像水一样虚弱无力”：参见 Anderson, *Health of a Nation*，第247页。

255. 莫斯委员会关于“农业部开支”的听证会：我的描述来自大量文献，包括：“The Referee Board,” Expenditures in the U. S. Department of Agriculture, Report No. 249 (Moss Hearings), 62nd Cong., Government Printing Office, Washington, DC, January 22, 1912，以及 Wiley, *History of a Crime Against the*

Food Law，第 88 ~ 210 页（直接引用自该报告）。还包括 *Herald's* 中高度批判性的报道，Wiley Papers，box 221，1911 剪报文件夹。*Evening Star* 的剪报该文件夹中也有。

256. “麦凯布律师一直”：参见“McCabe Ruled Hard, Scientists Assert,” *Evening Star*（Washing ton，DC），August 11，1911，第 3 页。

256. “通过巧妙地制定和管控”：参见“Big Fees Were Paid by Remsen Board, Dispersing Officer Admits,” *New York Times*，August 2，1911，第 2 页。

257. “越宽泛”：参见 Anderson，*Health of a Nation*，第 247 ~248 页。

258. “我衷心祝贺您”：参见 Samuel Hopkins Adams to Harvey Wiley，September 17，1911，Wiley Papers，box 88。在数十份祝贺便条中，有一份来自波士顿 Bailey's Extract of Clams 的 Arthur Bailey 所写，“我相信全国上下举国欢腾”，9 月 16 日。

258. R. B. 戴维斯公司：参见 R. B. Davis Company to Harvey Wiley，July 14，1911，Wiley Papers，box 88；Harvey Wiley to R. B. Davis Company，July 21，1911，Wiley Papers，box 88。

258. 1912 年 1 月，莫斯委员会：参见“The Referee Board”；Wiley，*History of a Crime Against the Food Law*，第 88 ~ 210 页（直接从报告中引用）。

259. “但这个判决”：参见 Harvey Wiley to Frank McCullough（Green River Distillery，Kentucky），January 29，1912，Wiley Papers，box 88。

260. 在塔夫脱发布决定后的几周内：参见 Harvey

Washington Wiley, *An Autobiography* (Indianapolis: Bobbs-Merrill, 1930)，第 288～289 页。

261. “我读到那些报道”： 参见 Nathaniel Fowler to Harvey Wiley, January 15, 1912, Wiley Papers, box 88。

261. 到 1912 年 3 月： 参见 Wiley, *An Autobiography*，第 288～289 页；Wiley, *History of a Crime Against the Food Law*（其与威尔逊的谈话内容见第 55～56 页；辞职信副本见第 92 页）。

262. “此报道还不成熟”： 参见 “Dr. Wiley Resigns,” *Druggists Circular*, April 1912，第 211 页。

262. “兹申请辞职，辞去”： 参见 Harvey Wiley to James Wilson, March 15, 1912, Wiley Papers, box 88。

262. “有一件事令我极为欣慰”： 参见 Wiley, *History of a Crime Against the Food Law*，第 92～94 页。

263. “那我这时候就不挡他的道了”： 参见 Wiley, *History of a Crime Against the Food Law*，第 92～94 页。

263. “这是你的帽子”：（译者注：这句话的意思是幽默地鼓励别人离开：这是你的帽子，你急什么呀？其实是在催别人离开）参见 “Dr. Wiley Resigns,” *Druggists Circular*, April 1912，第 211 页。

263. 与威尔逊一样，塔夫脱总统在： 参见 Anderson, *Health of a Nation*，第 252～253 页。

263. 但在农业部的其他部门： 参见 Wiley, *An Autobiography*，第 290～291 页。

264. “她们泪流满面”： 参见 Wiley, *An Autobiography*，第 292 页。

264. “一些职员与威利”：参见“Dr. Wiley Is Out, Attacking Enemies,” *New York Times*, March 16, 1912, 第1页。

264. “众所周知，威利博士意志坚定”：参见“Dr. Wiley Resigns,” *National Food Magazine* 30, no. 4 (April 1912)：第2页。

264. “他一直被束手束脚”：参见“Dr. Wiley Resigns,” *Druggists Circular*。

264. “他处理政务”：参见“Dr. Wiley Resigns,” *Druggists Circular*。

264. “我认为威利博士从公共服务部门离去”：参见 Wiley, *An Autobiography*, 第292页。

第十五章　犯罪史

266. 在5月份呈送威尔逊的一份报告中：参见 Roscoe Doolittle, Acting Chief, U. S. Department of Agriculture, *1911 Report of the Bureau of Chemistry* (Washington, DC: Government Printing Office, July 30, 1912)。

267. “纽约市的任何一台冷饮售卖机上都没有”：参见 Alfred W. McCann, “Food Frauds as Revealed at the National Magazines Exposition,” *National Food Magazine* 31, no. 9 (September 1912)：第505~506页。

268. “我们无法想象”：参见“A New Head for the U. S. Department of Agriculture,” *Chemical Trade Journal*, November 17, 1912, 存档于 Harvey Washington Wiley Papers, Library of Congress, Manuscript Division, clippings file, box 199。

268. “我没有进入内阁的抱负”：参见 Harvey Wiley to R. W. Ward (Oregon physician), December 4, 1912, Wiley Papers, box 88。

268. “博士并不希望自己担任”：参见 Harvey Wiley to J. G. Emery, December 11, 1912, Wiley Papers, box 88。

268. 零售药商团体：参见 “United States Supreme Court; The Sherley Amendment to the Pure Food and Drugs Act Is Constitutional; A Misbranded ‘Patent Medicine’ Condemned; *Seven Cases Eckman's Alterative v. United States*, *U. S.* (Jan. 10, 1916),” *Public Health Reports* (*1896 – 1970*) 31, no. 3 (January 21, 1916)：第 137 ~ 140 页；Nicola Davis, “FDA Focus: The Sherley Amendment,” *Pharmaletter*, October 11, 2014, 参见如下网址：www. thepharmaletter. com/article/fda – focus – the – sherley – amendment。

269. 我认为他根本不会：参见 Wiley to Emery, December 11, 1912。

269. 阿斯伯格是一位生物化学家：参见美国食品药品监督管理局，“Carl L. Alsberg, M. D. ,” 2017 年 3 月 15 日，www. fda. gov/AboutFDA/WhatWeDo/History/Leaders/Commissioners/ucm093764. htm。

270. 从此以后，这一（领导层面的）转变就凸显出来了：参见 “Clearing the Atmosphere in the Saccharin Controversy,” *American Food Journal* 7, no. 1 (January 15, 1912)：16 – 17；“An Opinion on the Saccharin Decisions,” *American Food Journal* 7, no. 9 (September 15, 1912)：第 7 页。

270. 在就这一问题再次举行听证会后：参见 Suzanne Rebecca White，“Chemistry and Controversy：Regulating the Use of Chemicals in Foods，1883－1959”（博士论文，Emory University，1994），第 154～160 页；James Harvey Young，“Saccharin：A Bitter Regulatory Decision，” in *Research in the Administration of Public Policy*，ed. Frank B. Evans and Harold T. Pinkett（Washington，DC：Howard University Press，1974），第 40～50 页；Deborah Jean Warner，*Sweet Stuff：An American History of Sweeteners from Sugar to Sucralose*（Lanham，MD：Rowman and Littlefield，2011），第 185～194 页。

270. 与此同时，正如其所承诺的那样：参见 White，“Chemistry and Controversy，”第 131～133 页；以及 *United States v. Lexington Mill & Elevator Co.*，232 U. S. 399（1914），www. law. cornell. edu/supremecourt/text/232/399。

270. 震惊之余，威利：参见 Harvey W. Wiley，*The History of a Crime Against the Food Law*（Washington，DC：self-published，1929），第 381～382 页。

272. “我不是（漂）白面粉的敌人”：参见 Harvey Washington Wiley and Mildred Maddocks，*The Pure Food Cookbook*（New York：Hearst's International Library，1914），第 71 页。

270. 《好管家》现在是威利的公共平台：参见 Harvey Washington Wiley，*An Autobiography*（Indianapolis：Bobbs-Merrill，1930），第 302～306 页；“The Original Man of the House，” *Good Housekeeping*，April 10，2010，具体网址如下：www. goodhousekeeping. com/institute/about－the－institute/a18828/

about – harvey – wiley/。

272. “也许在美国市场上提供的不合格家禽数量”：参见 Wiley and Maddocks, *Pure Food Cookbook*，第171页。

273. “我再也不用因官方规矩”：参见 Wiley, *An Autobiography*，第304页。

273. 在1916年，阿斯伯格授权针对：参见 Carl Alsberg, U. S. Department of Agriculture, *1916 Report of the Bureau of Chemistry* (Washington, DC: Government Printing Office, July 30, 1917)。

274. 但他、威利，以及几乎所有参与消费者保护的人：参见 Mark Pendergrast, *For God, Country and Coca-Cola* (New York: Basic Books, 2013)，第114~115页；White, “Chemistry and Controversy,” 第149~150页；*United States v. Forty Barrels and Twenty Kegs of Coca-Cola*, 241 U. S. 265 (1916), http://caselaw.findlaw.com/us – supreme – court/241/265.html。

275. 就像阿斯伯格写给休斯顿部长：参见 Carl Alsberg, U. S. Department of Agriculture, *1917 Report of the Bureau of Chemistry* (Washington, DC: Government Printing Office, July 30, 1918)。

275. 即使笼罩在战争的阴影下：参见 Roxie Olmstead, “Anna Kelton Wiley: Suffragist,” History's Women，无日期，具体网址如下：www.historyswomen.com/socialreformer/annkeltonwiley.html。

276. “她认为选票是提高妇女地位”：参见 Katherine Graves Busbey, “Mrs. Harvey W. Wiley,” *Good Housekeeping*, January 1912，第544~546页。

276. 朋友们疑惑他怎么能让：参见 Oscar E. Anderson Jr.，*The Health of a Nation：Harvey W. Wiley and the Fight for Pure Food*（Chicago：University of Chicago Press，1958），第 264 页。

276. "美国国旗在所有海洋和所有陆地都降半旗"：参见 "Theodore Roosevelt Dies Suddenly at Oyster Bay Home；Nation Shocked，Pays Tribute to Former President，Our Flag on All Seas and in All Lands at Half Mast，" *New York Times*，January 6，1919，第 1 页。

276. 但是，哈维·威利并未向：威利用足足一章篇幅描述了罗斯福对他的敌意和罗斯福对食品法规实施的令人能够察觉出来的破坏："Attitude of Roosevelt，" in *The History of a Crime Against the Food Law*，第 263～275 页。

277. 针对糖精的诉讼已被叫停：参见 White，"Chemistry and Controversy，" 第 155～166 页。

277. 政府方面的首要专家是：参见 R. M. Cunningham and Williams Greer，"The Man Who Understands Your Stomach，" *Saturday Evening Post*（September 13，1947）：第 173～175 页；以及 A. J. Carlson，"Some Physiological Actions of Saccharin and Their Bearing on the Use of Saccharin in Foods，" in *Report of the National Academy of Sciences for the Year 1917*（Washington，DC：Government Printing Office，1918）。

278. "松散填充法案"：参见 *Food and Drug Law*（Washington，DC：Food and Drug Institute，1991），第 46 页。

279. "都是严重错误"：参见 Suzanne Rebecca White，"Chemistry and Controversy：Regulating the Use of Chemicals in

Foods, 1883 - 1959”（博士论文，Emory University, 1994），第 160 ~ 162。

280. “政府部门发现众多科学证据”：参见 “Chronology of Food Additive Regulations in the United States,” Environment, Health and Safety Online，无日期，具体网址如下：www.ehso.com/ehshome/FoodAdd/foodadditivecron.htm。

280. 在柯立芝当选后：参见 Harvey W. Wiley, “Enforcement of the Food Law,” *Good Housekeeping*, September 1925，参考网址如下：www.seleneriverpress.com/historical/enforcement-of-the-food-law/?。

281. “大部分是不可取的”：威利写给柯立芝的信件以及邓拉普对威利的回信都可参见美国国会图书馆的电子文本，具体网址如下：https://memory.loc.gov/mss/amrlm/lmk/mk01/mk01.sgm。

282. “我原本希望尽自己的一份力量”：参见 UPC News Services, “ ‘Food Poisoning General,’ Says Wiley; Expert Charges Pure Food Law Is Being Ignored, Attacks Proposed Starch Sugar Law as Fraud,” July 26, 1926。

282. “为何用立法来欺骗公众”：参见 Anderson, *Health of a Nation*，第 275 页。

282. “国家应该感谢您”：参见 Anderson, *Health of a Nation*，第 275 页。

284. “科学的自由应该不受侵犯”：参见 Wiley, *An Autobiography*，第 325 页。

285. 在一本措辞尖刻：参见 Arthur Kallet and F. J.

Schlink, *100000000 Guinea Pigs* (New York: Grosset and Dunlap, 1933), 第196页。

285. 消费者保护倡导者们: 参见 Barbara J. Martin MD, *Elixir: The American Tragedy of a Deadly Drug* (Lancaster, PA: Barkberry Press, 2014)。

285. 1938年的《食品、药品和化妆品法》: 本法令全文参见如下网址: www. fda. gov/regulatoryinformation/lawsenforcedbyfda/federalfooddrugandcosmeticactfdcact/default. htm。

286. "我相信,": 参见 Harvey Wiley, "Food Adulteration and Its Effects" (康奈尔大学卫生科学课前讲座, 1905年), Wiley Papers, box 198。

后 记

287. 1956年, FDA决定禁用部分: 参见 Deborah Blum, "A Colorful Little Tale of Halloween Poison," *Speakeasy Science* (blog), PLoS, October 31, 2011, 网址如下: http://blogs. plos. org/speakeasyscience/2011/10/31/a - colorful - little - tale - of - halloween - poison/。

287. 1976年颁布了一项授权: 参见 Gina Kolata, "The Sad Legacy of the Dalkon Shield," *New York Times Sunday Magazine*, December 6, 1987, 参见如下网址 www. nytimes. com/1987/12/06/magazine/the - sad - legacyof - the - dalkon - shield. html。

288. 最近,《食品安全现代化法》: 该法令全文以及其他相关信息可参见如下网址: www. fda. gov/food/guidanceregulation/

fsma/。

288. 中毒源头是位于弗吉尼亚的：该事件的历史可参见《食品安全新闻》上的多篇文章：www. foodsafetynews. com/tag/peanut – corporation – of – america/#. WcfMUZOGM0Q。

288. 像医院一样啥都不生：参见 Donita Taylor，"R. I. Farmers Push Back on New Federal Food Safety Rules," *Providence Journal*, July 25, 2017，参见如下网址：www. providencejournal. com/news/20170625/ri – farmerspush – back – on – new – federal – food – safety – rules。

289. 特朗普在 2016 年竞选活动中胜出：参见 Scott Cohn, "Food Safety Measures Face Cuts in Trump Budget," CNBC. com, July 1, 2017，参见如下网址：www. cnbc. com/2017/06/30/american – greed – report – food – safety – measures – facecuts – in – trump – budget. html。

289. 地球正义研究所：参见 "Food Watchdog Groups Sue FDA over Menu Labeling Day," *Quality Assurance and Safety*, June 8, 2017，参见如下网址：www. qualityassurancemag. com/article/food – watchdoggroups – sue – fda – over – menu – labeling – delay/。

290. 在其颇具影响力的著作：参见 Rachel Carson, *Silent Spring* (Boston: Houghton Mifflin, 1962)。

290. 环境保护方面倒行逆施的次数：参见 Coral Davenport, "Counseled by Industry, Not Staff, EPA Administrator Is Off to a Blazing Start," *New York Times*, July 1, 2017，第 1 页，参见如下网址：www. nytimes. com/2017/07/01/us/politics/trump – epa – chief – pruitt – regulations – climate – change. html。

索 引

（索引页码为原著页码，即本书边码）

图书在版编目(CIP)数据

试毒小组：20 世纪之交一位化学家全力以赴的食品安全征战 /（美）黛博拉·布卢姆（Deborah Blum）著；欧阳凤，林娟译. -- 北京：社会科学文献出版社，2020.9

（思想会）

书名原文：The Poison Squad：One Chemist's Single - Minded Crusade for Food Safety at the Turn of the Twentieth Century

ISBN 978 - 7 - 5201 - 6734 - 5

Ⅰ.①试… Ⅱ.①黛… ②欧… ③林… Ⅲ.①食品卫生 - 历史 - 美国 Ⅳ.①TS201.6

中国版本图书馆 CIP 数据核字（2020）第 103697 号

·思想会·

试毒小组：20 世纪之交一位化学家全力以赴的食品安全征战

著　　者 / ［美］黛博拉·布卢姆（Deborah Blum）
译　　者 / 欧阳凤　林　娟

出 版 人 / 谢寿光
责任编辑 / 刘学谦

出　　版 / 社会科学文献出版社·当代世界出版分社（010）59367004
地址：北京市北三环中路甲 29 号院华龙大厦　邮编：100029
网址：www.ssap.com.cn
发　　行 / 市场营销中心（010）59367081　59367083
印　　装 / 北京盛通印刷股份有限公司

规　　格 / 开　本：889mm × 1194mm　1/32
印　张：13.75　插　页：0.5　字　数：301 千字
版　　次 / 2020 年 9 月第 1 版　2020 年 9 月第 1 次印刷
书　　号 / ISBN 978 - 7 - 5201 - 6734 - 5
著作权合同登记号 / 图字 01 - 2020 - 2552 号
定　　价 / 88.00 元

本书如有印装质量问题，请与读者服务中心（010 - 59367028）联系